温暖化の湖沼学

永田俊・熊谷道夫・吉山浩平 編

Limnology of Global Warming
*
T. Nagata, M. Kumagai and K. Yoshiyama (eds.)
Kyoto University Press, 2012
978-4-87698-590-6

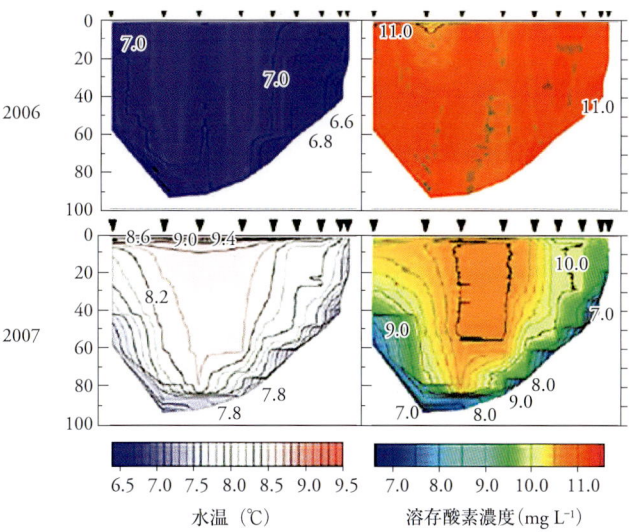

口絵1(序章図6) 冬季(2月)の琵琶湖北湖における水温と溶存酸素濃度の東西断面分布(姉川沖の観測線)

例年は,2006年のように,2月には湖面冷却が進み,全循環がおこるため,全層にわたって十分に酸素がいきわたっている.しかし,2007年は暖冬に見舞われたために,2月の後半になっても冷却が十分に進まず,湖水の全循環が阻害された.そのため,湖底近くに低酸素の層が存在するのがわかる(Yoshimizu et al. 2010 より).

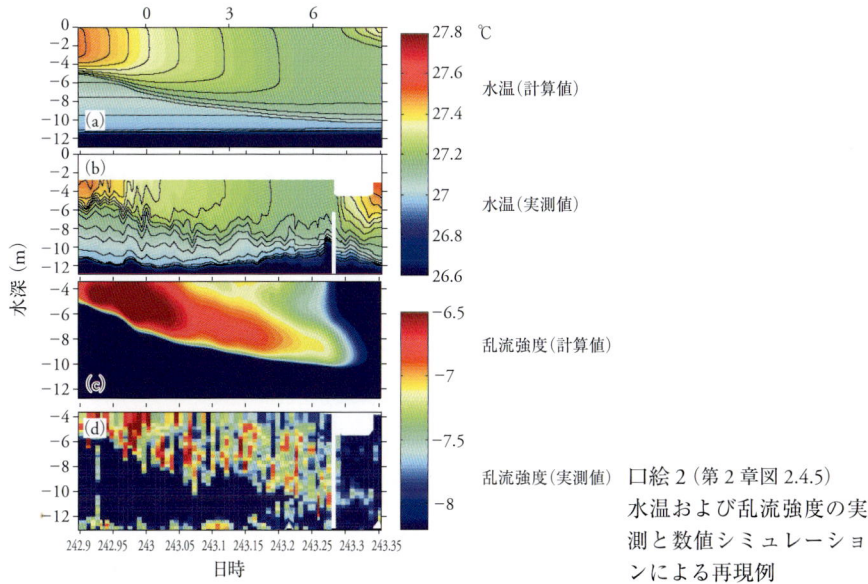

口絵2(第2章図2.4.5) 水温および乱流強度の実測と数値シミュレーションによる再現例

i

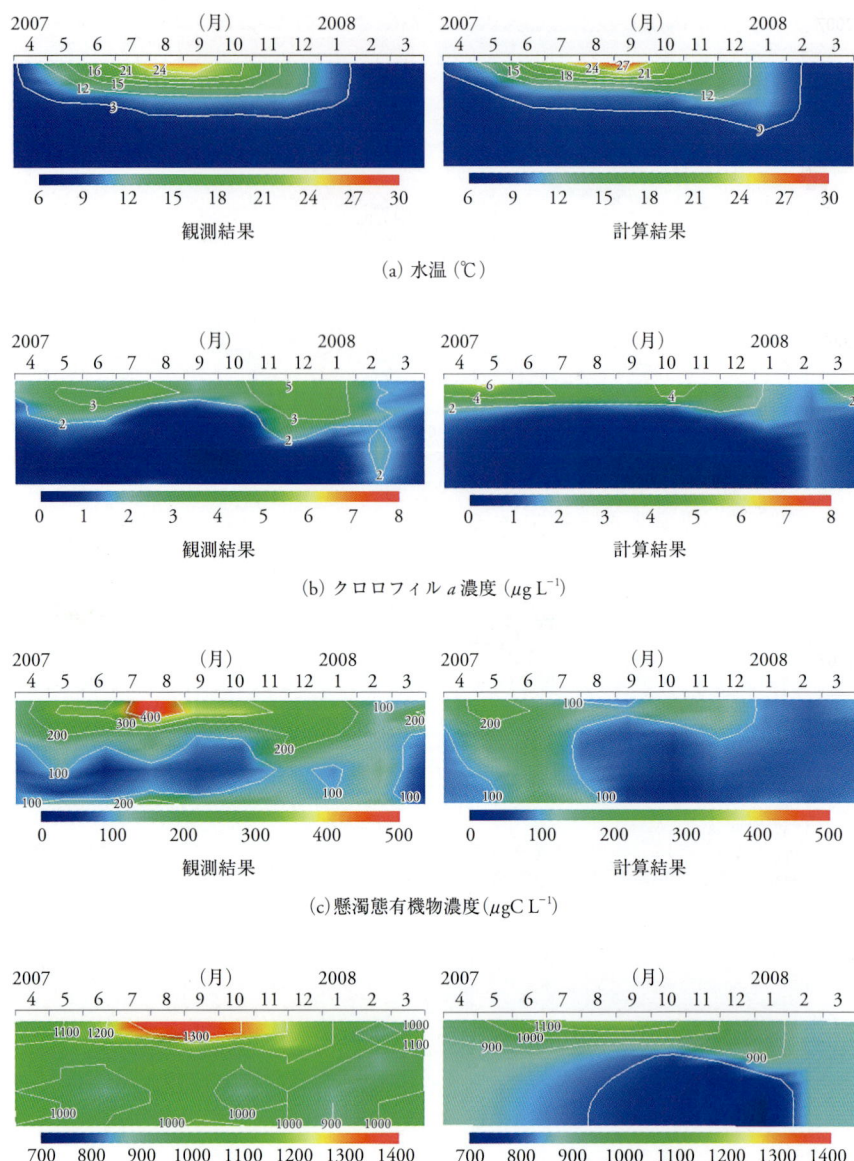

口絵3(第4章図4.1.6) 今津沖中央の水質季節変動の比較

口　絵

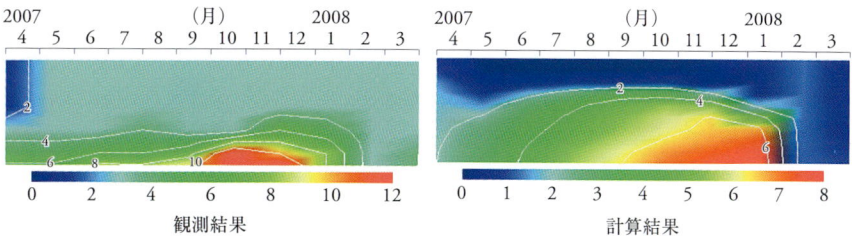

(e) 無機態リン濃度（μgP L^{-1}）

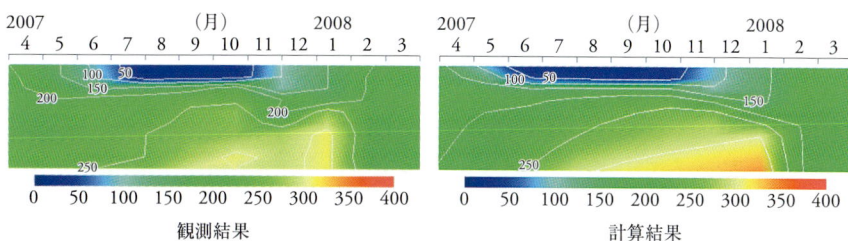

(f) 無機態窒素濃度（μgN L^{-1}）

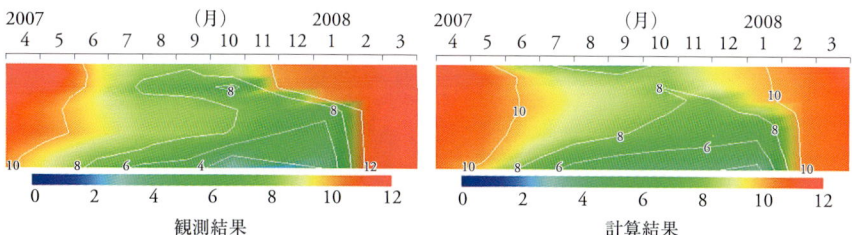

(g) 溶存酸素濃度（mg L^{-1}）

口絵 4（第 2 章写真 2.4.1） 琵琶湖で撮影されたラングミュアー循環流
赤い線が風波に直交してすじ状に連なって見えるのは，鉛直循環流の収束線に淡水赤潮を形成する植物プランクトン（*Uroglena americana*：黄色鞭毛藻類）が集積した結果である（2003 年 4 月 27 日　阪口明則氏撮影）．

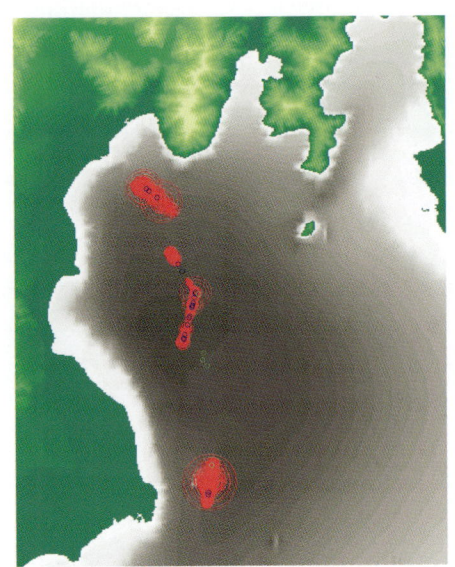

口絵 5（第 2 章図 2.6.9） 自律型潜水ロボット淡探で測定した水温逆転層が存在する場所
赤が水温逆転層．

はじめに

　人為起源の温室効果ガスの排出が主原因とされる地球温暖化が，生態系や生物多様性に対してさまざまな影響を及ぼし始めているといわれる．陸域の生態系においては，たとえばサクラなどの開花時期のズレや，亜熱帯性の昆虫などの生息域の変化のように，われわれの身近な自然の「異変」として感知されつつある事象も少なくない．また海域においては，北極海における氷の減少とそれにともなう生態系の変化や，プランクトンや魚など生物量の広域的な変動が，衛星や船舶を用いた観測，あるいは，スーパーコンピュータを用いた数値計算の結果から示されており，これらの情報はマスコミやインターネットを通じて，国民の各層に浸透しつつある．

　一方，温暖化によって，「湖とそこに生息する生き物や生態系に何が起きているのか，あるいは将来何が起こり得るのか」ということについては，陸域や海域に比べるともうひとつ実感がわかないという人が多いのではないだろうか．実際には，近年，日本や世界各地の湖沼で，温暖化影響の兆候と見られる事象や，温暖化の進行がもたらす潜在的な「危機」を指摘する報告が急増している．たとえば，わが国最大の淡水湖，琵琶湖においては，2007年の暖冬に際して，湖水の冷却不足のために，表層の水と深層の水の交換（鉛直混合）が著しく弱まった．その結果，春から秋の間に低下した深層の溶存酸素が鉛直混合によって回復する現象が例年よりも一か月以上も遅れるという事態が起こり，湖底を生息場所とする魚類や無脊椎動物（その中には貴重な固有種も含まれる）が大量に窒息死する危機に瀕した．このように，「温暖化の危機」は，見えない湖内部の循環の改変を通して，じわじわと忍び寄ってきているようなのである．しかし，湖沼に対する温暖化影響というテーマを正面に据え，現状の知見を整理するとともに，そのメカニズムを踏まえて体系的な議論を行った書物は編者らの知る限りまだ見あたらない．

　このような背景を踏まえ，本書では，まず，温暖化が湖の循環や生態系・水質

に及ぼす影響の現象面に関する国内外の最新の知見を整理する．次に，湖沼の物理学・生物学・化学の主要な素過程を論じ，それらに対する温暖化影響のメカニズムの理解を深める．最後に，さまざまな知見を分野横断的に統合した数値モデルの構築と将来予測に関しての基礎知識や事例を紹介したい．本書が扱う基本的な理論やプロセスは，海洋や貯水池など幅広い水域において適用できるため，陸水学のみならず，海洋学，水文学，地球科学，生態学などの参考書として多くの方に利用していただけると思う．また，数値モデルを用いた将来予測の事例など，温暖化対策を検討するうえで不可欠な情報も得られるので，環境科学や環境工学の学生や研究者，また，湖沼の管理や保全に関わる環境実務担当者や政策決定者にも，有効に活用していただけるだろう．

　本書の内容の中心をなすのは，平成20～22年度に実施された環境省環境研究総合推進費D-0804「温暖化が大型淡水湖の循環と生態系に及ぼす影響評価に関する研究」（研究代表者　永田俊）の研究成果である．執筆陣はプロジェクト・メンバーおよびその関係者から構成されている．このプロジェクトでは湖沼の物理，生物，化学，モデリングの専門家が集まり，琵琶湖を中心とした湖沼に対する温暖化影響に関する科学的知見を得るとともに，その知見を総合化し，適応策の立案に資する基盤情報の整備を行うことを目的とした．異分野の研究者が集結したプロジェクトであったため，分野間での意思疎通を良くし，学際的な連携を促進することが運営上の大きな課題であった．そこで，プロジェクトの前半期において，定期的に勉強会を開き，メンバーのそれぞれが，その専門分野に関するレクチャーを行い，議論と意見交換を行う機会を設けた．本書にはこのレクチャー・シリーズの内容が盛り込まれている．編集作業は，第1～2章を熊谷と吉山が，第3章を永田が，また第4章を永田と吉山が主に担当した．

　プロジェクトのアドバイザーの坂本充博士と高村典子博士には研究推進に関する有益なご助言を賜った．ここに篤く御礼申し上げたい．また，編集に関して，京都大学学術出版会の鈴木哲也編集長に力強い激励と適切なご助言をいただいたことを心より感謝する．なお，本書の出版にあたっては，日本学術振興会科学研究費補助金研究成果公開促進費（学術図書）の助成を受けた．

2012年2月
編者を代表して
永田　俊

目　次

口絵　i
はじめに　v

序章　温暖化時代の湖沼学　　　　　　　　　　　　　　　　　　　1

1　温暖化の実態と将来予測　2
2　人為攪乱と湖沼学 ── 富栄養化を例に　4
3　温暖化の湖沼学という新たな挑戦　5
4　本書の構成と概要　12

第1章　顕在化する温暖化影響　　　　　　　　　　　　　　　　　17

1.1　温暖化に対する湖沼の応答　17
　　（1）湖物理構造の応答　19
　　（2）湖水質の応答　25
　　（3）湖生態系の応答　26
　　（4）まとめ　28
1.2　日本の事例　29
　　（1）気温の長期変動　29
　　（2）温暖化への湖の応答に関する国内の事例　33

第2章　湖沼物理過程　　　　　　　　　　　　　　　　　　　　　47

2.1　湖沼における素過程　48
　　（1）水収支　48
　　（2）熱収支　50

（3）水の密度　　55

2.2　**流れ場モデル**　56
　　　（1）基礎方程式　　56
　　　（2）境界条件　　60

2.3　**湖沼の流れ**　63
　　　（1）熱循環　　63
　　　（2）風成循環　　66
　　　（3）波動　　68

2.4　**乱流と混合**　74
　　　（1）乱流とは　　74
　　　（2）乱流の発生メカニズム　　77
　　　（3）乱流強度のパラメータ化　　79
　　　（4）表層混合層　　80
　　　（5）風による混合　　82
　　　（6）対流によって形成される混合層　　83
　　　（7）亜表層混合層　　84
　　　（8）琵琶湖における例　　84

2.5　**湖岸境界過程**　87
　　　（1）湖岸境界層の特徴　　88
　　　（2）地形性の流れ　　88
　　　（3）成層期の湖岸流　　89
　　　（4）沿岸湧昇　　92
　　　（5）湖岸フロントによる境界領域と密度流　　92
　　　（6）湖岸境界層の範囲　　96
　　　（7）温暖化による沿岸域への影響　　97

2.6　**底層境界過程**　98
　　　（1）底層境界層の重要性　　98
　　　（2）底層境界層に対する支配方程式　　99
　　　（3）底面付近の流れ　　101

(4) 成層していない場合の底層境界層中の流れ　103
　　　(5) 成層下での底層境界層中の流れ　109
　　　(6) 底層境界層中の物質輸送　111
　　　(7) 琵琶湖における底層境界層　114
　　　(8) 地球温暖化の進行が底層境界層に与える影響　119

　❖コラム1　乱流の測定　121

第3章　湖沼生態系　　123

3.1　一次生産　124
　　　(1) 一次生産とは　124
　　　(2) 光環境と一次生産　125
　　　(3) 栄養塩環境と植物プランクトン　129
　　　(4) 水温と植物プランクトン　131

3.2　沖合生態系の食物網　132
　　　(1) 生食連鎖　134
　　　(2) 微生物ループ　140
　　　(3) 栄養塩の再生　146

3.3　有機物の鉛直輸送と深層・堆積物における物質代謝　150
　　　(1) 沈降粒子の生成と有機物の鉛直輸送　150
　　　(2) 無酸素化した堆積物からのリンの溶出　153
　　　(3) 深層における有機物分解と酸素消費　154

3.4　湖沼生態系に対する温暖化影響　162
　　　(1) 温暖化と一次生産　162
　　　(2) 温暖化と植物プランクトンの群集構造　164
　　　(3) 動物プランクトンの代謝プロセスと水温　167
　　　(4) 生態系代謝バランスに対する温度上昇の影響　169
　　　(5) 食物網および生態系レベルでの温暖化影響に関する最近の研究動向　173

3.5　魚類・底生動物に対する温暖化影響　177
　　　(1) 個体への生理的影響　178

(2) 環境を介した生物間相互作用への影響　182
　　(3) 生物群集・生物多様性への影響　189
　　(4) 生態系機能・サービスへの影響　198
　　(5) 陸水生態学の知見を集積するために　204
❖コラム2　一次生産の測定　207
❖コラム3　安定同位体比を用いた高次生産者の栄養段階の推定　210
❖コラム4　自生性有機物と他生性有機物　212
❖コラム5　PEGモデル，湖沼における季節性のテンプレート　213

第4章　温暖化を踏まえた湖沼管理にむけて　215

4.1　数値モデルによる影響評価　216
　　(1) 数値モデルの意義と使用例　217
　　(2) 生態系モデル　218
　　(3) 流れ場－生態系結合数値モデル　227
　　(4) 計算の流れ　230
　　(5) 離散化　231
　　(6) 季節変動の再現計算例　232
　　(7) 経年変動の再現計算例　235
　　(8) 数値モデルを用いた温暖化影響評価　238

4.2　温暖化影響評価の汎用的な指標　242

4.3　今後の課題　249

Appendix　ナヴィエ・ストークス方程式とレイノルズ分解　253
文献一覧　257
索引　281

序章
温暖化時代の湖沼学

　近年，温暖化が湖沼に及ぼす影響に関する研究が急増している．図1には，世界の主要な学術雑誌に掲載された論文のデータベースであるWeb of Science（Thomson Reuters 社）を用い，"lake" & "global warming" という用語によるキーワード検索でヒットした論文件数（n）の経年変化を示す．また，データベースへの収録論文数の変化の影響を除去するために，"lake" という用語でヒットした論文件数（N）でnを除した値（n/N）も示した．いずれの指標を用いても，温暖化と湖沼の関係を扱う研究論文が，1990年以降，指数関数的に増加していることがうかがえる．このような傾向は，IPCC（Intergovernmental Panel of Climate Change，気候変動に関する政府間パネル）の報告書に代表される，気候変動・予測研究の進展とそれに付随した「生態系への温暖化影響評価」に関する研究に対する社会的関心の高まりと密接な関連があることは想像に難くない．湖沼学にとって，「温暖化」は避けることのできない課題になりつつあるのである．

　本章では，まず，IPCC第四次報告書に基づき，温暖化の実態と将来予測について簡単にまとめる．つぎに，人為影響によって現れる問題群が湖沼学の進展に及ぼす影響について，「富栄養化」を例にして考察を加えるとともに，これと相似的な意味で，今日，「温暖化時代の湖沼学」というべき新たな学問の枠組みやアプローチが必要になってきているということを指摘する．最後に，読者が本書を読み進めるうえでのガイダンスとして，本書の構成と概要を解説する．

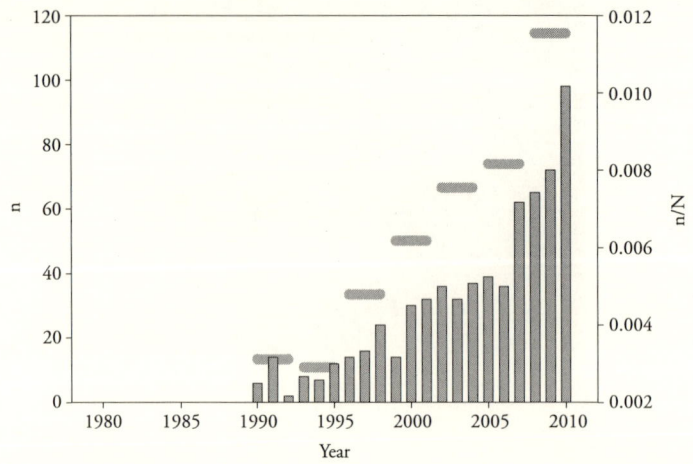

図1 "lake" & "global warming" という用語によるキーワード検索でヒットした論文数 (n) の経年変化
世界の主要な学術雑誌に掲載された論文のデータベースである Web of Science (Thomson Reuters 社) を用いた．90年以前は該当する論文は無かった．データベースに登録されている論文数の経年的な変化の影響を除去するために，"lake" という用語の検索でヒットした論文数 (N) に対する n の比 (n/N) を，横棒のプロットとして表わす (比の算出は横棒の範囲の3年間ごとに行った)．検索結果は 2011 年 8 月 29 日時点のものである．

1 温暖化の実態と将来予測

　IPCCの第四次報告書 (IPCC 2007a) によれば，過去100年間に地球の平均地表気温は約 0.7℃ 上昇し，これは人間活動による温室効果ガスの増加が原因である可能性が非常に高い．その主要な根拠の一つとして，気候モデルの数値計算の結果，産業革命以降の気温上昇がよく再現されたが，「人間による温室効果ガスの排出が無い」という条件のもとで計算を行うと，気温の上昇がみられなかった，といった結果があげられている (図2)．また，同報告書は，将来の社会経済活動の6つのシナリオに基づいて，今後100年間の気温の変動の予測値を示している (図3)．その結果をみると，経済活動と国際化を優先し，かつ化石燃料の使用を続けるというシナリオ (A1F1) の場合，100年後の平均地表気温の予測幅は現在の +2.4〜6.4℃ という値となり，全シナリオの中でもっとも高い値となっている．一方，もっとも低い予測値となった B1 シナリオ (環境に考慮し化石燃料の使

序章　温暖化時代の湖沼学

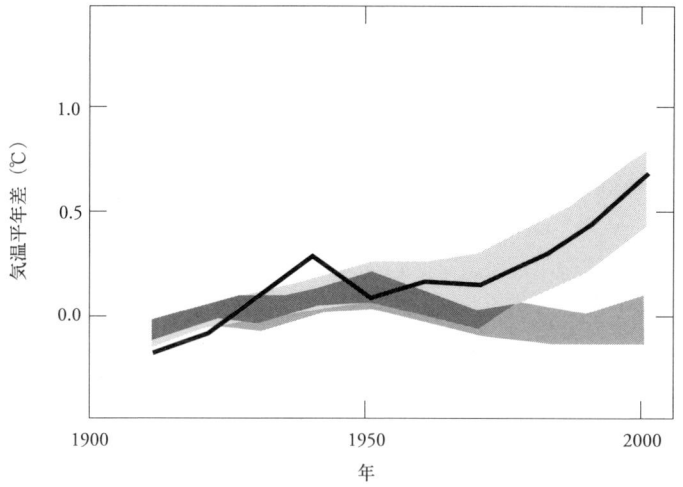

図2　1905年から2005年の間の気温変化

1901年から1950年までの平均気温からの偏差として表わす．濃い網は自然起源の影響のみを考慮した場合の数値計算結果，また，薄い網は，自然起源と人為起源の影響の両方を考慮した場合の数値計算結果を示す（IPCC第四次報告書より転載）．

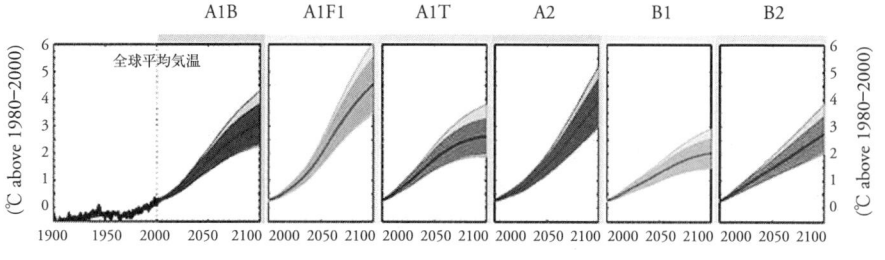

図3　2000～2100年の地上気温の予測

6つの経済社会発展のシナリオ（A1B, A1F1, A1T, A2, B1, B2）ごとに，地表面平均気温が現在に比べて何℃上昇するのかを予測した結果を示す（IPCC第四次報告書より転載）．

用をやめる）の場合でも，その推定幅は+1.1～2.9℃とされている．このように，シナリオによる差はあるものの，今後100年間に地球の平均地表気温は1～6℃程度上昇する可能性がきわめて高い，というのが，IPCC第四次報告書の結論である．もちろん，気候モデルによる予測は不確定性を含み，モデルの作り方やパラメータ設定において改善の余地が多く，今後予測値が変わることもありうるということを十分に念頭に置く必要がある．しかし，国際的なエキスパートの研究

3

成果とその総括の結果であるこれらの予測値を，現時点における「温暖化影響評価」の出発点としておくことは妥当であろう．

2 │ 人為攪乱と湖沼学 ── 富栄養化を例に

第二次世界大戦後，わが国や世界の湖沼は，富栄養化（人為的な栄養物質の負荷による藻類の大発生と水質劣化）の問題をかかえ，この解決にむけてさまざまな努力がはらわれてきた．これに関わる問題群に直接的・間接的に触発される形で，リンや窒素のとりこみや循環の機構，栄養塩負荷に対するプランクトン群集の応答，さらには，微生物群集や動物プランクトンによる栄養元素の利用・排出の化学量論についての重要な仮説の提起や理論の形成がなされてきた．また，集水域と湖沼を統合的にとらえる視点も，理論面および富栄養化対策という応用面の両面で大きな発展を遂げた．

研究アプローチという点では，まず，湖沼間比較によって，湖沼生態系の特性を表す変数間の関係（たとえば，全リン量とクロロフィル量の間の関係）を見つけ出し，そこから一般的な経験モデルを導出するという手法は，湖沼における一般則の抽出のための有力な手法の一つとして定着したといえよう．一方，湖沼の全体あるいはエンクロージャーを用いた操作実験は，栄養物質の添加が生物群集や物質動態に与える影響に関する仮説検証のツールとして広く用いられている．さらに，近年になって，同位体トレーサーの大規模な現場投入による生態系代謝の測定実験や，各種の天然安定同位体比を用いた栄養物質や有機物の負荷状況と循環過程の査定といった新たな手法の導入も活発に進んでいる．もちろん，湖沼学，あるいはより広く陸水学（湖，池，河川，湿地，汽水域，地下水などの水環境と生態系に関する学際的な科学）の戦後における発展が，すべて富栄養化という問題意識のもとに進んだというわけではない．この学問分野に固有の歴史的背景とその慣性，隣接する諸学（特に海洋学，水文学，生態学など）とのインタラクション，また，新たな計測・分析技術の進歩といったさまざまな要因が絡みながら，今日の斯学の学問的ランドスケープを形成していることは言を俟たない．しかし，ここでポイントとして押さえておきたいのは，人間の生活や生存にとって不可欠な生態系サービスの供給源であり，同時に，それを利用する人間活動がその性質に重大な影響を与える，「湖」という対象を扱う湖沼学においては，広く湖一般に見られ

る人為攪乱（ここでは富栄養化）が，それに対処するための方法論や理論の形成を通して，学問の深化に繋がる新たな研究の潮流を生み出す重要な契機になってきたという事実である．

3 温暖化の湖沼学という新たな挑戦

　富栄養化に続く大規模な人為攪乱である「温暖化」という新たな契機が，湖沼学にどのような課題を提起し始めているのだろうか？　第1章の1.1節において論ずるように，温暖化は，その影響の空間スケールの広域性，慣性の大きさ，また，影響メカニズムの性質（水温上昇という物理条件の変更を端緒とするさまざまな波及効果とフィードバック）等の点において，富栄養化とは根本的に異なるタイプの攪乱である．したがって，そこに現れる問題に対処するためには，新たな概念枠組みが求められる．そのような枠組みとして何が適切なのかということについてはさまざまな見解がありうるが，ここでは一つの切り口として，図4に模式図的に示すような，影響の波及過程を軸としたとらえ方を示す．

　まず第一に，温暖化（水温上昇）が生態系に及ぼす直接的な影響過程として，生物の代謝活性（生化学プロセス）の温度依存性を通しての影響があげられる．細胞あるいは個体レベルでの代謝活性の変化は，生態系機能（光合成や呼吸）の変化を引き起こす．特に，生化学反応の種類によって温度依存性の強さが異なる場合には，温暖化が生態系レベルでの代謝バランスの変化を引き起こす可能性も指摘されている（3.4節参照）．また，個体群の季節的消長や生活史スケジュールの季節パターンの変化（フェノロジーの変化）が，個体群間の競争や食う−食われる関係の変化を通して，群集の動態に大きな影響を与えることも考えられる（3.4節参照）．

　もう一つ，間接的ではあるがきわめて重要な影響過程として注目すべきなのは，温暖化が水体の物理構造の変化を通して生息環境を大きく改変するということである．特に，成層期間の延長，あるいは成層の強化は，水体構造に依存した湖内の生物の生存に重大な影響を及ぼす可能性がある．筆者らが琵琶湖で行った研究例を紹介しよう．

　琵琶湖は，最大水深が104 m，面積が670 km^{2}の大型淡水湖であり，温暖な年一回循環湖という湖沼類型に区分される．春から秋にかけての間は，日射による

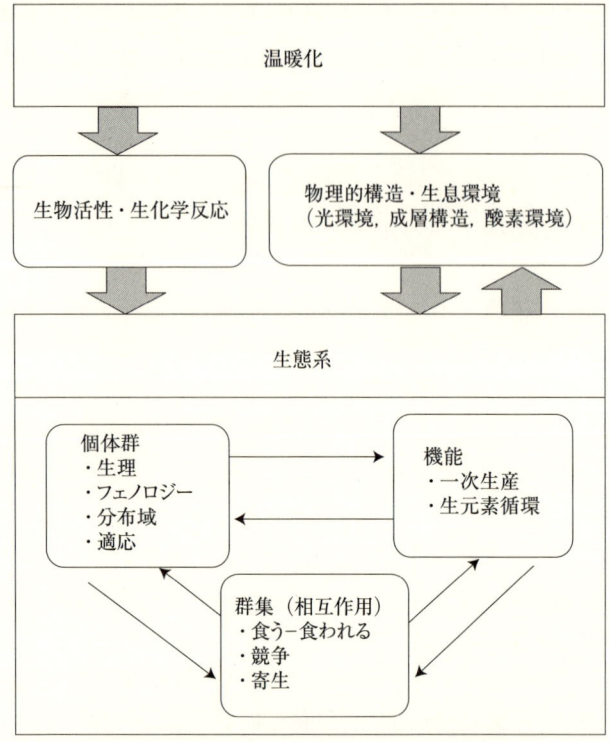

図4 温暖化が湖沼生態系に及ぼす影響過程
生物に対する直接影響として，生物活性や生化学反応が温度依存的に変化するという効果が考えられる．一方，湖の流体力学的構造その他の物理特性の改変を通して生息環境が変化するという効果も重要である．生態系においては，個体群レベルの応答（生理，フェノロジー，分布域，適応），群集レベルでの応答（食う-食われる関係，競争，寄生），また生態系機能面での応答（一次生産，生元素循環）が生じ，これらの応答は，相互に影響を及ぼしあいながら，物質循環とエネルギー流を変化させ，これは，生息環境にフィードバックをする．

加熱のため，表層の水が深層の水に比べて水温が高くなる．したがって，この期間，密度の低い表層水が密度の高い深層水の上に「蓋をした」状態（これを成層という）にある．成層期には大気から深層水への酸素の供給はほとんど起こらなくなる一方で，微生物をはじめとする従属栄養生物の呼吸によって溶存酸素が消費されるため，成層期の後半（秋の終わりから冬の始め）には，深層水はかなりの低酸素になる．冬になって表層水が冷却されると，表層と深層の水温が等しくなり（つまり密度が等しくなる），上下が混合されることにより深層水の酸素欠乏が

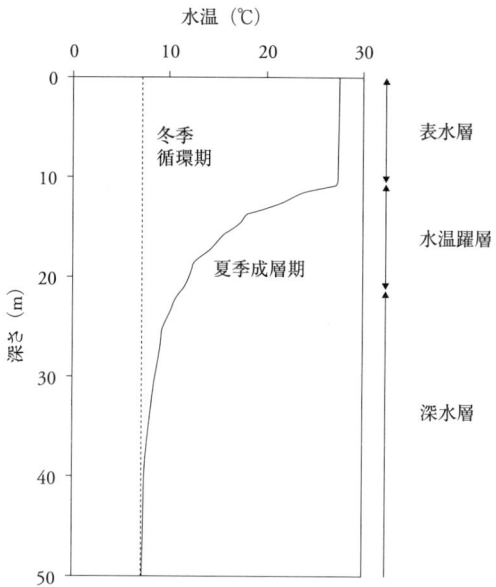

図5 琵琶湖を含む温暖な年一回循環湖において夏季および冬季に見られる典型的な水温鉛直分布.

春から夏にかけて表水層は温められて成層し，夏季に水塊は水温が一様に高い表水層，水温が急激に変化する水温躍層，水温が低く比較的一様な深水層の三層に分かれる（夏季成層期）．表水層では風などの影響により強い鉛直混合がおこる（2.4節参照）．深水層では，湖底境界の影響などにより鉛直混合がおこる（2.4節，2.6節参照）．一方，水温躍層では，鉛直方向に水の密度差が非常に大きく，混合はほとんどおきない（2.4節参照）．秋から冬にかけて表水層が冷却されるとともに，風により混合され水温躍層の深度は深くなり，冬季に水温は一様となる（冬季循環期）．湖の冬季全循環はさまざまなプロセスが複合的に関わっていると考えられている（1.2節参照）．

解消される（冬季全循環）（図5）．冬季全循環は，深層に生息する魚類やその他の動物たち（たとえばイサザというハゼ科の固有種は，冷水を好み深層を生息場所としている）に必要な酸素を供給するために不可欠なプロセスである．例年は2月の下旬ともなると，湖内では表層から深層までたっぷりと溶存酸素が存在するようになる（図6，口絵1の2006年の例を見よ）．ところが，琵琶湖は2007年に，地元の気象台が明治27年に観測を始めて以来初めてというほどの暖冬に見舞われた．その結果，3月の初旬になっても表層水の水温が十分に冷えず，湖底への酸素の供給が十分に行われなかった（図6，口絵1）．幸い，3月半ばに寒波がきたため，3月の終わりになってようやく湖底まで酸素が供給されたものの，そのタイミングは例年よりも1か月以上も遅く，湖底環境は大きく悪化した．この暖冬異変の

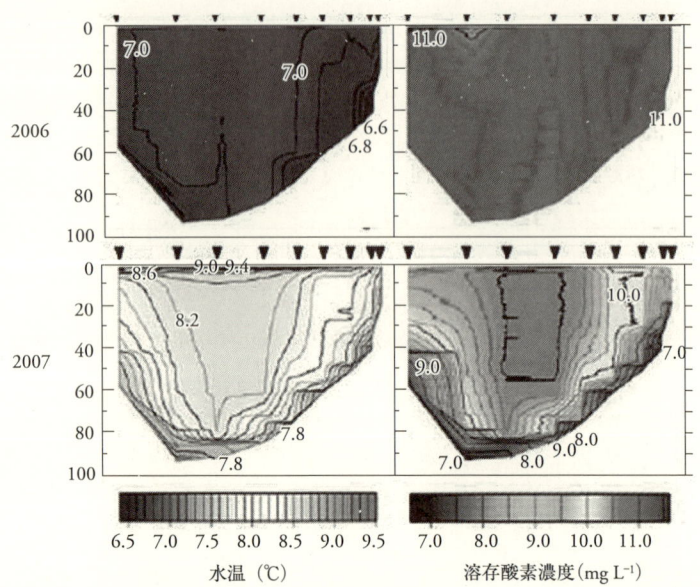

図6（口絵1） 冬季（2月）の琵琶湖北湖における水温と溶存酸素濃度の東西断面分布（姉川沖の観測線）

例年は，2006年のように，2月には湖面冷却が進み，全循環がおこるため，全層にわたって十分に酸素がいきわたっている．しかし，2007年は暖冬に見舞われたために，2月の後半になっても冷却が十分に進まず，湖水の全循環が阻害された．そのため，湖底近くに低酸素の層が存在するのがわかる（Yoshimizu et al. 2010, p.233-239 より）．

観測結果を通して，琵琶湖の将来に関わるいくつかの重要な疑問が生じた．

- 今後，温暖化が進んだ場合に，2007年の暖冬異変のようなイベントが頻繁に現れるようになるだろうか？
- その場合に，琵琶湖の冬期循環は長期にわたり不完全になる，あるいは停止するだろうか？
- 冬期循環が不十分になった場合に，琵琶湖の深層や湖底は著しく低酸素化する，あるいは無酸素化するといった事態におちいるだろうか？
- 深層の酸素環境が悪化した場合，イサザやその他の底生動物群集は生き残れるだろうか？
- 湖底の低酸素化・無酸素化によって堆積物からのリンや有害物質の溶出は加速されるだろうか？

- 堆積物からのリンの溶出（内部負荷）が加速した場合，琵琶湖の富栄養化（一次生産の増大）を促進するだろうか？
- 以上のような富栄養化が生じた場合，有機物の生産の増大を通して深層や湖底の酸素環境の悪化を促進するだろうか？

以上の疑問に答えるためには，次に列挙するような琵琶湖の物理，生物，化学のさまざまな素過程に関する基本的な理解（素過程の解明）が不可欠である．すなわち，

物理過程：冬季全循環メカニズムの理解．表面冷却による対流の他，沿岸で形成された低温水や河川水が密度流として深層に流れ込む効果も重要な役割を果たしていることが明らかになりつつある．また，深層へ酸素を供給するメカニズムとしての乱流や湖底流の役割の解明が不可欠．

生化学過程：深層での酸素消費を理解するためには，深層への有機物供給の変動機構やその経路の解明，有機物消費の場の特定（水柱の呼吸と堆積物中での呼吸の相対的寄与），また，深層における微生物活性の制御機構の解明が必要．また，低酸素化した湖底からのリン溶出の制御機構やそれが一次生産に与えるフィードバック過程も明らかにする必要がある．

生物過程：深層に生息する魚類や無脊椎動物の貧酸素耐性や行動特性，またさまざまな湖沼生物のフェノロジーや生物間の相互作用（食う－食われる関係，競争，共生，寄生）に関する知見が必要．

このように，温暖化影響を評価するためには，琵琶湖の物理，化学，生物にまたがるさまざまなプロセスの詳細な解明が必要になる．このためには，それぞれの専門分野の研究者による実証的な研究（観測・実験）の推進が必須である．しかし，ここで得られた知見を，それぞれが独立したばらばらな情報として吟味するだけでは琵琶湖の生態系の全体としての振る舞いを明らかにすることはできない．素過程間の相互のつながりや，ある素過程から別の素過程へのフィードバックを総合的に理解する必要がある．そのための有効な手段の一つは，琵琶湖の流動場のモデル（熱や水の収支や風の影響を考慮して湖内の水の動きを三次元的に表現

したモデル）に生物・化学的なプロセスを組み込んだ「流れ場－生態系結合モデル」(4.1節) を構築することである（モデルによる統合化）．モデルを用いることで，気温上昇，風速・風向，湿度，降水量の変化や異常気象などのさまざまな条件が変化した場合に，琵琶湖の物理・生物・化学過程がどのような応答を示すのか，ということが総合的に評価することができ，また，温暖化シナリオのもとでの琵琶湖生態系の将来予測が可能になるのである（4.1節では琵琶湖におけるモデリング研究の事例を詳しく解説する）．

　以上の琵琶湖の事例で示したことを踏まえ，これを一般的に要約すると以下のようになる．「温暖化の湖沼学」においては，湖に生息する各種生物が温度上昇に対して示す生理的な応答とその生態学的な波及効果を調べることに加え，温暖化の影響を受けることが想定される物理，化学，生物のさまざまな素過程とその支配メカニズムに関する理解を観測や実験により深化させ，それらの知見を流れ場－生態系結合型の数値モデルとして統合化することにより，系全体の振る舞いを理解するというアプローチをとる．ここで，素過程についての実証研究（観測・実験）とモデリング研究の関係は，前者が後者にデータを提供し，後者においてそれが総合化されるという単線的なものと考えてはいけない．モデリング研究から見出された結果をもとに問題点を洗いだし，実証研究の研究ターゲットの絞りこみをはかるとともに，実証研究から得られた新たな知見をモデルの構造やパラメータ設定に逐次反映させつつモデルの改良をはかるというように，仮説の提起と検証が，両者の相互作用のもとに展開していくというダイナミックな研究スタイルが求められる．

　以上のアプローチは，従来の陸水学における研究アプローチに対して何を加えるであろうか？　本書では，現象の根底にある素過程とそのメカニズムの理解に立脚して，系全体の振る舞いを理解するという意味で，機構論的（還元論的あるいは演繹的ともいえる）なアプローチを主軸においている（ただし，素過程に基づくといっても，単に素過程の足し算が全体を表現するといった素朴な考えではなく，素過程間の相互作用やフィードバックから現れる非線形的な現象や，系の創発的な特性，あるいは現象の階層性をふまえたうえでのことと考えていただきたい）．これと対照的なアプローチとして，湖沼学には，個々の湖の内部のダイナミクスや素過程はとりあえず捨象し，湖の全体を表す代表特性 (surrogate properties) を用いて湖沼を類型化するという全体論的な伝統がある．たとえば，100年ほど前にナウマンは，湖沼の栄養度を目安として，貧栄養湖，中栄養湖，富栄養湖というように区分す

る考え方を提案した．この考え方は今日でも広く用いられている．また，2節で述べたように，湖沼間比較による経験モデルの導出という経験的・帰納的なアプローチが，富栄養化問題と密接に関連して，湖沼学における有力な手法として広く用いられている．実際，2002年に刊行されたカルフの教科書では，陸水学における大部分の「一般的法則」は経験モデルの手法によって得られてきた，と指摘されている．これらのアプローチは，さまざまな性質をもった湖沼の全体を視野にいれ，そこに共通する一般的な法則性やパターンをみつけだすうえできわめて有効である．また，パターンの発見と同じくらい，あるいはもしかしたらそれ以上に重要なのは，そこで見出された一般性に対して，ある観察結果が「ずれ」を示した場合に，その「ずれ」に着目した考察や解析を加えることで，新たな仮説の導出が期待できるという点である（どのような学問分野でも，検証可能な仮説を新たに生み出すということがその学問の展開の原動力になる．したがって，魅力的な仮説を次々と導出することができるようなアプローチは，学問の進展に対する貢献が大きいと考えられる）．富栄養化対策のような湖沼管理の現実的な課題に則していえば，対策の目標や，施策の効果の検証のうえで必要な数値的な目安を，利害関係者にわかりやすい形で示すことができるという利点も大きい．

　しかし，その一方で，全体論的・経験的アプローチは，一般に湖沼あるいは湖沼群の性質を静的なものとしてとらえているために，現在の条件下で見出された一般的な法則やパターンが，これから50年後，100年後に，温暖化によって境界条件（熱や水のインプットや風応力といった気象強制力）が変化した場合でも果たしてあてはまるのかどうか，その保証が無いという点に大きな欠点がある．つまり，予測という面では限界があるのである．

　本書が提案する機構論的なアプローチは，このような従来のアプローチの不備を補完し，境界条件の変化に対する素過程の応答と系の振る舞いの変化を解明し，予測や適応策の立案といった現実的な課題に貢献する学術基盤の形成を目指すものである．注意してほしいのは，ここで主張しているのは，経験論的なアプローチと機構論的なアプローチを対立する手法と考えているわけでは無いという点である．湖沼間比較というアプローチは，今後も，たとえば衛星による地球規模での湖沼データの大量の取得といった手法と結びつきつつ大きく展開する可能性があり，その有効性を失うことはないであろう．また，機構論的なモデルといっても，その中で，経験モデルで得られた数式やパラメータ値が用いられていることは決して珍しくない．さらに，第4章で述べるように，経験的に得られた知見

と数値モデルから得られた知見を総合的に吟味し，温暖化影響の現れ方の法則性を一般的な枠組みとして類型的に抽出し，湖沼群全体としての変化の方向を把握するという手法は，今後，湖沼管理の現場においてはきわめて重要になってくると思われる．したがって，富栄養化に対応して発展した汎用モデルのアイデア（たとえば，ボーレンバイダー・モデル，4.2節参照）は，「温暖化の湖沼学」においても大きな知的資産として引き継がれ，発展させられるであろう．つまり，機構論と全体論という二つのアプローチは対立するものではなく，たがいに補完する関係にあると考えられるのである．

4 本書の構成と概要

まず第1章において，温暖化影響が他の人為影響と比べてどのような特質をもっているのかを議論したのちに，温暖化影響の兆候に関する国内外の報告事例を紹介する．読者は，湖沼の物理構造や生物群集あるいは生息環境のさまざまな側面で「異変」が感知されはじめていることを知るであろう．

続く第2章では湖沼物理について，また第3章では生態系について，それぞれの素過程に対する温暖化影響のメカニズムを中心に議論する．前節で述べたように，「温暖化の湖沼学」においては，温暖化が湖沼の流体力学的構造や生態系に及ぼす影響をその素過程にまでさかのぼって把握すること，また，その知見を数値モデルとして総合的に（系の振る舞いとして）理解する，ということが基本的なスタンスとなる．したがって，議論を進めていくためには，湖沼の流体力学と生態系についての基礎的な知識が必要となる．しかしながら，現在の標準的な「陸水学」の教科書には，流体力学の基礎方程式や乱流についての記述がほとんど無い．一方，「水理学」の教科書をひも解くと，流体力学の記述は豊富であるが，湖沼に特有の物理過程や生態系との関連についての記述は乏しい．その両者をバランスよく記述した教科書は見当たらないというのが現状である．そこで，第2章においては湖沼の物理過程について，また第3章においては生態系の構造や機能について，それぞれの基本概念を整理した「教科書的」な記述を含めることとし，読者が基礎概念を幅広くかつ簡便に習得できるように工夫した．なお，第2章においては，乱流理論をはじめとして，流体力学の方程式が紹介されており，物理学に馴染んでいない読者にとってはやや難解にみえるかもしれない．そのよ

うな場合は，その箇所をスキップしていただいても本書の全体としてのメッセージは十分に読み取っていただけると思う．ただし，各執筆者は，非専門家でも理解ができるような簡明な記述をするよう最大限の努力を払っているので，「食わず嫌い」にならないで読み進んでいただけると幸いである．

第4章では，まず「流れ場－生態系結合モデル」の考え方やモデルの作り方についての解説を行う．流体力学の場合と同様，流動場や生態系の数値モデルに関しても，従来の陸水学の教科書においては，記述は誠に乏しい．そこで，本章では，琵琶湖や池田湖でのモデリング研究を具体例としながら数値モデルの基本的な概念を解説するとともに，将来予測についての事例もとりあげている．温暖化がどのように湖沼生態系に影響を及ぼすか，という問題意識に即した形で，数値モデルによる情報の総合化というアプローチについての理解を深めていただけると思う．また，後半部では，温暖化影響を評価するための指標の整理を行い，今後の研究の展望について言及する．

また，各章のところどころにコラムを挿入し，最新の観測手法や研究アプローチについての情報や，本文の記述を補填するような内容を含めた．本文とはある程度独立して読んでいただくことも可能である．

最後に，本書では十分に扱わなかった，いくつかの重要な課題について言及しておきたい．まず，本書のタイトルにある「湖沼学」という言葉に暗示されているように，本書では「湖沼に対する温暖化の影響」というテーマに焦点を絞った．温暖化は，河川，汽水域，地下水，湿地といった陸水学が扱うより幅広い環境や生態系にさまざまな形で影響を及ぼすと考えられるが，それに関しては本書のスコープを超えているとご理解いただきたい．特に，集水域の水文学的条件の変化は，湖沼の構造と機能に直接的な影響を及ぼす重要な要因であるが，それを詳細に論ずるためには，独立した書物の刊行が必要になるであろう．

また，「はじめに」でも述べたように，本書の執筆は，琵琶湖をはじめとする大型湖沼への温暖化影響評価についてのプロジェクト研究の一部として進められたものであるため，沖合と湖底の生態系に関する内容が中心になっており，湖岸環境や小型湖沼についての記述は相対的に少ない．このことは湖岸や小型湖沼の環境・生態系の重要性を軽視しているということではまったく無く，単に執筆陣の専門分野を反映したものとお考えいただきたい．ただし，乱流や湖岸境界層，また生態系の構造や機能についての多くの記述は湖岸や小型湖沼にもあてはまるであろう．

温暖化を含む気候変動が，湖に及ぼす影響の解明のための一つの有力なアプローチとして，古環境復元という手法があるが，これに関しても，本書ではほとんど触れられていない．地球は，過去の氷期・間氷期の繰り返しの中で大きな環境変動を経験しており，その中で，生物群集や生態系は寒冷化や温暖化を何度も経験してきた．湖の堆積物の中には，そのような過去の気候変動と生物群集の変遷の記録がさまざまな形で残されており，これを解読することは，気候変動と生物・生態系の変動の関係を解き明かすうえで大変に貴重な情報になる．

　以上の観点を含め，本書では十分に言及できなかったアプローチやテーマに関しては，以下の教科書や参考文献をご参照いただきたい．

〈温暖化について〉
IPCC 第四次報告書
　IPCC が 2007 年に発表した，気候変動に関する世界の科学者の見解をまとめた評価報告書である．以下の URL から全文をダウンロードできる．
http://www.ipcc.ch/
また，政策決定者向けの要約の和文（翻訳）は以下でダウンロードできる．
http://www.env.go.jp/earth/ipcc/4th/syr_spm.pdf
　報告書は 3 つのワーキンググループ (WG) のレポートから構成されている．WG1 は物理科学的根拠，WG2 は影響，適応，脆弱性，WG3 は気候変動の緩和，をテーマとしている．WG2 の報告の中には，淡水湿地，湖，河川に対する影響がまとめられた箇所があるが (4.4.8)，大型淡水湖に関する記述は乏しい．本書では，第四次報告書の刊行以降に発表された最新の研究成果を多数紹介している．

『温暖化の予測は「正しい」か？ ── 不確かな未来に科学が挑む』江守正多著，化学同人 (2008)
　気候モデル・気候シミュレーションとは何か，また，温暖化予測はどのように行われているのか．これらのことについて，気候システム研究の最前線で活躍する専門家が，わかりやすく解説している．

〈陸水学全般について〉
　本書では十分にカバーできなかった，陸水学の全般的な知識については以下の

教科書を参照してほしい．このうち，ゴールドマンとホーンの教科書には邦訳があり，陸水学の入門書としては最適である．より詳しい概念を学びたい時には，ウェッツェルやカルフの教科書が役に立つ．

ゴールドマン・ホーン著『陸水学』手塚康彦訳，京都大学学術出版会 (1999)
J. Kalff "Limnology" Benjamin and Cummings, 2002
R.G. Wetzel "Limnology- Lake and River Ecosystems, 3rd edition" Elsevier Academic Press, 2001

第1章
顕在化する温暖化影響

　地球温暖化に対する湖の応答は，これまで限られた資源である淡水の管理という観点から主に論じられてきた．IPCC第四次報告書では地球温暖化が水資源にもたらす影響について詳細に述べられている一方で，湖の物理化学構造と生態系に関する記述は乏しい (IPCC 2007b)．そこで本章では，世界各地の湖で顕在化しつつある温暖化影響の兆候と数値モデルを用いた将来予測に関する最新の知見を紹介する．1.1節では，まず富栄養化および酸性化と温暖化を対比させ，温暖化が湖沼生態系におよぼす作用の特質を明確にする．次に，最新の研究事例をもとに，湖の物理構造・水質・生態系に対して温暖化が及ぼす影響を分類して整理する．1.2節では日本国内の事例として，諏訪湖，池田湖，琵琶湖を取り上げ温暖化に起因するとみられる近年の変化について述べる．

1.1　温暖化に対する湖沼の応答

　湖は，数千年から数百万年におよぶ長い歴史の中で変化する．その湖に，20世紀以降，人為攪乱に由来する二つの劇的な変化が訪れた．一つ目は序章にあげた富栄養化，二つ目は酸性化である．まず1960年代初頭から，人為に由来する栄養塩が流れ込み，その影響により，湖における富栄養化が先進各国で顕在化してきた．その後，硫黄・窒素酸化物の産業排出の増加にともない，湖の酸性化問

表 1.1.1 湖における三つの代表的な人為撹乱

	空間スケール	時間スケール	作用
富栄養化	集水域スケール	滞留時間（＜数年）	化学環境
酸性化	地域スケール	滞留時間（＜数年）	化学環境
温暖化	全球スケール	100年以上	物理構造

他の人為的撹乱（富栄養化，酸性化）と比べて，地球温暖化は，空間・時間スケールと作用を及ぼす対象が異なる現象である．

題が1970年代から1980年代にかけて顕在化する．そして現在，これら二つに引き続き，湖沼生態系にさらなる変化をもたらしつつあるのが，地球温暖化の影響である．

富栄養化は湖の集水域における人間活動に，酸性化は湖周辺の大気循環を反映した地域スケールの人間活動にそれぞれ由来する．その影響は，湖の滞留時間の時間スケールで顕在化し，湖の水質を変化させ，湖沼生態系へと波及する．これら人為的撹乱への対策は，その原因を軽減し，湖の水質・生態系を回復することである．世界各地の湖において，栄養塩（特にリン）や酸化物の排出を規制することにより，その滞留時間の時間スケールで，少なくとも表面上は回復することに成功している（Schindler 2006）．

一方，地球温暖化が湖にもたらす影響は，他の二つの人為撹乱と三つの点で本質的に異なる（表1.1.1）．地球温暖化により100年後の気温の上昇は，温室効果ガス排出シナリオに応じて1.1〜6.4℃の幅で，特に北半球の大陸部で顕著であると予想されている．降雨量は熱帯域と高緯度地域で増加し，亜熱帯域では逆に減少する．集中豪雨の頻度は北欧，アジア，オセアニア地域で上昇すると予想される．また，熱波などの異常気象の頻度が高くなることも予想されている．これらの気候変動は，気温，湿度，流入出量，風向・風速，雲量といった湖の物理境界条件の変化を通して，まず湖の物理構造に影響を及ぼし，その効果が湖の水質，生態系へと波及する．この「作用の違い」（図1.1.1）が第1の点である．第2に，地球温暖化は全球スケールの現象であるため，世界中のさまざまな湖が並行して応答する（空間スケールの違い）．また，温室効果ガス排出の多少に関わらず，今後100年以上にわたり平均気温は上昇を続けることが予想されるため（IPCC 2007a），湖における温暖化影響も，100年以上の長期にわたる問題として捉える必要がある（時間スケールの違い）．これが第3の点である．この時間・空間スケールの違いのため，湖における温暖化問題は本質的な回避ができない問題である可

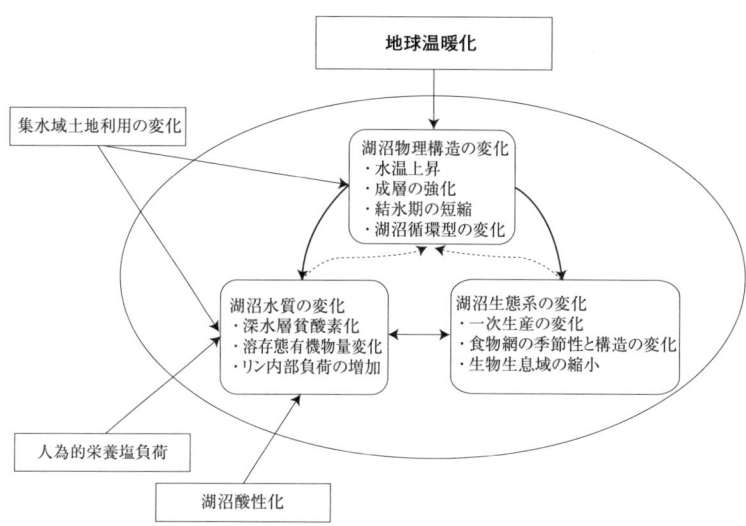

図 1.1.1 地球温暖化と，その他の人為撹乱が湖沼生態系に及ぼす影響を表すダイアグラム

能性が高い．ゆえに他の問題と異なり，その対策は，いかにその影響を緩和し，変化に適応するかという点にしぼられる．

(1) 湖物理構造の応答

　気候変動にともなう湖境界条件の変化は，水温，混合パターン，成層強度，結氷・解氷期といった湖の物理構造に影響を及ぼす．気候要因の多くはメソ～マクロスケールで同調するため，湖物理構造の変化も広範囲で同調することが知られている（Magnuson et al. 2006）．一方，いくつかの気候要因は集水域，地域スケールで独自の変動を示す場合もある．たとえば風向・風速は集水域の土地利用形態に大きく依存する．そのため，湖物理構造も独自の変動を示す場合がある（たとえば Tanentzap et al. 2008）．また，物理構造の応答は，湖盆の形態や水質にも依存する．以下では 20 世紀後半から見られる湖物理構造の変化をまとめ，続いて数値シミュレーションによる将来予測を行った研究例を紹介する．なお，湖の物理的構造やそこでの生物生産，物質循環に関する基礎的な事柄は，第 2 章，3 章などで必要に応じて詳しく解説しているので，参照して欲しい．

結氷期間の縮小

　冬期に結氷する湖において，結氷期間の長さは冬期の貧酸素水塊の形成や，春の植物プランクトン発生（春のブルーム）とそれに続く生態系プロセスに大きな影響を及ぼす．世界の湖における長期データから，結氷と解氷の時期は大陸スケールで同調し，徐々に結氷期間が短くなっていることが明らかになった．

　結氷と解氷のメカニズムは異なり，それぞれ違った要因に支配されている．結氷は湖面冷却と対流により，湖全体から熱が大気へと奪われていく過程で起こる．そのため結氷時期は気温だけでなく湖の大きさや湖面風速などに大きく影響される．一方解氷は，氷表面をとおした熱エネルギーの交換により起こるため，気温や太陽放射，積雪量といった気候要因に直接依存する．そのため，解氷時期は広範囲で強く同調するが，結氷時期の同調の度合いは弱いことが知られている (Magnuson et al. 2006)．

　結氷時期は北半球の湖と河川では 10 年当たり平均 0.57 日遅れ，解氷時期は 10 年当たり平均 0.63 日早まっている (Magnuson et al. 2000)．特に北米五大湖周辺では，結氷が 10 年当たり 3.3 日遅れ，解氷が 2.1 日早まるなど，より急速な結氷期間の短縮が見られている (Jensen et al. 2007)．また，スイスの湖沼群では結氷の頻度が近年減少していることが報告されている (Franssen and Scherrer 2008)．

　日本国内では，諏訪湖（長野県）の「御神渡り」(1.2 節 (2) 項) の記録が 15 世紀より残っているが，これは湖における結氷状態に関する世界最長の記録である（新井 2000）．諏訪湖において，結氷期間の長さは冬季平均気温に影響を受けることが指摘されている (Arai and Pu 1986)．

水温と成層強度

　Schindler et al. (1990) によるカナダ実験湖沼群での水温上昇の報告以降，世界各地の湖で長期データに基づく湖水温変化が報告がされている（表 1.1.2）．一般的に水温は気温上昇にともない上昇するが，その度合いはそれぞれの湖の特性（大きさ，形態，滞留時間，光の透過度）や，気温以外の気候要因にも影響される．1970 年以降，多くの湖で水温上昇が観測されているが，例外もある．Tanentzap et al. (2008) は，1973 年から 2001 年の間にカナダ・クリアウォーター湖の湖内平均水温が低下していることを見出した（図 1.1.2）．この湖では，土地利用の変化にともない湖面風速が弱まるとともに，有機物の流入が増加した．そのため，濁度が増し，光透過度の低下を招いた．その結果，深層への熱の伝達効率が低下

第1章　顕在化する温暖化影響

表 1.1.2　20 世紀後半における湖沼水温の上昇（新井 2009，表 1 を一部改変）

湖沼名	緯度	最大水深 (m)	期間	上昇率 (℃/年)	対象深度	循環型
琵琶湖	35.5N	104	1965-1997 1965-1997	0.04 0.041	容積加重平均 77 m	一循環
池田湖	31N	233	1985-2000	0.03	200 m	部分循環
タンガニーカ湖	3-9S	1471	1913-2000 1913-2000	0.017 0.0035	150 m 600 m	部分循環
マラウィ湖	9-15S	706	1939-1999	0.01	300 m 以深	部分循環
シグニー島湖沼群	61S		1980-1995	0.06	平均	二循環
バイカル湖	52-56N	1642	1960-2000	0.006	0-200 m 平均	一循環
タホ湖	39N	505	1970-2002	0.015	容積加重平均	一循環
ワシントン湖	47N	65	1964-1998	0.026	容積加重平均	一循環
Lake 239	50N	14	1970-1990	0.09	容積加重平均 (解氷期)	二循環
Lake 240	50N	13	1970-1990	0.06	容積加重平均 (開氷期)	二循環
ウィンダーミア湖	54N	64	1960-1990	0.02	冬の湖底	二循環
チューリッヒ湖	47N	136	1947-1998	0.016	20 m 以浅	一循環
レマン湖	46N	310	1970-2002	0.0175	冬期 200-310 m 平均	一循環
コンスタンツ湖	47.5N	252	1962-1998	0.017	容積加重平均	一循環

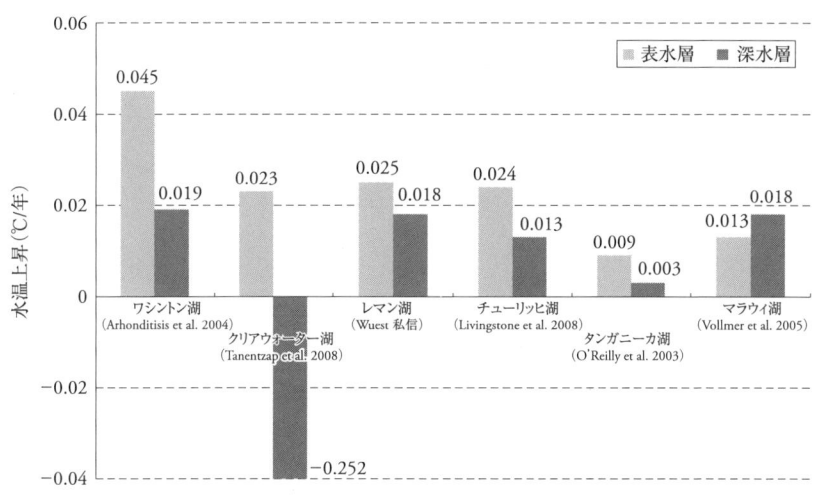

図 1.1.2　世界の湖における表水層と深水層における水温上昇
多くの場合，表水層の水温上昇は深水層を上回るが例外も見られる．

21

し，水温が大幅に低下したと考えられている．また，一般に大型湖沼では熱慣性が大きいため，水温の上昇は気温より緩やかであるが，比較的浅い湖では，気温の上昇，とくに夜間の気温の上昇と同程度に水温も上昇した例が報告されている(Wilhelm et al. 2006)．大型湖沼においても，冬期に結氷する場合は，解氷時期が早まると熱収支バランスが変化し，気温の上昇以上に水温が上昇する可能性がある．実際，北米五大湖の一つであるスペリオール湖では，近年の水温上昇は気温の上昇を上回っている(Austin and Colman 2007)．

気温年較差がある程度大きい亜熱帯から寒帯においては，湖は夏季に成層し，水塊は鉛直的に表水層，水温躍層，深水層の三層に分かれる．そのメカニズムについては，2.4節で詳しく述べるが，水温躍層内では密度成層が発達し，熱や栄養塩などの物質の鉛直輸送は非常に小さく抑えられる．そのため夏季成層の強度とその期間の長さは，湖の物質循環と生産性に大きく影響を及ぼす．一般に，大気の影響を直接受ける表水層では，深水層に比べて水温の上昇は大きくなる（図1.1.2)．この場合，表水層と深水層の間の水の密度差はより大きくなり，成層は強化され，成層期間が延長されると考えられる．スイスのチューリッヒ湖では表水層と深水層で水温上昇の幅が異なった結果，1950年代から1990年代にかけて水塊の安定性が20％上昇し，成層期間が2〜3週間延長された(Livingstone 2003)．

夏季成層の強度とともに，水温躍層の深度も湖の生産性に大きな影響を与える．水温躍層が深く，表水層が厚い場合，薄い場合に比べて表水層内での平均光量は減少する．植物プランクトンによる一次生産は光の利用に大きく制限されるため（第3章参照)，表水層の厚さは湖生態系の生産性に大きな影響を与える．表水層の厚さは気候に大きく影響を受けるが，その効果は湖の大きさに応じて異なるとされている(Fee et al. 1996)．主として二つの物理過程が表水層の厚さに影響する．一つは太陽光の放射熱エネルギーの供給で，光透過性が高いほど表水層は厚くなる．もう一つは風とコリオリ力によるエネルギーの供給で，湖が大きく吹走距離が長いほど表水層は厚くなる．小型の湖では前述の太陽光からのエネルギー供給が卓越し，大型の湖沼では後述の風とコリオリ力によるエネルギー供給が卓越する．このため気候変動が表水層の厚さに与える影響は湖の大きさに依存し，小型の湖では湖水中の溶存有機物の量の増減にともなう透明度の変動(1.1節(2)項)，大型の湖では風向・風速の変動の影響が大きい．その一方で，気温と水温の上昇自体や成層の強度が，表水層の厚さに与える影響は小さいと考えられている(Fee et al. 1996)．

湖の循環型の変化

　陸水学は，湖を類型化することにより大きく発展した．フォレルに端を発し，吉村やハッチンソンにより改訂された「湖循環型に基づく類型化」と，ナウマンによる「湖生産性に基づく類型化（湖沼型）」である（Wetzel 2001）．富栄養化は，湖の生産性に基づく類型化に非定常性を付与し，「栄養塩負荷に対する湖の応答」という新たな視点を湖沼学にもたらした．一方，地球温暖化は，湖の物理構造に動的な変化をもたらし，循環型を変化させる可能性がある．

　前述のように気温年較差の大きい亜熱帯から寒帯の湖では，夏季に成層（序章）し，秋から冬にかけて表水層の水温が下がり，鉛直的に循環が起こる．表水層の水温が4℃以上の場合，循環は年に一度起こる（温暖な年一回循環湖）．一方，表水層の水温が4℃以下となる湖では，冬季に逆成層し，冬から春にかけて循環が再度起こる（年二回循環湖）．気温年較差の小さい熱帯域の湖では成層期と循環期は不明確で，湖の大きさにより貧循環湖，または年に複数回循環が起こる多回循環湖となる．一方，結氷期間が長く，夏季気温の低い高緯度域，または高所の湖は，年に一度夏季に循環が起こる，寒冷な年一回循環湖，もしくは常に逆成層している無循環湖となる．これらの分類にあわせて，循環が湖底まで到達するか否かにより，循環湖は完全循環湖と不完全循環湖に分けられる．

　貧循環湖／多循環湖と温暖な年一回循環湖の違いは，気温年較差の大小に依存する．そのため，地球温暖化による平均気温の上昇自体の影響はそれほど大きくないと考えられる．一方，温暖な年一回循環湖と年二回循環湖の違いは，冬の気温に影響を受けると考えられ，新井（2000）は，将来，温暖化にともない温暖な年一回循環湖の分布域が広がる可能性を示唆している．実際にPeeters et al.（2002）は，過去50年の水温分布を計算機により再現した結果，チューリッヒ湖が年二回循環湖から年一回循環湖へと変化しつつあることを見出した．

　また，地球温暖化にともない，完全循環湖が不完全循環湖へと移行する可能性もある．たとえば，温暖な年一回循環湖であるコンスタンツ湖（スイス，ドイツ，オーストラリア国境に位置する）や琵琶湖（滋賀県）において，気温の上昇とともに冬季全循環が停止する可能性が観測事実から示唆されている（Straile et al. 2003; Yoshimizu et al. 2010）．池田湖（鹿児島県）ではすでに1970年代後半以降，冬季循環が弱まり，すでに不完全循環湖へと移行している可能性がある（佐藤ら1984）．これら日本の事例については1.2節で詳説する．

湖物理構造の将来予測

　地球温暖化にともなう湖物理構造の変化を予測するには，各湖を表す流動場シミュレーションモデルを構築し，地球温暖化にともなう気候変化に即した境界条件を与えて計算させる方法がとられる．たとえば McCormick (1990) や De Stasio et al. (1996) は，大気中の二酸化炭素濃度が2倍となり平衡状態に達した場合（$2xCO_2$ シナリオ）と通常の濃度の場合（$1xCO_2$ シナリオ）の月平均気温や風速の比を実測データに乗ずる形で境界条件を与えて計算を行っている．また，Peeters et al. (2002) は，過去の気候条件から気温のみを一定の値で上昇させ，気温上昇に対する湖物理構造の感度解析を行っている．一方で，Matzinger et al. (2007) は，気温を毎年一定の割合で漸増させた場合の湖の応答を計算している．より現実的な方法として，Danis et al. (2004) は，IPCC による温室効果ガス排出シナリオに即した気候変動を与えて21世紀の湖物理構造の変化を計算している．

　数値シミュレーションによって得られる将来予測は，適用する気候変動シナリオに依存して大きく変わるが，成層が強化され，その期間が延長されるという点は共通している（McCormick 1990; De Stasio et al. 1996）．Peeters et al. (2002) による感度解析においても，表水層の水温上昇が深水層よりも大きく，成層が強化されることが示唆されている．成層の強化とともに，Danis et al. (2004) は湖の循環型の変化の可能性も示唆している．ヨーロッパの近接する二つの湖を例にした将来予測シミュレーションでは，一方の湖は今後100年にわたり循環型が変化しないが，もう一方の湖は数十年後に，年二回循環湖から不完全循環湖へと湖沼型が変化する可能性があることを示した（Danis et al. 2004）．

　モデルの予測の高精度化のためには，過去の気候条件と湖内の水温分布等の詳細な情報が必要である．しかし現状では，そのような湖は北米五大湖とその周辺，ヨーロッパの大型湖や琵琶湖などに代表的な湖に限られている．また，長期予測には水温が水平方向に均一であると仮定をおいた鉛直一次元モデルが主として用いられている．しかしこれらのモデルは水平方向の流れが重要となるさまざまな湖物理過程をはっきりとした形では考慮していない．そのため，モデルの構造の違いにより，同じ境界条件下でも予測の精度が大きく異なることがレマン湖を例に報告されている（Perroud et al. 2009）．今後は各湖において，鉛直一次元モデルと三次元流れ場モデルを組み合わせて検討する必要があると考えられる（第4章参照）．

(2) 湖水質の応答

　地球温暖化にともなう物理構造の変化は，湖の水質と物質循環へ大きな影響を及ぼす．一方，水質の変化が湖の物理構造に影響をおよぼす場合もある．以下では，水質変化の起点となる深水層の溶存酸素濃度と，湖の物理構造に影響を及ぼしうる湖水中の溶存態有機物量に地球温暖化が与える影響を述べる．

溶存酸素の減少

　深水層における溶存酸素は，湖底の化学・生物環境を左右し，湖全体の水質に影響を及ぼす重要な要素である（第3章参照）．溶存酸素濃度の低下にともない，底生生物の生息域は縮小する（3.5節）．また，湖底は還元的になり，栄養塩（リン）や有毒化学物質（硫化水素など）が溶出する（3.3節）．これらは，湖生態系に回復の難しい変化をもたらす．

　湖水中の溶存酸素濃度は，大気からの供給および光合成による生産と，呼吸による酸素消費のバランスで変動する．夏季・冬季成層期における深水層では，呼吸による消費が卓越し，水温躍層を通した表水層からの酸素供給は非常に小さいため（第2章参照），溶存酸素量はその間減少する．たとえば，温暖な年一回循環湖では夏季成層期に，年二回循環湖では夏季と冬季の二度，深水層における溶存酸素濃度は減少する．特に結氷する湖では，大気からの酸素供給が遮断されるため，深水層の貧酸素化は魚の大量死を招くなど深刻な問題となりうる．

　完全循環湖において，地球温暖化は，1）春の成層開始時における溶存酸素濃度，2）深水層の水温上昇にともなう細菌の呼吸活性の上昇，3）成層期間の延長，の三つのプロセスを通して夏季成層時における深水層貧酸素化を促進させる可能性がある．また，完全循環湖から不完全循環湖へと循環型が変化した場合，深水層溶存酸素は循環により完全に回復せず，年度をまたいで継続して減少する．池田湖では，1970年代後半以降，数年にわたり冬季全循環が起こらず，深水層が半恒久的に無酸素化している（佐藤ら 1984; 1.2節(2)項参照）．一方，年二回循環湖で起こる冬季貧酸素化は，結氷期間の縮小にともない将来緩和される可能性がある．

　ただし深水層における酸素消費は表水層や集水域から供給される有機物量に本質的には依存しているため，深水層における貧酸素化に対する温暖化影響は湖の栄養状態と密接に関連していることに注意する必要がある．たとえば，古代湖の

一つであるマケドニアのオフリド湖では，深水層における塩分成層のため，全循環は約7年に一度の頻度でしか起こらないが，深水層の溶存酸素濃度は一年を通して高く保たれている (Matzinger et al. 2007)．また，深水層貧酸素化は中栄養湖で特に強く現れる可能性が高いことが数値モデルにより示唆されている (Stefan et al. 1996)．実際にヨーロッパを2003年に襲った熱波の影響で，湖の成層は大幅に強化されたが，深水層溶存酸素への影響は富栄養湖と比較して，中栄養湖であるチューリッヒ湖で特に強くみられた (Jankowski et al. 2006)．

溶存態有機炭素濃度

　溶存態有機炭素 (DOC) 量は，湖内のさまざまなプロセスに影響を与える重要な要素である．湖内の光透過率はDOC濃度に大きく依存するため (Kirk 1994)，DOCが増加すると太陽の放射熱が到達する深度は浅くなり，湖物理構造に影響を与える（上記「水温と成層強度」参照）．また，DOC増加にともなう光量の低下は湖の一次生産を減少させる（第3章参照）．一方でDOCは紫外線を効果的に吸光するため，その減少は湖内の紫外線量を増加させ，生物に負の影響をおよぼす．地球温暖化による気候変化にともない，将来湖水中のDOC濃度が変化する可能性がある．

　DOC濃度の変動の大部分は，外来性有機物の流入と湖内での光酸化・微生物分解のバランスに依存する．カナダ実験湖沼群では1970年から1990年にかけて降雨量が減少し乾燥が進み，DOCの流入が減少した (Schindler et al. 1996)．一方長期におよぶ水温の低下が報告されているクリアウォーター湖 (Tanentzap et al. 2008) では，1970年代から2000年にかけてDOCが増加し，その物理構造に大きな影響を及ぼした．また，イギリスの湖沼群では，DOCが近年増加の傾向を示している (Evans et al. 2005)．これらの変化には，気候変化だけでなく，湖酸性化の影響が大きいと考えられている (Schindler et al. 1996)．Anesio and Graneli (2003) は酸性化により，紫外線によるDOCの光分解が促進される可能性を報告している．また，湖水が酸性化すると底泥からの有機酸の溶出が抑えられ，湖水中のDOCが減少する可能性も指摘されている (Evans et al. 2005)．

(3)　湖生態系の応答

　温暖化にともなう湖の物理構造と水質の変化に応答し，湖生態系の生産性，食

物網構造，種構成と多様性は大きく変化する可能性がある．以下では，長期データと異常気象時の観測に基づく報告例を紹介する．

植物プランクトンと一次生産

　湖の一次生産を担う植物プランクトン群集は，水温変化に応答して各種が生理的に適応し，群集構成も適応的に変化する．また，第3章で詳しく述べるように，多くの場合，植物プランクトンによる一次生産は，光や栄養塩といった資源量に律速されているため，水温自体が律速となることは非常にまれである．そのため，水温上昇は一般的に生物の生理活性を上昇させるが，湖における一次生産への直接効果は非常に小さいと考えられている．

　一方，温暖化にともなう物理構造の変化は一次生産に大きな影響を及ぼしうる．成層強化にともない，深水層から表水層への栄養塩の供給は低下する．そのため，一次生産に対する栄養塩制限はより強化される．反対に，結氷期の短縮と，成層期間の延長により湖表水層はより多くの光を受け取るため，植物プランクトン一次生産に対する光制限は緩和される．このように，湖成層構造の変化は，一次生産を制限する二つの要因に反対の影響を及ぼすため，その全体としての影響は湖ごと，特に緯度により大きく異なる．一般的に栄養塩による制限が卓越する熱帯域の湖では，温暖化とともに一次生産が大幅に低下することが示唆されている．O'Reilly et al. (2003) によると，20世紀後半に成層が強まったアフリカのタンガニーカ湖では，20世紀前半と比較して一次生産が約20％減少した．反対に光による制限が顕著な極域の湖では，結氷期間の短縮にともない一次生産が増加することが予想される．たとえばKarlsson et al. (2005) は，高緯度地域の湖沼間比較により，結氷期間の長さに湖の生産性が大きく影響を受けることを見出した．これまで中緯度地域の湖における一次生産の変化に関して，明確な例は報告されていない．これらの湖では，熱帯や高緯度地域などの極端な場合と異なり，光と栄養塩による制限の程度の違いがそれほど明白でない．また，これらの多くは人為的富栄養化・貧栄養化の影響も同時に受けており，温暖化の影響を見積もることは困難である．

　地球温暖化にともない，植物プランクトン群集の構造が変化することが予想される．植物プランクトンの中で，もっとも高い温度に適応しているのは藍藻類で，順番に緑藻，鞭毛藻，そして珪藻類はもっとも低水温に適応している（Reynolds 2006）．そのため，表水層の水温上昇にともない，優占する藻類がこの

順番で変化すると考えられる．これら藻類はそれぞれ食物網での役割が異なるため，水温上昇にともなう植物プランクトン群集の変化は生態系における物質循環構造を大きく変える可能性がある．特に藍藻類は毒素を生産し，湖沼環境を悪化させる場合がある．また，夏季成層の強度と期間の変化も植物プランクトン群集に大きな影響を与える．たとえば，成層の強化により，沈降速度が遅く，栄養塩を巡る競争に有利な小型の種が優占する可能性が，理論及びデータから指摘されている（Winder et al. 2008; Litchman et al. 2009）．春先の水温の変化と水温成層の早期化は，植物プランクトンの動態の季節性を変化させ，その影響は食物網全体に及ぶ可能性が示唆されている（後述）．

食物網とフェノロジー

　解氷日と成層の早期化は，春先の光条件を高め，春の植物プランクトン発生を早める．また，夏季成層期間の延長は，一次生産の季節パターンを変化させる．一方，湖沼生態系における主要な植食者であるミジンコなどの動物プランクトンの発生と成長は，水温に強く影響されるため，植物プランクトンの増殖のタイミングと，植食者の発生のタイミングにずれが生じる場合がある．この影響は，高次栄養段階へと波及し，食物網構造を変化させる可能性が指摘されている（Winder and Schindler 2004a, b）．

　地球温暖化は，浅い湖沼の食物網を質的に大きく変化させる可能性もある．浅い湖沼において，生態系は1）沈水植物が生育し水が澄んだ状態と2）植物プランクトンが増殖し水が濁った状態の二つの状態を持ち，栄養塩負荷量に応じて前者から後者への遷移が起こることが知られている．地球温暖化は，これらの状態間の遷移を促進すると考えられている（MacKay et al. 2009）．

(4) まとめ

　20世紀後半，湖に生じた「変化」は，人為的環境撹乱に対する湖生態系の応答を明確に示し，湖沼学を大きく前進させた．地球温暖化にともない，現在起きている「変化」は，地球規模で行われている壮大な操作実験であり，湖沼学に新たな変革の機会を与えている．近年，湖における温暖化影響を示す数多くの事例が報告されている．地球温暖化に対する湖の応答は地域的に同調する傾向が見られるが，集水域を含めた各湖の個別性により非常に多様である．各湖における温

暖化応答を類型化し，理解する試みはいまだに発展途上である（Livingstone 2008）．

　地球温暖化は，他の人為環境撹乱と複合的に働き，その長期にわたる影響を予測するのは非常に困難である．湖生態系を適切に管理するためには，温暖化シナリオと，さまざまな人為的影響シナリオを組み合わせて，将来予測を行う必要がある．そのためには，適切な時間・空間解像度にもとづく定期モニタリングによりデータを継続的に収集し，精度の高い湖生態系モデルを構築することが不可欠である．また，湖は表面の粗さや熱的性質などが陸地と大きく異なるため，大型湖や湖沼が密集している地域では，地域の気候に対してフィードバックを及ぼすと考えられる．湖沼と地域気候の相互作用を明らかにするためには，まず湖生態系の温暖化に対する応答を明らかにし，その上で湖沼を組み込んだ地域気候モデルを構築する必要があると考えられる（MacKay et al. 2009）．

1.2　日本の事例

(1)　気温の長期変動

　IPCC（2007a）によれば，世界の平均表面気温は，線形に変化したと仮定すると，1906年から2005年までの100年間で0.74℃±0.18℃（0.0074℃±0.0018℃/年），1956年から2005年までの50年間で0.64℃±0.13℃（0.0128℃±0.0026℃/年），1981年から2005年までの25年間で0.44℃±0.13℃（0.0177℃±0.0052℃/年）上昇した．では，日本各地の気象台で計測されている気温はどのような変化を示しているだろうか？　ここでは，日本の主要な湖である諏訪湖，池田湖，琵琶湖をとりあげ，それらの周辺の気象台およびアメダス観測所で計測された気温の長期変動を概観する．なお，諏訪湖，池田湖，琵琶湖周辺の気象台およびアメダス観測所の位置は図1.2.1に示すとおりである（気象庁ホームページより http://www.jma.go.jp/jma/menu/obsmenu.html）．

　図1.2.2に，諏訪湖周辺に位置する諏訪，松本における年平均気温の変化（計測開始から2009年まで）を示す．松本の年平均気温は，計測開始から1960年頃まで少しずつ上昇し，1960年代，1970年代にやや低下したものの，1980年代以降は再び上昇に転じた．また，諏訪においても，1980年代以降，年平均気温

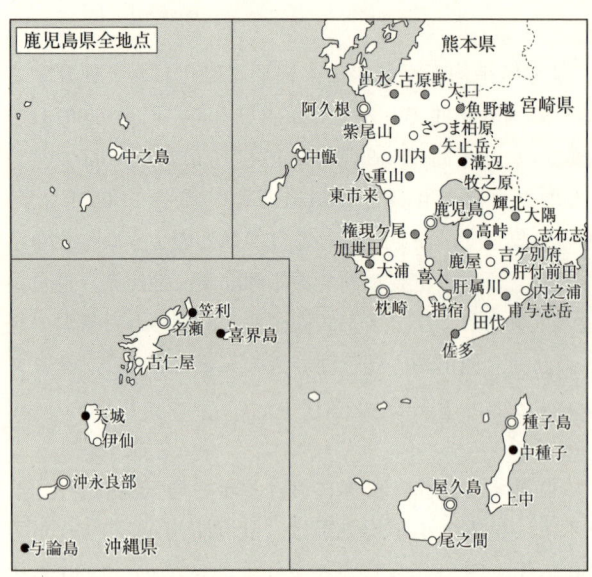

図 1.2.1　諏訪湖，池田湖，琵琶湖周辺の気象台，アメダス観測所の位置

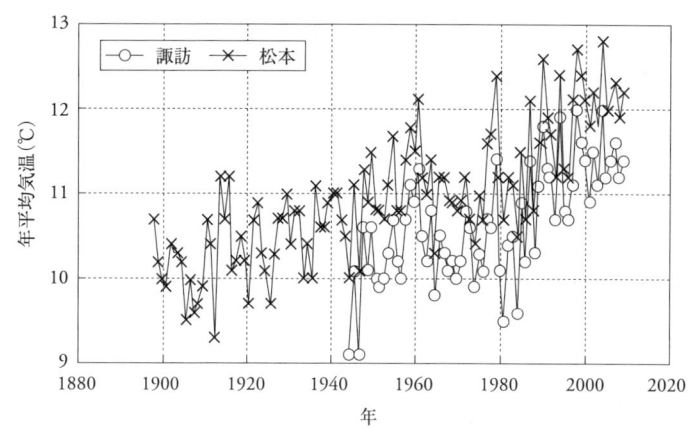

図 1.2.2　諏訪，松本における年平均気温の変化（計測開始から 2009 年まで）

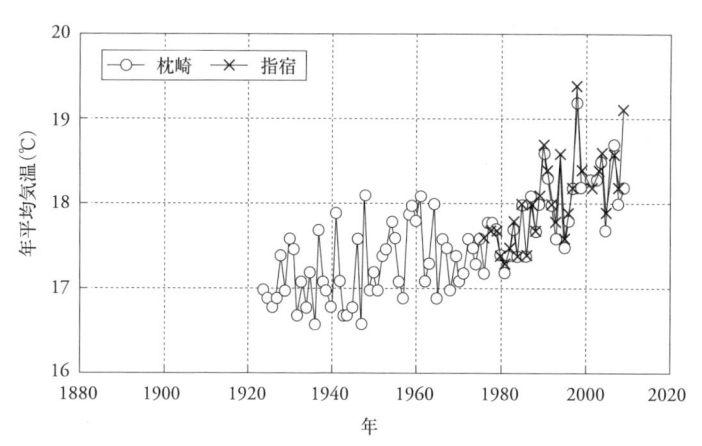

図 1.2.3　指宿，枕崎における年平均気温の変化（計測開始から 2009 年まで）

が上昇している様子がわかる．1981 年から 2005 年まで，年平均気温が線形に変化したと仮定すると，各地の気温上昇率は，諏訪で 0.058℃ / 年，松本で 0.059℃ / 年，辰野で 0.027℃ / 年，原村で 0.076℃ / 年，長野で 0.041℃ / 年，飯田で 0.056℃ / 年であった．

　図 1.2.3 に，池田湖周辺に位置する指宿，枕崎における年平均気温の変化（計測開始から 2009 年まで）を示す．諏訪湖周辺の年平均気温よりも 6〜7℃ 高くな

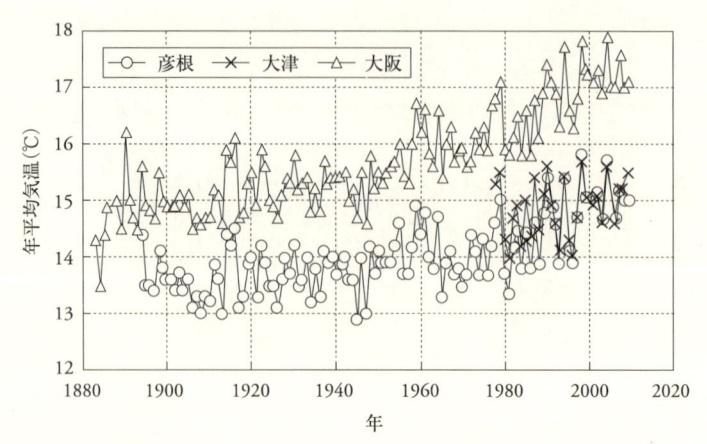

図 1.2.4　彦根，大津，大阪における年平均気温の変化（計測開始から 2009 年まで）

ている．指宿，枕崎の年平均気温も，1980 年代以降上昇している様子が読み取れる．1981 年から 2005 年まで，年平均気温が線形に変化したと仮定すると，各地の気温上昇率は，指宿で 0.038℃／年，枕崎で 0.035℃／年，喜入で 0.046℃／年，田代で 0.047℃／年，鹿屋で 0.063℃／年，鹿児島で 0.060℃／年，阿久根で 0.051℃／年，種子島で 0.031℃／年，屋久島で 0.045℃／年，名瀬で 0.026℃／年であった．

　図 1.2.4 に，琵琶湖周辺に位置する彦根，大津，および大阪における年平均気温の変化（計測開始から 2009 年まで）を示す．彦根と大阪では，1950 年代より年平均気温の上昇が見られ，1980 年代以降は気温の上昇率が増大する．また，大津でも，1980 年代以降，年平均気温が上昇している様子が読み取れる．1981 年から 2005 年まで，年平均気温が線形に変化したと仮定すると，各地の気温上昇率は，彦根で 0.051℃／年，大津で 0.020℃／年，大阪で 0.056℃／年，長浜で 0.078℃／年，東近江で 0.072℃／年，今津で 0.059℃／年，土山で 0.068℃／年，信楽で 0.050℃／年，南小松で 0.046℃／年であった．

　以上のように，日本の主要な湖沼周辺において，1981 年から 2005 年まで，年平均気温が線形に変化したと仮定した場合の気温上昇率は，0.020℃／年〜0.078℃／年であった．すなわち，地域によって気温上昇率が異なっていたが，これはヒートアイランド効果を持つ大都市から山村まで，計測地点の地域特性が異なることや，熱容量が大きい湖沼が周辺地域の気温に影響を及ぼすことなどに

起因すると考えられる．いずれにせよ，各地域で1950年代以降，年平均気温が上昇し，1980年代以降は気温上昇率が増加した点は一致している．さらに，1981年から2005年までの各地の気温上昇率は，世界の平均表面気温の上昇率（0.0177℃±0.0052℃/年）を上回っていた．次節では，湖沼周辺での気温の上昇が湖沼の鉛直循環，生態系に及ぼした具体例として，諏訪湖，池田湖，琵琶湖の例を紹介する．

(2) 温暖化への湖の応答に関する国内の事例

諏訪湖

諏訪湖は，長野県諏訪盆地の標高759 mに位置し，13.3 km^{2}の表面積を持つ浅い湖である（図1.2.5）．諏訪湖では，古くから結氷の様子が記録されており，この結氷記録は，過去の気候変動を知るための貴重な情報を提供している．

諏訪湖における結氷の様子は，神様が渡った跡に似ていることから，「御神渡りや御渡り」と呼ばれてきた．これは，夜間の冷却による氷の収縮と，昼間の加熱による氷の膨張を繰り返すことにより，氷が鞍状に隆起した様子を表現したものである．内陸性気候に位置する諏訪湖では，冬季の降雪量が少なく，氷上の積雪量が少ないことから，鞍状に隆起した氷がそのまま観察される．同様の現象は，北海道東部の屈斜路湖やバイカル湖でも見られ，それぞれカムイ・バイカイ・ノカ（神の渡った跡），トロッサと呼ばれている．

諏訪湖の御神渡りの様子は，11世紀の京都の和歌に登場するが，結氷日，御神渡り日，拝観日（神社が儀式を行った日）などに関する最古の情報は，1397年に記録されている．その後，空白期間もあるが，1444年から連続的に結氷の様子が記録されてきた．ただし，途中で出典が変わり，出典によって記録内容が異なる場合もある（石黒2001）．これらの記録は荒川（1954）によってデータベース化され，国内外の研究者による気候復元に利用されてきた（Gray 1974; Tanaka and Yoshino 1982）．結氷記録の一部は信頼性に欠けるとの研究報告もあったが（Tanaka and Yoshino 1982），荒川（1954）のデータベースに一部間違いがあったことが指摘され（三上・石黒1998；石黒2001），現在は修正されている．

結氷日，御神渡り日，拝観日のうちで，気温との相関がもっともよいのは結氷日であったため（Tanaka and Yoshino 1982），ここでは結氷日の記録を用いる．図1.2.6に，諏訪湖の結氷期日（各年の1月1日から積算した日数）の変化を示す．結

図 1.2.5 諏訪湖の概要

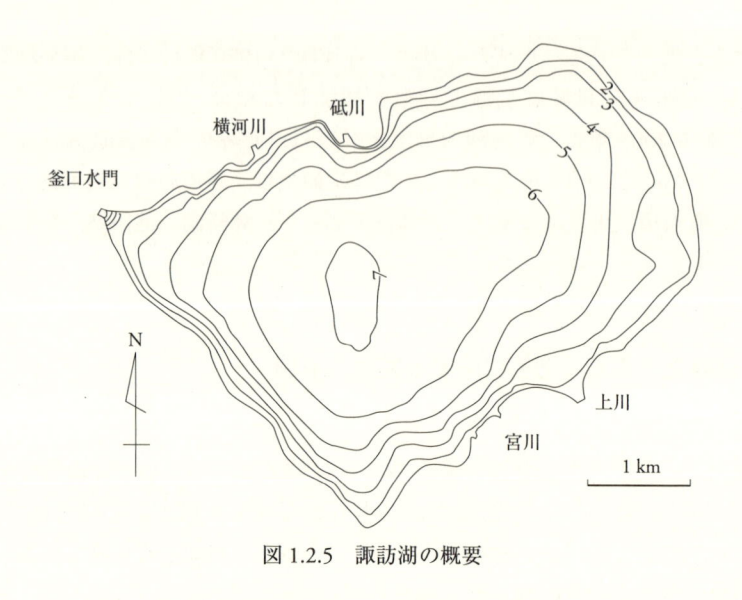

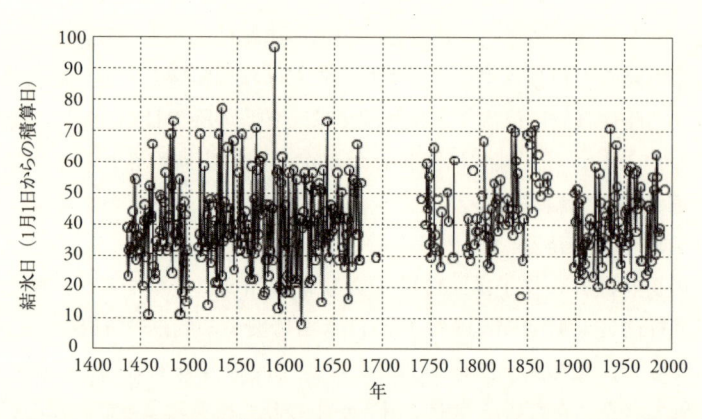

図 1.2.6 諏訪湖の結氷期日（各年の 1 月 1 日から積算した日数）の変化

氷日は，おおむね 1 月 10 日頃から 3 月 10 日頃までの期間内にある．ただし，グラフで空白となっている年は，記録が残されていない年，または結氷しなかった年を示している．1500 年代の始めに，8 年連続で御神渡りが見られなかった．年輪分析や湖底堆積物を用いた気候復元より，この時期は小氷期（おおよそ 1550～1850 年）ではなく，温暖であったという結果が得られた（三上・石黒 1998）．図 1.2.7 に，結氷期日の 10 年間平均値の変化を示す．1850 年ごろは小氷期の終

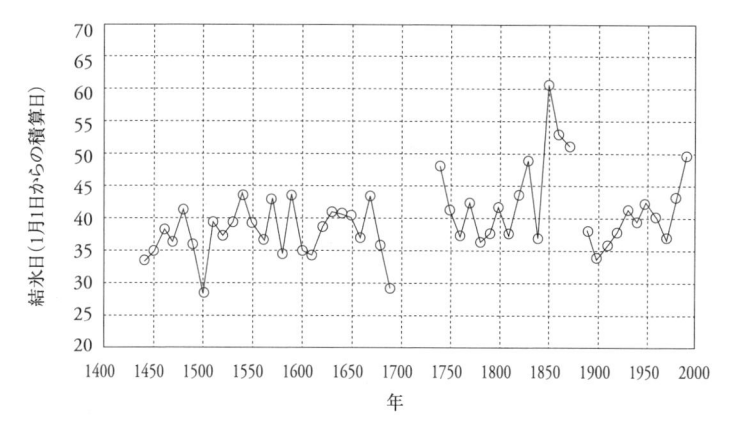

図 1.2.7　諏訪湖の結氷期日の 10 年平均値の変化

わりにあたり (三上・石黒 1998),結氷期日が遅くなっている様子が見られる.近年は,御神渡りが観測される回数が大幅に減少している.昭和の時代 (1925～1988 年) には,結氷しない「明けの海」が 15 回であったのに対し,平成元年以降 (1989 年以降),平成 20 年までで「明けの海」は 16 回となり,昭和時代の「明けの海」の回数を上回った.

諏訪湖における結氷記録は,気候変動を知るためにきわめて貴重な資料であり,諏訪湖の温暖化に対する応答を調べる際にも大変役立つものである.今後は,結氷記録のみならず,結氷の定量化,高精度な水温観測,温暖化に対する生態系の応答の観測を長期的に行っていく必要がある.

池田湖

池田湖は,九州最大の自然湖沼であり,約 5000 年前の火山活動により形成されたカルデラ湖である (平江 2000).表面積は 10.95 km^2,最大水深は 233 m である (図 1.2.8).1929 年の調査では,透明度が 26.8 m あり,世界でも有数のきれいな湖であった.これは,池田湖が急峻な地形で形成されており,流域面積が 12.34 km^2 と小さく,周辺からの栄養物質の負荷が少ないためである.しかし,池田湖周辺の社会活動の活発化により水質汚濁が進行し,1970 年代には透明度が 5 m 程度まで低下し,淡水赤潮の発生も見られるようになった (鹿児島県 2001).また,1980 年代には,導水事業による栄養物質負荷量の増大にともなう水質汚濁を招いた.さらに,1980 年代後半からは,気温上昇にともなって鉛直

図 1.2.8 池田湖の概要

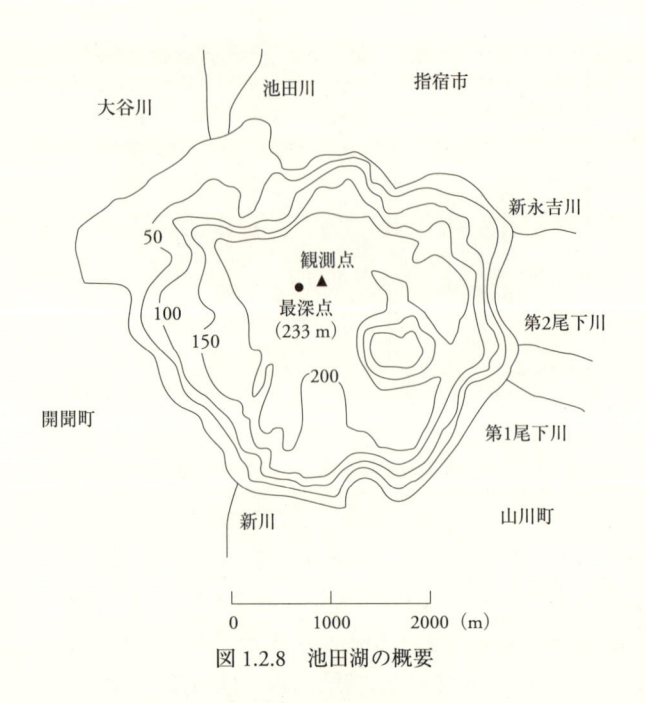

混合が減少し，1990年以降は最深部の溶存酸素濃度は 1 mg L^{-1} 以下となっている．(熊谷・石川 2006；清原ら 2007)．

　では，実際に池田湖における水質変化を見てみよう．池田湖の定期観測は，鹿児島県により，1975年から開始された．湖内3地点で2か月に1度の頻度で水質計測が行われている．ここでは，最深地点における水質変化を示す．図 1.2.9 に，1975年から2008年までの水面下 0.5 m，100 m，200 m の水温の経年変化を示す．水面下 100 m と 200 m の水温の値はほぼ同じである．水面下 0.5 m の水温は，冬季に水面下 100 m，200 m の値に近づくが，水温差が消滅する場合と残る場合とがある．図 1.2.10 に，1975年から2008年までの水面下 30 m，200 m の水温の経年変化を示す．1980年代前半には，水面下 30 m と 200 m の水温が一致することもあったが，1980年代後半以降は，2006年を除いて水温差が常に形成されている．なお，水面下 200 m の水温は，1990年代以降上昇傾向にある．図 1.2.11 に，1975年から2008年までの水面下 0.5 m，100 m，200 m の溶存酸素濃度の経年変化を示す．水面下 200 m の溶存酸素濃度は，1980年代後半より急速に低下し，1990年代以降は 1 mg L^{-1} 以下となっている．この主原因は，温暖化による鉛直循環の減少であると考えられる．また，水面下 100 m の溶存酸

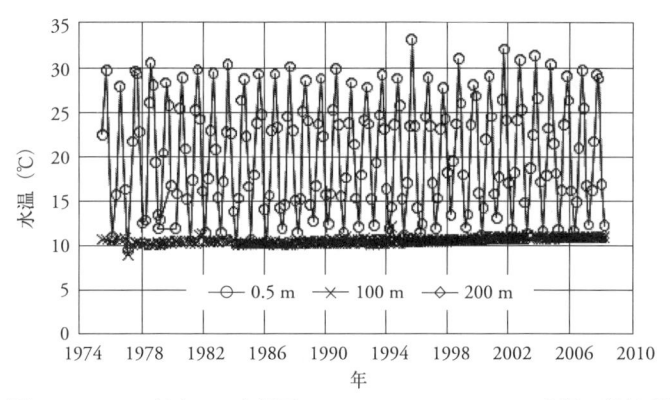

図1.2.9 2008年までの水面下0.5 m, 100 m, 200 mの水温の経年変化

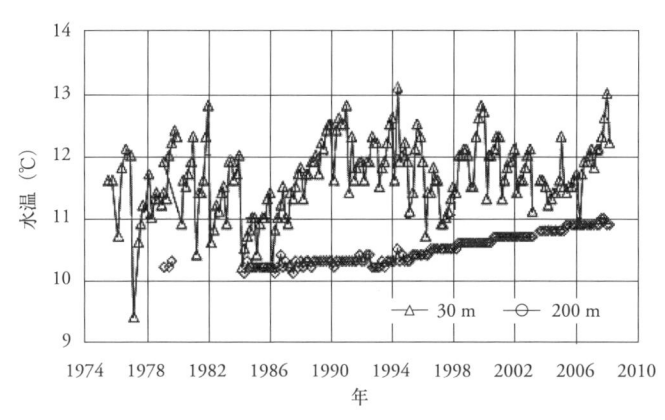

図1.2.10 2008年までの水面下30 m, 200 mの水温の経年変化

素濃度も低下傾向にあり，鉛直循環により時々上昇するものの，貧酸素の期間が増加している．図1.2.12に，1975年から2008年までの水面下0.5 m, 100 m, 200 mのリン酸態リン濃度の経年変化を示す．湖底近傍で貧酸素化が進行したため，リン酸態リン濃度の溶出速度が上昇し，水面下200 mではリン酸態リンの濃度が上昇している様子がわかる．

以上のように，池田湖ではすでに鉛直循環の減少による水質の変化が現れ始めている．温暖化の深水湖水質への影響を調査するためのモデルケースとなっており，今後も水質の変化を注意深く見守っていく必要がある．

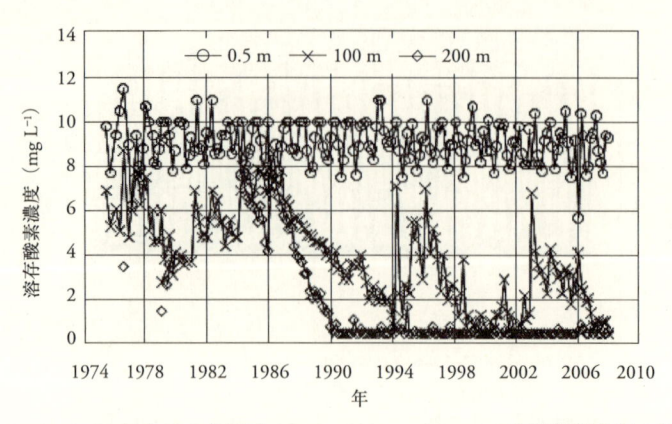

図 1.2.11　2008 年までの水面下 0.5 m，100 m，200 m の溶存酸素濃度の経年変化

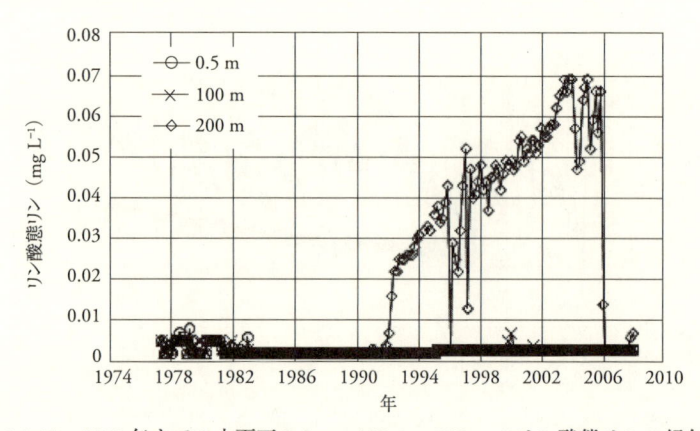

図 1.2.12　2008 年までの水面下 0.5 m，100 m，200 m のリン酸態リンの経年変化

琵琶湖

　琵琶湖は，日本最大の淡水湖であり，近畿圏約 1400 万人の飲料水を提供している（宗宮 2000）．琵琶湖の湖面積は約 674 km^2 であり，平均水深が 43 m の北湖（616 km^2）と 4 m の南湖（58 km^2）に分けられる（図 1.2.13）．湖岸線は 235 km であり，南北幅は約 63.5 km，東西幅は最大で 22.8 km，最小で 1.35 km である．琵琶湖の容積は約 275 億 m^3（北湖は 273 億 m^3，南湖は 2 億 m^3）であり，大気や河川からの淡水流入量が約 50 億 m^3 であるから，北湖の水は約 5.5 年，南湖の水は約 15 日で交換される．

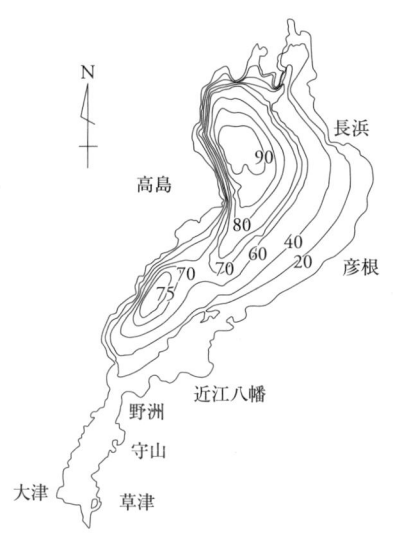

図 1.2.13 琵琶湖の概要

　琵琶湖では，1960 年代後半から，高度経済成長の影響により富栄養化が進行し，1977 年に淡水赤潮が発生した．その後，富栄養化防止条例が 1980 年に施行され，急激な富栄養化の進行に歯止めがかかったかと思われたが，1985 年頃より気温が上昇し，湖底付近の水温が上昇し始めた（熊谷 1993；遠藤ら 1999；速水・藤原 1999）．また，冬季の鉛直混合の減少にともなって，湖面から湖底への酸素供給が減少し，湖底付近の溶存酸素濃度が低下した．同時に，溶存酸素濃度の低下により湖底から溶出したリン酸態リンが深水層に蓄積するようになった（Kumagai 2008）．また，槻木・占部（2009）は，琵琶湖の湖底堆積物中に含まれる動物プランクトンを分析し，カブトミジンコの遺骸と休眠卵のフラックスの変化を示した．これによると，カブトミジンコの遺骸フラックスは 1950 年後半から増え始め，1970 年代後半にピークとなった後，今日までほぼ同じ水準を保っている．一方，休眠卵のフラックスは，1950 年代後半から増え始めるが，1980 年代になると急速に減少し，1985 年頃よりほとんど見られなくなった．このような変化から，近年の温暖化による冬季の鉛直循環の弱まりがカブトミジンコの餌環境を好転させ，浮遊越冬を可能にしたと考察している．Hsieh et al.（2010）は，1962 年から 2003 年にかけて採取された琵琶湖の植物プランクトンの長期データを解析し，1980 年代中頃を境に，淡水赤潮に代表される富栄養化による植物プ

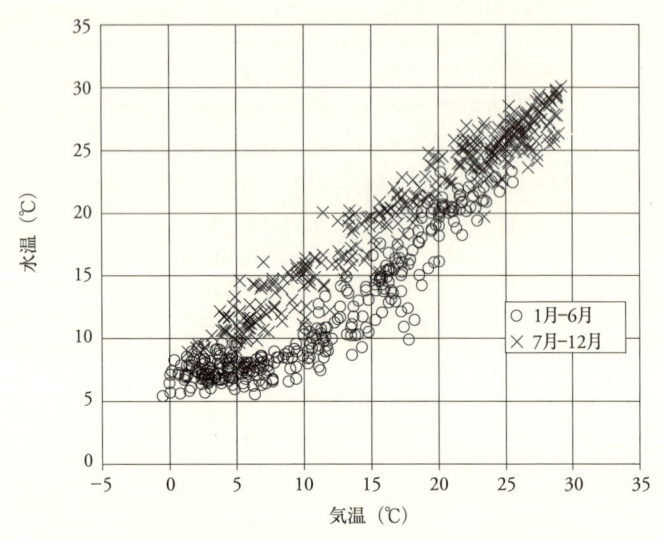

図 1.2.14 気温（彦根気象台）と琵琶湖北湖表面水温（水産試験場）の関係（熊谷 2008）
1949 年 4 月から 2008 年 10 月までのデータを用いた．

ランクトンの異常増殖から，温暖化による安定水塊に対応した植物プランクトンへと移行したことを示した．このことは Tsugeki et al. (2009) の研究結果とよく合っている．以下では，温暖化に対する琵琶湖の水質，生態系の応答について述べる．

　琵琶湖周辺の気温が 1950 年以降上昇したことは 1.2 節（1）項に示したが，水温の応答はどのようになっているだろうか？　図 1.2.14 に，彦根気象台が測定した気温と，彦根水産試験場が計測した 1950 年から 2006 年までの琵琶湖北湖の年平均表面水温（5 か所の平均）との散布図を示す．一般に，大気に比べて湖水は暖まりにくく，冷めにくいため，気温が上昇する時と下降する時とで，表面水温の変化の様子が異なる．4 月から 6 月は，気温が水温より高い場合が多く，7 月と 8 月は，両者がほぼ同じ値を示す．9 月から 2 月までは，気温が水温より低い．これらの関係を基に，気温から湖面水温を推定した結果を図 1.2.15 に示す．図中に●で示した彦根水産試験場の観測値とよく対応している（$r^2 = 0.9987$, $n = 43$, $P < 0.001$）．この水温変動の推定結果から，琵琶湖北湖の表面水温は，1960 年頃までは 15.5℃前後であったのが，1960 年から 1990 年には大きく振動し始め，1990 年以降は 16.5℃前後になっていることがわかる．特に 1980 年代後半か

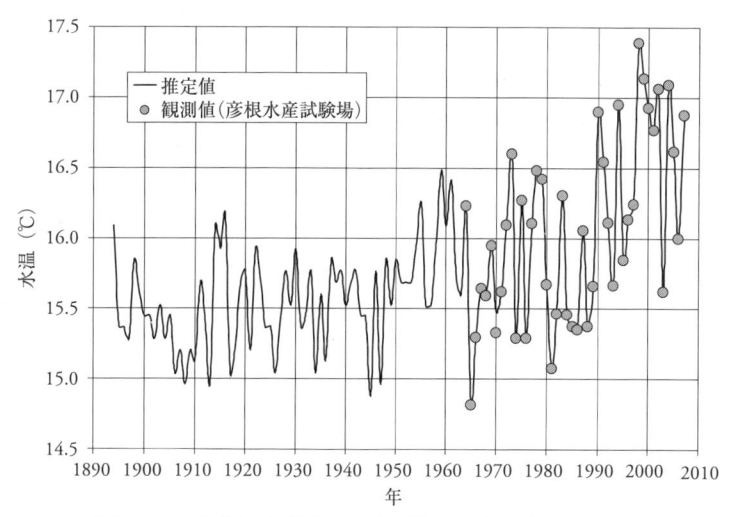

図 1.2.15　気温から推定した年平均湖面水温（熊谷 2008）
　　　　　○印は，水産試験場の観測値である．

らの上昇が大きい．仮に，40 年間に水温が 1℃ 上昇したと考えれば，水温上昇率は 0.025℃ / 年となる．

　湖面水温の上昇は，湖水の鉛直混合を抑制し，水温成層を強化する．琵琶湖では，冬季に冷たくて溶存酸素濃度の高い表層水が湖底付近にもぐりこむ．ここでは，湖水の鉛直混合により湖底の溶存酸素濃度が飽和酸素濃度に回復することを全循環と呼ぶ．ただし，全循環を定義する際，溶存酸素濃度ではなく，栄養塩濃度を用いる場合もある．たとえば，Paerl et al. (1975) は，北米シエラネバダ山中のタホ湖において硝酸態窒素の躍層 (nitracline) が消滅することによって鉛直循環が完了し，全循環が達成されるとした．これは，タホ湖が窒素制限の湖であることによる．一方，Wahl (2009) は，リン酸態リンの勾配を用いてコンスタンツ湖の冬季循環指数を求めた．これは，コンスタンツ湖の循環がリン濃度に対して敏感であることによっている．

　全循環の発生には，大きく分けて 2 つの物理過程が考えられる．

- 気温の低下と冷たい季節風の吹き出しによって冷却された湖面水が，強制対流によって下方にもぐりこむ．重くなった表面の水が徐々に沈み，下方の水と混合しながら下降する．
- 湖岸の水が冷やされて，密度流となって湖底に流れ込む．風と湖岸冷却のタ

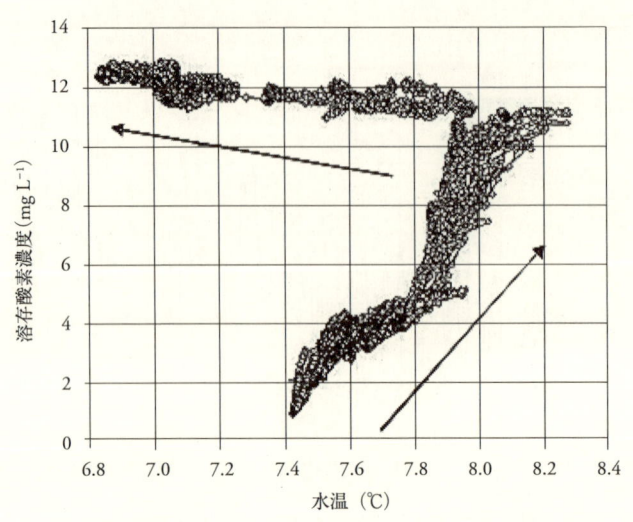

図 1.2.16　2002 年 10 月 24 日から 2003 年 3 月 20 日にかけての最深部湖底直上 1 m における水温と溶存酸素濃度の関係（熊谷 2008）

イミングがうまく合えば，かなりの量の水を下方に送り込むことができる．ロシア・シベリア地方のバイカル湖における全循環は，この過程によって維持されていると思われ，煙突効果と呼ばれている（Wüest et al. 2005）．融雪水の潜り込みによる鉛直循環の促進も同様の過程である．河川からの冷たい水が湖底を覆うことによって，潤滑油的な役割を果たして，冬季の時計周りの環流を加速し，湖岸では沈降流を，湖心では上昇流を引き起こすと考えられている．

そこで，どのような過程を経て，琵琶湖北湖深層の溶存酸素濃度が回復するのか見てみよう．琵琶湖北湖における湖底付近の酸素の回復過程を監視する目的で，2001 年の冬から 2008 年の冬まで，最深部付近の水深 94 m の湖底上 1 m の高さに自記式の溶存酸素計（SBE16）を設置し，溶存酸素濃度の連続測定を行ったので，その結果を示す．図 1.2.16 に，完全に全循環が発生したと思われる 2002 年 10 月 24 日から 2003 年 3 月 20 日までの湖底における水温と溶存酸素濃度の関係を示す．琵琶湖北湖の湖底付近の水温は，内部ケルビン波（第 2 章参照）による上下混合の影響を受け，矢印で示したように少しずつ上昇する．同時に，溶存酸素濃度も回復する．7.4℃で溶存酸素濃度が 1.0 mg L^{-1} であった湖底の水塊は，水温 8.0℃で溶存酸素濃度が 10.0 mg L^{-1} 程度まで回復した後，左に折れ曲がり，

水温が低くなるとともに，溶存酸素濃度がさらに上昇する．これは，冷たくて溶存酸素濃度が高い密度流の貫入を表している．つまり，琵琶湖の全循環は，単に溶存酸素濃度が回復するだけでなく，冷水のもぐりこみをともなって完了する（熊谷ら 2006）．もぐりこんだ冷水は，密度の違いによって古い水の下へと広がるが，おそらく両者が混合することはないのだろう．したがって，従来の鉛直混合によって全循環が起こるという考え方は正しくなく，鉛直混合が小さい湖底付近では，微妙な層構造を保ちながら新しい水が古い水と置き換わるというイメージがより現実に近いと思われる．冷たい水のもぐりこみは，溶存酸素濃度をより高めるだけでなく，湖底に広がって，リン酸態リンなどの栄養塩の湖底からの溶出を抑制する可能性もある．これは，雪が多い年には密度の大きい融雪水が湖底に貫入することによって，酸素を多く含んだ水が湖底を覆い湖底泥からのリンの溶出を抑制するが，雪が少ない年には融雪水の貫入が起こりにくいために湖底に酸素がゆきわたらず，湖底泥からリンが溶出しリン酸態リン総量が増えるものと解釈できる．たとえば，1968 年から 2004 年までの総積雪水量（伏見計測データ）と，琵琶湖に存在するリン酸態リン総量（水深試験場計測データ）の解析を行った結果，両者の間にきれいな逆相関があることがわかった（$r = -0.48$, $P = 0.004$）．

図 1.2.16 に示したように，十分寒い冬を迎え全循環が完全に発生した年には，低温密度流が発生することによって水温－溶存酸素面において左回りの変化が起こることがわかった．もし，冷たい水のもぐりこみが不十分ならばどのようなことが起こるのだろうか．図 1.2.17 に，暖冬であった 2006 年 12 月 31 日から 2007 年 6 月 15 日までの水温と溶存酸素濃度の関係を示す．矢印で示したように，水温 7.2℃，溶存酸素濃度 5.0 mg L^{-1} の水塊が，水温 8.0℃，溶存酸素濃度 9.5 mg L^{-1} まで回復した後，通常の年ならば酸素を多く含んだ冷たい水の貫入によって溶存酸素濃度がさらに回復しながら水温が低下しなければならない．ところが，2007 年冬は十分な水温低下が見られず，水温 7.9℃付近で下向きの矢印で示したように溶存酸素濃度の低下と上昇を繰り返した．このような現象は，湖底における水温と溶存酸素濃度の連続記録を計測し始めた 2001 年以降初めてのケースである．暖冬であった 2006〜2007 年の場合は，冷たい水が湖底へ貫入せずに十分な水温低下が起こらなかったことに加え，酸素濃度の低い古い水と酸素濃度が高い新しい水が共存し成層と混合を繰り返した結果である．

次に，湖底における溶存酸素濃度の経年変化を見てみよう．図 1.2.18 に，2001 年から 2007 年にかけて，水深 94 m，湖底直上 1 m で計測した溶存酸素濃

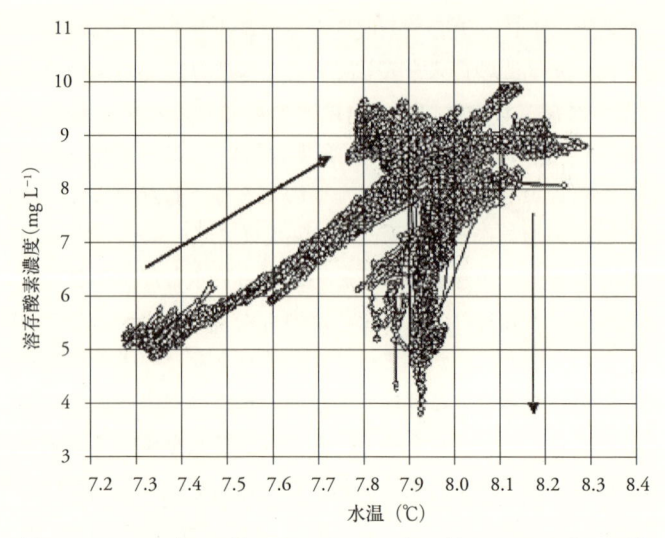

図 1.2.17　2006 年 12 月 31 日から 2007 年 6 月 15 日にかけての最深部湖底直上 1 m における水温と溶存酸素濃度の関係（熊谷 2008）

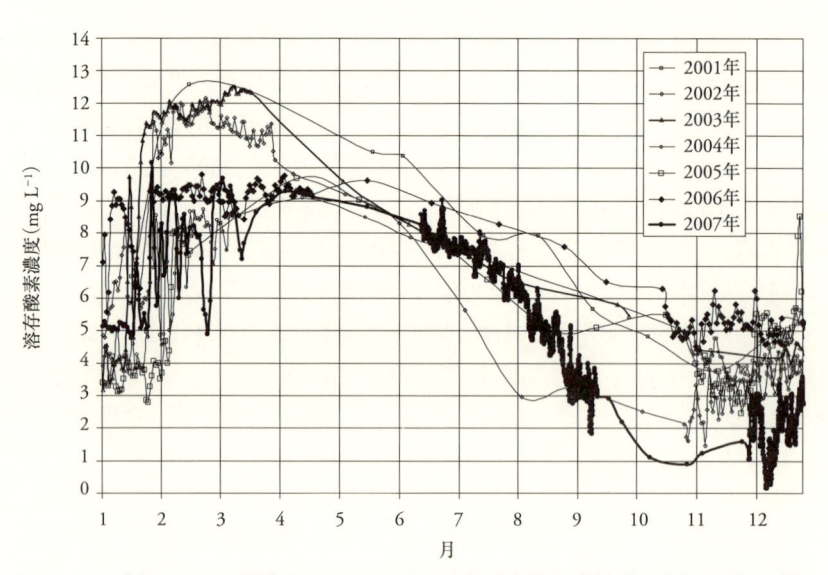

図 1.2.18　水深 94 m の湖底上 1 m における溶存酸素濃度連続計測記録の結果（熊谷 2008）

度の変化を示す．これからわかるように，2004年頃から全循環が発生する時期に遅れが生じ，2月から3月にかけて，溶存酸素濃度が十分に回復しない状況になった．2006年は3月に雪が多く，年間を通して4 mg L^{-1}以上の高い溶存酸素濃度を保っていた．ところが，2007年は暖冬で，3月になっても溶存酸素濃度の回復が十分でなく，3月下旬になって短期間回復したが，すぐに酸素消費が始まり，全循環は不十分であった．その後，通常の年と同様に，溶存酸素濃度が少しずつ減少した．しかし，8月からの猛暑によって安定成層が強化され，湖底面での酸素消費が多くなり，8月後半から溶存酸素濃度の急激な低下が始まった．10月になると溶存酸素濃度は1 mg L^{-1}以下となり，12月上旬まで約2か月間このような状態が継続した．

　湖における溶存酸素濃度の低下は，さまざまな問題を引き起こす．酸素濃度が低くなると底泥中に含まれているリン酸態リンが溶出する．無機態窒素も遊離するが，還元状態では脱窒によって窒素ガスとなって大気中に放出されるので，相対的にN：P比が減少し，アオコを作る藍藻類が増える可能性が高くなる（Smith 1983）．溶存酸素濃度が2.0 mg L^{-1}以下になると，湖底で生活する生物は大きなストレスを受ける．特に，魚類は，溶存酸素濃度が1.5 mg L^{-1}以下では死滅する確率が格段に高くなる．したがって，2007年10月から12月のように長期間にわたって1.0 mg L^{-1}以下という低酸素状態が続くことは，琵琶湖の深水域に生息する底生生物にとって好ましくない状況である．

　地球温暖化の進行は，琵琶湖の鉛直混合を弱体化し，湖底付近の溶存酸素濃度の低下をもたらす可能性が高いことがわかった．このことは，飲料水源であり，かつ漁業やレクリエーション，観光資源としても利用される琵琶湖では，深刻な状況をもたらす可能性がある．たとえば，湖底泥が還元的になると，リン酸態リンなどの栄養塩だけでなく，砒素，硫化水素，メタンガスなどが溶出する．これらの化学物質は，人体への毒性があったり，温暖化ガスになったりするので望ましいものではない．いずれにしても，地球温暖化という制御しにくい環境変動のために，琵琶湖の水質や生態系に大きな変化が生じようとしており，今後の対策も含めて，広範な議論を行う時期に来ているといえる．

第 2 章
湖沼物理過程

　第1章で紹介したように，地球温暖化の進行は，湖沼の物理構造に直接的な影響を及ぼす．したがって，物理構造の変化を生み出すメカニズムを正確に理解することは，湖沼に関わるあらゆる研究にとって不可欠であり，また地球温暖化にともなう湖沼の長期変動を予測する上での基礎となる．多くの湖沼には生物が棲んでいるので，生物を含んだ物質循環を議論することが水圏生態学分野における研究の中心のひとつとなるが，それとて，光・温度・物質密度といった湖沼の物理の上に成り立っている．したがって，湖沼における物理の理解は非常に重要である．

　そこで，本章ではまず，湖沼における水収支・熱収支などの素過程について述べる．収支というのは物質の出入りであり，湖沼における水や熱が入る量と出る量の把握と考えてもよい．入る量が出る量より大きければ湖沼に蓄積される水や熱はあふれてしまう．逆に，入る量より出る量が大きければ湖沼はその姿を消すことになる．ある程度の長い期間にわたって湖沼が安定に存在し続けているということは，収支のバランスがとれている証でもある．今後，温暖化が進行すれば，湖沼の収支バランスが大きく変わる可能性があり，場合によっては湖沼の存続や生態系の喪失にもつながる可能性がある．つまり，水や熱のバランスに関わる素過程（経路やフラックス）を正確に知る必要がある．

　次に，湖沼の物理現象を記述するための方程式群を概説し，これらの近似式によって評価される流れ・波動・乱流と混合・湖岸境界過程・底層境界過程につい

て述べる．湖沼における物理構造や物質循環は，流れ（平均流と乱流）や波動（表面波や内部波）によって支配されるだけでなく，岸や河川との境界過程や，水面や底面における境界過程の影響を強く受ける．これらの過程についても具体的に述べる．

さらに，それぞれの節の最後に，地球温暖化がこれらの物理過程に及ぼす影響について議論する．

2.1 湖沼における素過程

(1) 水収支

湖沼における水収支の概念を図 2.1.1 に示す．水収支とは，湖沼に流入する水量と流出する水量のバランスを求めることであり，水量や水位の変化だけでなく，水質や生態系に大きな影響を与える．

湖沼の貯水量の変化を ΔQ_{all} (m^3 s^{-1}) とすると，その時間変化は次式で計算される．

$$\Delta Q_{all} = Q_{rivin} + Q_{rain} + Q_{uw} - Q_{evp} - Q_{rivout} \tag{1}$$

ここで，Q_{rivin} (m^3 s^{-1}) は河川水流入量，Q_{rain} (m^3 s^{-1}) は降水量，Q_{uw} (m^3 s^{-1}) は地下水流入量，Q_{evp} (m^3 s^{-1}) は蒸発量，Q_{rivout} (m^3 s^{-1}) は河川水流出量である．式 (1) の左辺は，湖面水位の変化と湖面積より推定することができる．河川水流入量については，いくつかの推定式が提案されているが，湖沼に流入するすべての河川からの流入量を推定するのは困難である．一方，河川水流出量は，水利用を目的とした水量管理のために，常時計測される場合が多い．降水量については，湖沼周辺の気象台やアメダス観測所の計測値と湖面積より推定することができる．地下水流入量は，もっとも推定が困難な項目であり，一部の観測データに基づいて推定される場合が多い．蒸発量は，周辺の気象データよりバルク法を用いて推定される．バルク法 (花輪 1993；近藤 1994) とは，水界面における顕熱 (乱流や対流によって運ばれる熱) や潜熱 (水を蒸発させるのに費やされる熱) のフラックスを水面気圧，水面水温，気温，露点および風速といった気象の観測データに基づいて推計する経験式のことである．

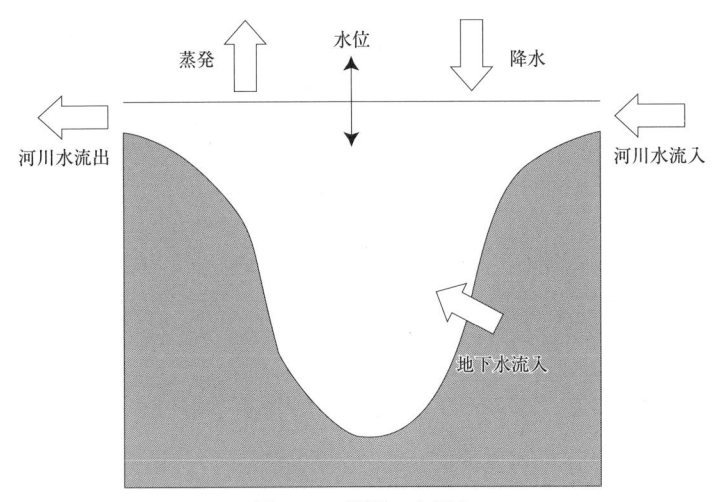

図 2.1.1　湖沼の水収支

$$Q_{evp} = \frac{\rho_a C_E (q_s - q_a) U_{10} A}{\rho} \tag{2}$$

ここで，ρ_a(kg m^{-3}) は空気の密度，C_E は潜熱バルク輸送係数，U_{10}(m s^{-1}) は湖面上の風速，A(m^2) は湖沼の面積，ρ(kg m^{-3}) は水の密度である．潜熱バルク輸送係数の値は，おおむね $1.1 \sim 1.3 \times 10^{-3}$ 程度の値であるが，風速や大気の安定度によって変化する．その詳細なモデル化については，Kondo (1975) を参照されたい．q_s は湖面上の飽和比湿，q_a は湖面上の比湿であり，次式で与えられる．比湿とは，水蒸気を含んだ湿潤空気の質量に対する水蒸気の質量の割合であり，飽和比湿とは，飽和状態の湿潤空気の質量に対する水蒸気の質量の割合である．

$$q_s = \frac{0.622 E_s}{p_a - 0.378 E_s} \qquad q_a = \frac{0.622 E_a}{p_a - 0.378 E_a} \tag{3}$$

ここで，E_s(hPa) は飽和水蒸気圧，E_a(hPa) 大気中の水蒸気圧，p_a(hPa) は大気圧であり，それぞれ次式で計算される．

$$E_s = 6.1078 \times 10^{7.5 Ta/(237.3 + Ta)} \qquad E_a = E_s \cdot h_u \tag{4}$$

ここで，h_u は 0～1 で表した相対湿度である．式 (4) の飽和水蒸気圧を求める式は，0℃における飽和水蒸気圧に温度補正を加えた式で，ティーテンスの近似式と呼ばれる．また，空気の密度は次式で求められる．

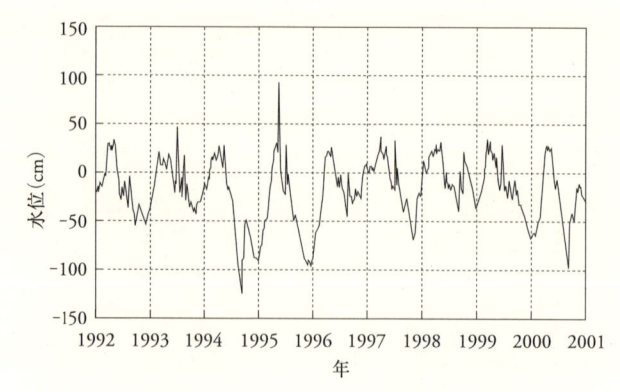

図 2.1.2　1992 年から 2001 年までの琵琶湖の平均水位変化

$$\rho_a = 1.293 \cdot \frac{273.15}{273.15 + T_a} \cdot \frac{P_a}{1013.25} \cdot \left(1 - 0.378 \frac{E_a}{P_a}\right) \tag{5}$$

ここで，T_a（℃）は気温である．

　琵琶湖の水収支を推定してみよう．琵琶湖では，湖内 5 地点で水位の計測が行われている（国土交通省近畿地方整備局琵琶湖河川事務所）．図 2.1.2 に，1992 年から 2001 年までの琵琶湖の水位変化を示す．琵琶湖の水位は，春季にピークを持ち，おおむね−50〜50 cm の範囲で管理されている．しかし，1994 年は，猛暑と少雨により，夏季の水位が−120 cm 程度にまで低下した．この水位データと，琵琶湖の湖面積（670 km^2）を用いることにより，琵琶湖の貯水量の変化を推定することができる．図 2.1.3 に，1992 年から 2000 年までの降水量と蒸発量の推定値を示す．これらの値は，彦根気象台の計測データを用いて推定された．降水量はおおむね 1100〜1800 mm y^{-1}，蒸発量はおおむね 500〜700 mm y^{-1} であり，蒸発量は降水量の 1/3 程度である．図 2.1.4 に，1992 年から 2000 年までの降水量，蒸発量，河川水流出量，河川水流入量と地下水流入量の合計の推定値を示す．河川水流入量と地下水流入量を区別するのは容易ではないが，両者の合計が琵琶湖への淡水供給量の多くを占めている．

（2）　熱収支

　湖沼における熱収支とは，湖内に流入または流出する熱エネルギーの収支のことであり，具体的には，湖面での熱フラックス，湖底での熱フラックス，水温の

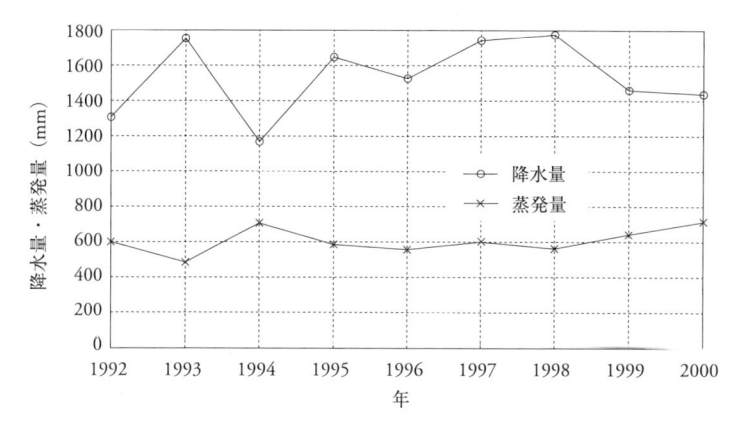

図 2.1.3　1992 年から 2000 年までの降水量と蒸発量の推定値

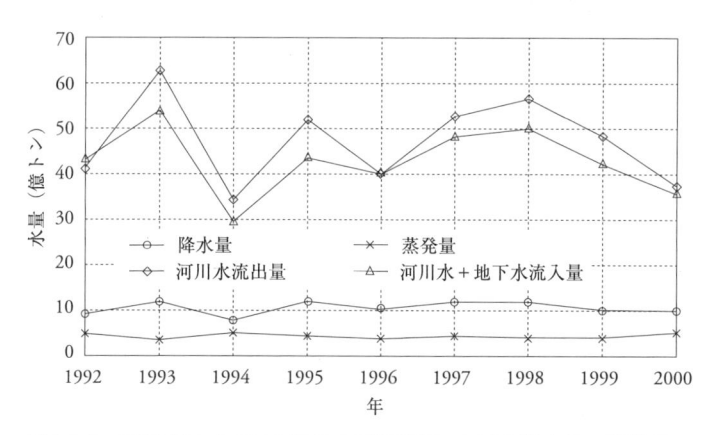

図 2.1.4　1992 年から 2000 年までの琵琶湖における降水量，蒸発量，河川水流出量，河川水流入量と地下水流入量の合計

異なる流入河川水や地下水および降水による熱フラックス，流出河川水による熱フラックスがあげられる．河川境界での熱収支については 2.5 節で，湖底での熱収支については 2.6 節で触れる．また，ここでは，地下水や降水にともなう熱フラックスは小さいものと考え，湖面での熱フラックスの変化に焦点を当てる．湖面での熱フラックスは，図 2.1.5 に示すように，太陽からの短波放射量，湖面と大気の間の正味の長波放射量，顕熱輸送量，潜熱輸送量から計算される（近藤 1994）．太陽からの短波放射量は，直達日射量と雲などによる散乱日射量とを合わせた全天日射量から水面でのアルベド（反射能）の分を差し引いたものである．

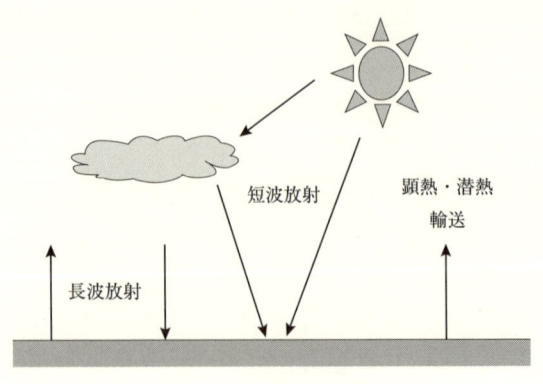

図 2.1.5　湖面の熱収支

正味の長波放射量は，大気から湖面への長波放射量と湖面から大気への長波逆放射量をあわせたものであり，基本的には絶対温度で表された気温や水温の 4 乗に比例する．潜熱輸送量は，水の蒸発によって失われる熱量のことであり，湿度や風速に依存する．顕熱輸送量は，大気－湖水間の熱伝達にともなう熱交換量のことであり，気温と水温の差や風速に依存する．これらは，バルク法（花輪 1993；近藤 1994）と呼ばれる方法に基づく経験式によって推定される．これまでに数多くの経験式が提案されているが，ここではその一例を示す．

湖面での熱フラックス Q_T(J m^{-2} s^{-1}) は，太陽からの短波放射量 Q_s(J m^{-2} s^{-1})，湖面からの正味の長波放射量 Q_l(J m^{-2} s^{-1})，顕熱輸送量 Q_h(J m^{-2} s^{-1})，潜熱輸送量 Q_e(J m^{-2} s^{-1}) を用いて次式で求められる．

$$Q_T = Q_s - Q_l - Q_h - Q_e \tag{6}$$

それぞれのフラックスの定式化については，表 2.1.1 に示す．以下では，それぞれのフラックスについて説明する．

太陽からの短波放射量は，全天日射計で計測された日射量と湖面でのアルベドに依存する．アルベドは，湖面への入射光エネルギーに対する反射光エネルギーの比であり，太陽高度と湖面の状態によって決まる．太陽からの短波放射は湖沼の表面ですべて吸収されるわけではなく，水中を透過していく．太陽光の強度は，湖水中で指数関数的に減衰するが，その度合いは水中の溶存および懸濁物質濃度に依存する．正味の長波放射量は，湖面からの長波放射量と大気からの長波放射量を合計したものであり，日本近海で推定精度が良いとされる式を用いる

表 2.1.1　バルク公式（記号は表 2.1.2 を参照）

過程	定式化
短波放射	$Q_s = Q_{s0}(1 - ref)$,　$Q(z) = Q_{s0} \cdot \exp(-k \cdot z)$
正味の長波放射	$Q_l = s\sigma(T + 273.15)^4(0.254 - 0.00495 E_a)(1 - cC) + 4s\sigma(T + 273.15)^3(T - T_a)$ $E_a = E_s \cdot h_u$,　$E_s = 6.1078 \times 10^{7.5 Ta/(237.3 + Ta)}$
顕熱輸送	$Q_h = C_a \rho_a C_H (T - T_a) W$ $\rho_a = 1.293 \cdot \dfrac{273.15}{273.15 + T_a} \cdot \dfrac{P_a}{1013.25}\left(1 - 0.378 \dfrac{E_a}{P_a}\right)$
潜熱輸送	$Q_e = L \rho_a C_E (q_s - q_a) W$ $q_s = \dfrac{0.622 E_s}{P_a - 0.378 E_s}$　$q_a = \dfrac{0.622 E_a}{P_a - 0.378 E_a}$

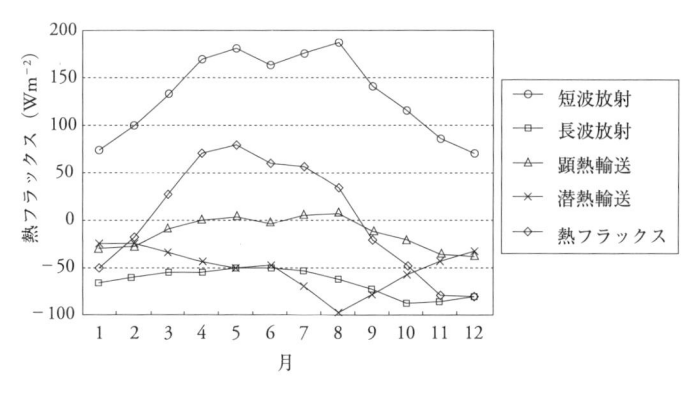

図 2.1.6　琵琶湖の湖面での熱フラックス

(Hirose et al. 1996). 熱伝達による顕熱輸送量と蒸発にともなう潜熱輸送量は，それぞれ大気と湖水の水温差，比湿の差と風速に依存する．2.1 節 (1) 項で述べたように，バルク輸送係数の値は，おおむね 1.1～1.3 × 10^{-3} 程度の値であるが，風速や大気の安定度によって変化する．その詳細なモデル化については，Kondo (1975) を参照されたい．

以上に示したバルク法を用いて，琵琶湖の湖面での熱フラックスを推定した例を図 2.1.6 に示す．また，推定式で用いたパラメータの値を表 2.1.2 に示す．気象データとして，彦根気象台で 1 時間ごとに観測された気温，大気圧，全天日射量，相対湿度，降水量，風速，風向のデータ，1 日に 3 回観測された雲量のデータを用いた．また，顕熱輸送を計算するためには，水面の水温データが必要となる．ここでは，琵琶湖表層 47 地点で月に 1 回計測された値の空間平均値を用い

表 2.1.2 バルク公式に含まれるパラメータの定義と値

記号	定義	値	単位
Q_{s0}	全天日射量の計測値	＊1	$\mathrm{J\,m^{-2}\,s^{-1}}$
$Q(z)$	位置 z における短波放射フラックス	＊2	$\mathrm{J\,m^{-2}\,s^{-1}}$
ref	アルベド	0.09	——
k	光の減衰係数	＊2	$\mathrm{m^{-1}}$
S	射出率	0.96	——
σ	ステファン・ボルツマン係数	5.67×10^{-8}	$\mathrm{W\,m^{-2}\,K^{-4}}$
c	雲量係数	0.65	——
C	0〜1 で表された雲量	＊1	——
E_a	水蒸気圧	＊2	hPa
T_a	気温	＊1	℃
E_s	飽和水蒸気圧	＊2	hPa
h_u	0〜1 で表された相対湿度	＊1	——
C_a	空気の定圧比熱	1.01×10^3	$\mathrm{J\,kg^{-1}\,K^{-1}}$
ρ_a	空気の密度	＊2	——
C_H	顕熱輸送のバルク輸送係数	＊2	——
U_{10}	湖面上 10 m の風速	＊1	$\mathrm{m\,s^{-1}}$
q_s	飽和比湿	＊2	——
q_a	水面の比湿	＊2	——
L	潜熱係数	2.45×10^6	$\mathrm{J\,kg^{-1}}$
C_E	潜熱輸送のバルク輸送係数	＊2	——

＊1 観測データ
＊2 数式でモデル化される変数

た．雲量と水温を 1 時間ごとのデータに線形補間し，1992 年 1 月 1 日から 2001 年 12 月 31 日まで 1 時間ごとの熱フラックスを計算した．グラフには，各月平均値の 10 年間の平均値を示してある．太陽からの短波放射量は，日中には最大で夏季に 1000 W m^{-2}，冬季に 500 W m^{-2} 程度に達するが，1 日の平均値では 50〜200 W m^{-2} 程度である．梅雨の時期には，5 月や 8 月に比べて短波放射量はやや減少する．冷却フラックスのうちもっとも大きいのは長波放射量であるが，夏季には潜熱輸送量が卓越する．顕熱輸送量は，夏季は水温と気温の差が小さく

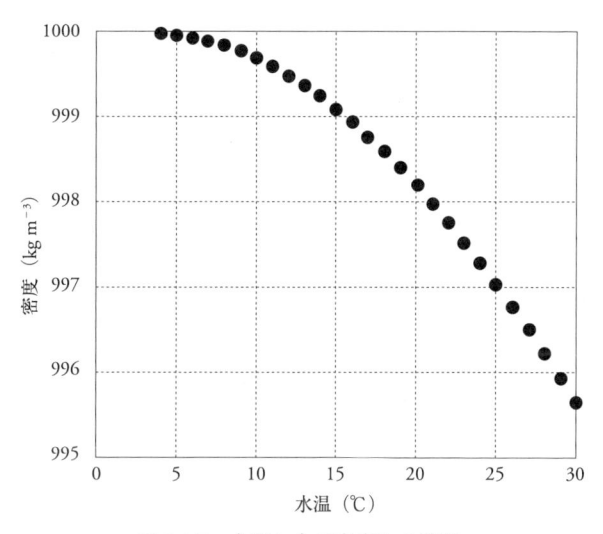

図 2.1.7 水温と水の密度との関係

なるため，少なくなる．しかし，冬季は水温が気温よりも高くなるため，冷却成分が大きくなる．すべてを合計した熱フラックスは，$-80 \sim 80 \text{ W m}^{-2}$ の範囲で変動する．仮に，気温が変化した場合は，バルク法による推定式からわかるように，長波放射量，顕熱輸送量が直接的に変化し，飽和蒸気圧が変化することにより潜熱輸送量が間接的に変化する．ただし，顕熱輸送量は表面水温の変化にも影響されるため，その変化は複雑である．

(3) 水の密度

水の密度は，水温，塩分，圧力によって決定される．湖沼水の塩分は 0 ではなく，密度に影響を及ぼす場合もあるが，多くの場合は塩分の密度への影響は無視できる．また，湖沼は海洋に比べて水深が小さく，通常は圧力による影響も考慮しなくてよい．ただし，バイカル湖などの深い湖では，圧力の影響による密度変化を無視できない場合もある．水温から密度を計算する経験式はいくつか提案されている (2.2 節式 (6) 参照)．図 2.1.7 に，水温と水の密度との関係を示す (国立天文台, 2008)．たとえば，水温が 10℃ と 20℃ の場合の密度は，それぞれ 999.7 kg m^{-3} と 998.2 kg m^{-3} であり，その差は 1.7 kg m^{-3} である．この場合，密度変化は 0.17% に過ぎないが，強固な成層を形成するには十分な密度差である．

水温が2〜3℃しか異ならない場合は，密度差は1 kg m^{-3}にも満たないが，そのわずかな差が湖沼で成層や循環流を形成する．

2.2 流れ場モデル

(1) 基礎方程式

　ここでは，流れ場を記述するための基礎方程式を示す．基礎方程式とは，地球流体の運動を記述するために作られた保存方程式群であり，運動方程式，連続の式，水温の移流・拡散方程式からなる．これらの方程式を用いて，未知の変数である流速，圧力，水温を解く．ただし，これらの方程式を解くためには，境界条件の設定が必要である．基礎方程式と境界条件の詳細な説明は他書に譲り（友田・高野 1983；宇野木 1993；柳 1994；Mellor 1996など），ここでは要点のみを示す．

　基礎方程式を記述するための座標系としては，直交座標系を用いる．対象とする水域が広大であり，地球の丸みを無視できない場合は球座標系を用いるのが適当であるが，数10 kmスケールの湖沼に対しては，直交座標系（デカルト座標系ともいう）が便利である．また，私たちは自転する地球上で流体運動を観察することから，自転する地球に固定された直交座標系を用いる必要がある．具体的には，運動方程式において，見かけの力であるコリオリ力を考慮する．本書では，湖沼南西端の平均水面高さの位置を原点として，東西方向にx軸（東の方向が正），南北方向にy軸（北の方向が正），鉛直方向にz軸（鉛直上向きが正）をとる座標系を用いる（図2.2.1）．

　基礎方程式としては，流速，圧力，水温の平均成分を求める式を用いる（Appendixを参照）．たとえば，成層期に琵琶湖の表層で観測される環流（2.3節(1)項を参照）の状態を考える．現象の代表長さスケールを10 km，代表速度を0.1 m s^{-1}とすると，水の分子動粘性係数を20℃で約10^{-6} m^2 s^{-1}として（国立天文台 2008），レイノルズ数は約10^{9}となり，非常に大きな値となる（2.4節）．一般に，湖沼は乱流状態にあるため，運動方程式であるナヴィエ・ストークス方程式（Appendixを参照），連続の式，水温の移流・拡散方程式を乱流状態に対処できる形で書き換える必要がある．また，実際の数値計算においても，変動成分も含めて直接的に解くための時間的，空間的解像度は不十分である．そこで，流速，圧

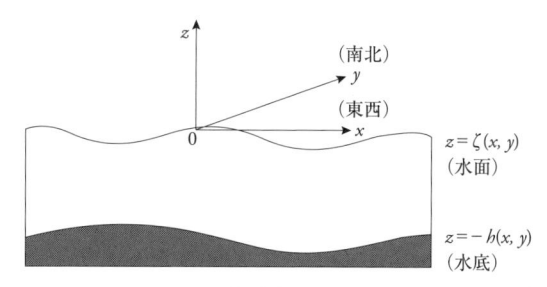

図 2.2.1 基礎方程式の座標系

力, 水温, 密度を平均成分と変動成分とに分けて, 上記の方程式に代入し, 流速, 圧力, 水温の平均成分を求める式を導出する. その過程で, 移流項から変動成分に基づくレイノルズ応力項が現れるが, これらの項は, 分子粘性項, 分子拡散項にならって渦動粘性係数と渦動拡散係数を用いてモデル化される. その乱流モデルの詳細については, 2.4 節で述べる.

以上の前提に基づき, 湖沼における非圧縮粘性流体の基礎方程式は以下のように記述される. ただし, 水平方向の運動方程式では, 密度の変動による影響が軽微であると仮定し, 密度を一定値として扱い, 鉛直方向の運動方程式においてのみ密度を変数として取り扱う.

(東西方向の運動方程式)

$$\frac{\partial u}{\partial t} + \frac{\partial (uu)}{\partial x} + \frac{\partial (vu)}{\partial y} + \frac{\partial (wu)}{\partial z}$$
$$= -\frac{1}{\rho_0} \cdot \frac{\partial p}{\partial x} + fv + \frac{\partial}{\partial x}\left(A_M \frac{\partial u}{\partial x}\right) + \frac{\partial}{\partial y}\left(A_M \frac{\partial u}{\partial y}\right) + \frac{\partial}{\partial z}\left(K_M \frac{\partial u}{\partial z}\right) \quad (1)$$

(南北方向の運動方程式)

$$\frac{\partial v}{\partial t} + \frac{\partial (uv)}{\partial x} + \frac{\partial (vv)}{\partial y} + \frac{\partial (wv)}{\partial z}$$
$$= -\frac{1}{\rho_0} \cdot \frac{\partial p}{\partial y} - fu + \frac{\partial}{\partial x}\left(A_M \frac{\partial v}{\partial x}\right) + \frac{\partial}{\partial y}\left(A_M \frac{\partial v}{\partial y}\right) + \frac{\partial}{\partial z}\left(K_M \frac{\partial v}{\partial z}\right) \quad (2)$$

(鉛直方向の運動方程式)

$$\frac{\partial w}{\partial t}+\frac{\partial(uw)}{\partial x}+\frac{\partial(vw)}{\partial y}+\frac{\partial(ww)}{\partial z}$$

$$=-\frac{1}{\rho}\cdot\frac{\partial p}{\partial z}+\frac{\partial}{\partial x}\left(A_M\frac{\partial w}{\partial x}\right)+\frac{\partial}{\partial y}\left(A_M\frac{\partial w}{\partial y}\right)+\frac{\partial}{\partial z}\left(K_M\frac{\partial w}{\partial z}\right)-g \qquad (3)$$

(連続の式)

$$\frac{\partial u}{\partial x}+\frac{\partial v}{\partial y}+\frac{\partial w}{\partial z}+R_Q=0 \qquad (4)$$

(水温の移流・拡散方程式)

$$\frac{\partial T}{\partial t}+\frac{\partial(uT)}{\partial x}+\frac{\partial(vT)}{\partial y}+\frac{\partial(wT)}{\partial z}=\frac{\partial}{\partial x}\left(A_H\frac{\partial T}{\partial x}\right)+\frac{\partial}{\partial y}\left(A_H\frac{\partial T}{\partial y}\right)+\frac{\partial}{\partial z}\left(K_H\frac{\partial T}{\partial z}\right)+R_{TMP}$$
$$(5)$$

数式中のパラメータについては，表 2.2.1 に示す．なお，水深 1,000 m を超えるような深水湖を除き，圧力が密度変化に及ぼす影響を無視できるため，密度は水温の関数として以下の式で計算される (Fotonoff and Millard 1983).

$$\rho=999.842594+6.79352\cdot 10^{-2}T-9.095290\cdot 10^{-3}T^2+1.001685\cdot 10^{-4}T^3$$
$$-1.120083\cdot 10^{-6}T^4+6.536332\cdot 10^{-9}T^5 \qquad (6)$$

コリオリパラメータの値は，数十 km スケールの湖沼を対象とする場合は，一定と近似して良く (f 平面近似), 次式で求めることができる．

$$f=2\Omega\sin\phi \qquad (7)$$

ここで，Ω (s^{-1}) は地球の自転速度，ϕ (º) は緯度である．ただし，水平軸まわりの回転成分にともなうコリオリ力は小さいものと仮定し，z 軸まわりの回転成分に基づくコリオリ力のみを考慮している．1 平均恒星日を 23 時間 56 分 4 秒とすると，Ω は 7.292×10^{-5} (rad s^{-1}) となる．したがって，北緯 35º でのコリオリパラメータの値は，8.365×10^{-5} (s^{-1}) となる．大型の湖沼を対象とし，コリオリパラメータの変化を無視できない場合は，コリオリパラメータの値を緯度方向に線形に変化させる β 平面近似を用いることもある．

式 (1), (2), (3) の左辺は，ニュートンの第二法則の加速度項にあたる部分

第 2 章　湖沼物理過程

表 2.2.1　流れ場モデルにおけるパラメータの定義と値

記号	定義	値	単位
t	時間	*2	s
u, v, w	x, y, z 方向の流速	*1	m s^{-1}
ρ_0	湖水の代表的な密度	1000	kg m^{-3}
ρ	湖水の密度	*1	kg m^{-3}
p	圧力	*1	N m^{-2}
g	重力加速度	9.80665	m s^{-2}
f	コリオリパラメータ	8.365×10^{-5}	s^{-1}
R_Q	河川水の流入速度	*3	s^{-1}
A_M	水平方向の渦動粘性係数	格子サイズに依存	m^2 s^{-1}
K_M	鉛直方向の渦動粘性係数	*3	m^2 s^{-1}
T	水温	*1	℃
A_H	水平方向の渦動拡散係数	格子サイズに依存	m^2 s^{-1}
K_H	鉛直方向の渦動拡散係数	*3	m^2 s^{-1}
R_{TMP}	河川水が湖水温に及ぼす影響	*3	℃ s^{-1}
R	単位時間あたりの河川からの淡水流入量	*2	m^3 s^{-1}
T_R	河川水の水温	*2	℃
V_R	河川水が流入する湖水領域の体積	*2	m^3
Q_{TB}	湖底面を通しての熱フラックス	*3	J m^{-2} s^{-1}
C_p	湖水の定圧比熱	4170	J kg^{-1} K^{-1}
τ_{xB}, τ_{yB}	湖底の摩擦応力	*3	N m^{-2}
γ^2	湖底の摩擦係数	0.0026	——
p_a	大気圧	*2	N m^{-2}
τ_x, τ_y	x, y 方向の風応力	*3	N m^{-2}
Q_T	湖面を通しての熱フラックス	*3	J m^{-2} s^{-1}
C_{10}	湖面における抵抗係数	0.0015	——
U_{10x}, U_{10y}	x, y 方向の風速	*2	m s^{-1}
ρ_a	空気の密度	*3	kg m^{-3}

*1　変数
*2　計算条件，境界条件から与えられる変数
*3　数式でモデル化される変数

であり，時間変化項と移流項からなる．水温の移流・拡散方程式 (5) でも同様である．移流とは，運動量やエネルギー，溶存物質などが周辺の流れによって運ばれることをいう．一方，右辺の渦動粘性項や渦動拡散項は，運動量やエネルギー，溶存物質が周辺の乱れや渦によって広がることをいう．

また，一般の湖沼では，水平方向流速（~10^{-1} m s^{-1}）に比べて鉛直方向流速（~10^{-4} m s^{-1}）はきわめて小さいため，鉛直方向の運動方程式では，圧力傾度力と重力のみの釣り合いを考える場合が多い．このような近似を静水圧近似と呼び，式 (3) の代わりに次式が用いられる．

$$0 = -\frac{1}{\rho} \cdot \frac{\partial p}{\partial z} - g \tag{8}$$

静水圧近似を用いることにより，式 (3) を用いる場合に比べて数値計算を大幅に高速化させることができる．

(2) 境界条件

湖沼は，大気，河川，湖岸，湖底に囲まれている．それぞれの境界において運動量フラックス（湖面風応力，湖底摩擦など），熱フラックス（浮力フラックス）の交換が行われることにより，湖沼内部の流体運動が形成される．このように，境界において運動を制限する条件を境界条件と呼ぶ．ここでは，各境界における条件について説明する．

湖岸境界では，境界に垂直な流速成分を 0 とする．境界に平行な成分に対しては，境界近傍では摩擦応力の影響を考慮する必要があるが，湖沼の数値計算では水平方向の格子幅が数 100 m 以上であるため，通常は摩擦応力の影響を無視する (free-slip 条件)．また，境界面を通しての淡水の湧き出しや熱フラックスの交換は，それらの影響が軽微である場合は無視されることが多い．

河川境界においては，河川水の流入，河川水温と湖沼水温の違いによる熱フラックスの流入を考慮する．式 (4) と式 (5) の河川影響の項は次式で表される．

$$R_Q = \frac{R}{V_R} \tag{9}$$

$$R_{TMP} = -\frac{R(T - T_R)}{V_R} \tag{10}$$

河川境界における物理現象については，2.5 節で説明する．

湖底境界 $z=-h$ (m) における条件は，境界上にある水粒子が常に境界上に位置することを意味する運動学的境界条件，湖底摩擦境界条件，湖底での熱フラックス境界条件があり，それぞれ以下の式で表される．

$$u\frac{\partial h}{\partial x}+v\frac{\partial h}{\partial y}+w=0 \tag{11}$$

$$K_M\frac{\partial u}{\partial z}=\frac{\tau_{xB}}{\rho_0} \tag{12}$$

$$K_M\frac{\partial v}{\partial z}=\frac{\tau_{yB}}{\rho_0} \tag{13}$$

$$K_H\frac{\partial T}{\partial z}=\frac{Q_{TB}}{\rho_0 C_p} \tag{14}$$

式 (11) は，連続の式を鉛直方向に積分する際の境界条件として用いられ，式 (12)，式 (13)，式 (14) はそれぞれ式 (1)，式 (2) の渦動粘性項と式 (5) の渦動拡散項にとりこまれる．τ_{xB}，τ_{yB} (N m^{-2}) は湖底の摩擦応力であり，湖底の摩擦係数 γ^2 を用いて以下の式で表される．

$$\tau_{xB}=\gamma^2\rho_0 u\sqrt{u^2+v^2} \tag{15}$$

$$\tau_{yB}=\gamma^2\rho_0 v\sqrt{u^2+v^2} \tag{16}$$

湖面境界 $z=\zeta$ (m) における条件は，水面での圧力が大気圧に等しいことから導かれる力学的境界条件，運動学的境界条件，湖面摩擦境界条件，湖面での熱フラックス境界条件であり，以下の式が用いられる．

$$p=p_a \tag{17}$$

$$-\frac{\partial \zeta}{\partial t}-u\frac{\partial \zeta}{\partial x}-v\frac{\partial \zeta}{\partial y}+w=0 \tag{18}$$

$$K_M\frac{\partial u}{\partial z}=\frac{\tau_x}{\rho_0} \tag{19}$$

$$K_M\frac{\partial v}{\partial z}=\frac{\tau_y}{\rho_0} \tag{20}$$

$$K_H \frac{\partial T}{\partial z} = \frac{Q_T}{\rho_0 C_P} \tag{21}$$

式 (17) は静水圧近似を仮定した鉛直方向の運動方程式を積分する際の境界条件，式 (18) は連続の式を鉛直積分する際の境界条件として用いられる．また，式 (19)，式 (20)，式 (21) はそれぞれ式 (1)，式 (2) の渦動粘性項と式 (5) の渦動拡散項にとりこまれる．τ_x, τ_y (N m^{-2}) は湖面における風応力であり，湖面における抵抗係数 C_{10} と x, y 方向の風速 U_{10x}, U_{10y} (m s^{-1}) を用いて次式で計算される．

$$\tau_x = C_{10} \rho_a U_{10x} \sqrt{U_{10x}^2 + U_{10y}^2} \tag{22}$$

$$\tau_y = C_{10} \rho_a U_{10x} \sqrt{U_{10x}^2 + U_{10y}^2} \tag{23}$$

これらの基礎方程式と境界条件を用いれば，湖沼内部のさまざまな物理現象を再現することができる．しかしながら，基礎方程式でさまざまな近似を用いている上に，境界条件にも多くの誤差が含まれる．また，実際に数値計算を実施する段階で領域をある大きさの格子で分割するが，格子サイズ以下の現象が正しく表現できないので何らかのモデル化が必要である．また，基礎方程式を差分方程式で離散化するときにも誤差が発生し，解が収束しない場合もある．実際，基礎方程式における近似誤差を最小化し，格子を細分化して直接的に解く場合でも，現在の数値計算技術では計算領域が数 m 程度の大きさに限られるであろう．したがって，基礎方程式を直接的に解くことができない限りは，誤差の発生が不可避であり，計算結果の解釈には十分に注意しなければならない．単に計算結果と観測結果を比較するのみでなく，それぞれの物理現象において基礎方程式のどの項が支配的であるかを見極め，自然界における物理現象のメカニズムを理解することが重要である．たとえば，乱流と生物プロセスの間に密接な関係が明らかになりつつあるが (2.4 節)，このようなプロセスを数値モデルに明示的にとりこむためには，乱流も再現できるような物理場のモデルの開発が必要である．さらに近い将来には，計算機の能力も含めて数値計算技術が高度化すれば，地球規模での大きな現象と乱流規模での小さな現象を結びつけることが可能となるであろう．

2.3 湖沼の流れ

多くの湖は周辺の人間活動と密接にかかわりを持っており，集水域からの栄養塩の流入や湖内で生産された浮遊性の生物（プランクトン）などは，空間的・時間的にかたよって分布することが多い．このような物質や生物を輸送し，循環させる流れの役割は非常に重要である．平均的な流れには，鉛直方向の密度変化により積算される圧力が，水平方向に異なることにより発生する圧力勾配力によって駆動される流れ（熱循環と呼ぶ）と，湖面上を吹く風の応力によって駆動される流れ（風成循環と呼ぶ）がある．

(1) 熱循環

水中の圧力は，その上部にある水の密度と大気圧から求められる．同じ深度でも，水平方向に圧力が異なると，圧力勾配力によって流れが駆動される．湖沼では，主に水温の変化によって密度変化がもたらされるため，その圧力勾配力によって生じる循環を熱循環という．

水平方向の密度勾配は，水温の異なる河川水の流入によっても形成されるが，水深の違いによって形成されることもある．湖面の水平方向に一様な熱フラックスが与えられた場合，水柱の貯熱量の違いによって水平方向の水温勾配が生じ，密度勾配が形成される．このことを，地形性貯熱効果と呼ぶ．一般に，湖面から成層面までは，水が鉛直方向に混合され，密度，水温は一定となっており，この層を混合層と呼ぶ．たとえば，琵琶湖の北湖では，成層期の混合層の厚さは約 15 m である．南湖や北湖沿岸域のように水深 5 m 程度の水域では，100 W m^{-2} の熱フラックスが与えられた場合，水の定圧比熱を $4.18 \times 10^{-3} \text{ J K}^{-1} \text{ kg}^{-1}$ とすると（国立天文台 2008），1 日で約 0.41℃上昇する．一方，混合層の厚さが 15 m の沖合域では，同様の条件下で，水温の上昇が 1 日で約 0.14℃であるため，沿岸域と沖合域とで約 0.27℃の差が生じることとなる．実際には，水平方向の移流や拡散による沿岸域と沖合域との熱交換や，水温上昇による顕熱輸送量の変化により，沿岸域と沖合域の水温差は小さくなるが，水平方向の熱交換速度が湖面への熱フラックスによる水温上昇速度に比べて小さい場合は，水平方向の密度勾配が維持される．一方，湖水が冷却される場合は，水深が小さい沿岸域の方が水温

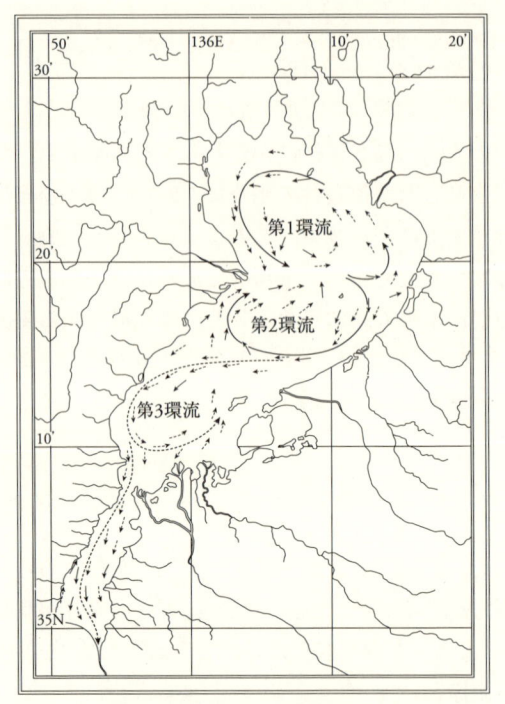

図 2.3.1　琵琶湖で観測された環流（Suda et al. 1926）
実線は観測値，点線は推定値を示す．

の低下が大きく，沖合域との間で水温差が生じる．
　このようにして形成された水平方向の密度勾配により生じる流れの例としては，冬季の琵琶湖で北湖と南湖の間で水が交換される現象があげられる．琵琶湖では，大型の流入河川は北湖に集中しているのに対し，流出河川は南湖の瀬田川と疏水のみである．したがって，平均的には常に北湖から南湖へ向かう流れが存在する．しかし，実際には南湖から北湖に向かう流れが観測されており，村本ら（1979）は，冬季に南湖で冷やされた水が北湖に流れ込むことにより湖水の交換が起こることを示している．
　夏季の琵琶湖に見られる複数の環流系の成因の一つも，地形性貯熱効果による流れである．神戸海洋気象台は，1925 年の琵琶湖の湖流調査の結果，成層期の表層に 3 個の環流が存在することを示し，北から第 1 環流（反時計回り），第 2 環流（時計回り），第 3 環流（反時計回り）とした（図 2.3.1）(Suda et al. 1926)．環流が形成される原因としては，密度流の他に風による流れの寄与があり (Imasato et al.

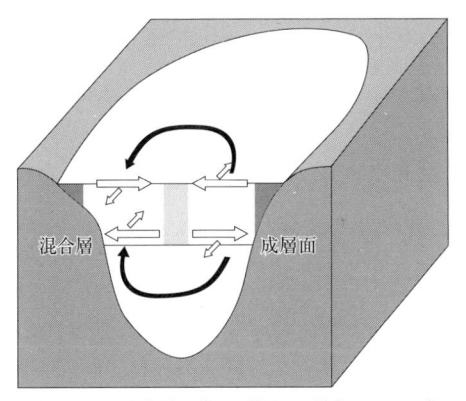

図 2.3.2　反時計回りの環流の形成メカニズム

1975; Endoh 1978)，どちらの寄与が大きいかを定量的に示すことは難しい．ただし，成層期に比較的安定的に形成される第 1 環流は主に密度流によって形成され，第 2 環流と第 3 環流は風による流れにも大きく依存していること（Kumagai et al. 1998），また第 3 環流については，定常的に存在していないことなどが報告されている（Endoh and Okumura 1993）．

　成層期の琵琶湖北湖の表層において安定的な反時計回りの環流が形成されるメカニズムは図 2.3.2 の通りである．琵琶湖北湖では，夏季の成層面の位置は湖面下 15 m 付近である．水深数 m の沿岸域と混合層が 15 m 程度の沖合域とで，地形性貯熱効果によって水温差が生じる．沖合域の水温が相対的に低くなるため，密度が大きくなり，圧力傾度力は沖合域から沿岸域へ働く．深い位置ほど圧力傾度力が大きくなり，成層面近傍では沖合域から沿岸域への流れが発生するが，コリオリ力の影響を受けて流れが右向きに偏向し，時計回りの環流が形成される．沖合域から沿岸域への流れにより，わずかではあるが沿岸域の水面は沖合域の水面よりも高くなり，表層では圧力傾度力が沿岸域から沖合域に向かって生じる．したがって，表層ではコリオリ力の影響を受けて反時計回りの環流が形成される．すなわち，反時計回りの環流は，圧力傾度力とコリオリ力の釣り合いによる地衡流に近い性格を持つ流れであるといえる．地衡流は，2.2 (1) 項で示した基礎方程式の式 (1)，式 (2) において，圧力傾度力とコリオリ力のみをとりだした式と以下に示す式 (3) で与えられる．

（東西方向の運動方程式）

$$0 = -\frac{1}{\rho_0} \cdot \frac{\partial p}{\partial x} + fv \tag{1}$$

（南北方向の運動方程式）

$$0 = -\frac{1}{\rho_0} \cdot \frac{\partial p}{\partial y} - fu \tag{2}$$

（鉛直方向の運動方程式）

$$0 = -\frac{1}{\rho_0} \cdot \frac{\partial p}{\partial z} - g \tag{3}$$

ただし，ここでは，式 (3) において，水温，密度が一定であると仮定している．

たとえば，琵琶湖の沿岸帯と沖帯との距離が 10 km，水位差が 1 cm とすると，水温，密度が同じであると仮定した場合，圧力傾度力は，9.8×10^{-6} (m s^{-2}) となる．これにより生じる流れが地衡流平衡にある場合，流速は約 0.12 (m s^{-1}) となる．

このように，反時計回りの環流が安定的に存在するメカニズムは，Oonishi (1975) によって明らかにされており，また回転水槽を用いた水理模型実験 (Ookubo et al. 1984) や三次元流れ場数値シミュレーション (Akitomo et al. 2004) でも確認されている．さらに，国外の湖沼でも見られる一般的な現象である (Schwab et al. 1995)．

(2) 風成循環

湖面上を吹く風の応力によって駆動される流れを吹送流と呼び，吹送流によって生じる循環を風成循環と呼ぶ．湖面上を吹く風が一定方向，一定速度であれば，一定方向の一様流が形成されるが，通常は，地点によって風向，風速がともに変化するため，循環流が生じる．また，地形の変化や地球自転の影響によっても吹送流の様子は変化する．

2.3 (3) 項で示すように，湖面上に吹く風による応力は次式で表される．

$$\tau = \rho_a C_{10} U_{10}^2 \tag{4}$$

湖面上を吹く風による運動量フラックスが波浪の発達に用いられず，湖面上を吹く風による応力と湖面での水の流れによる応力とが等しいと仮定すると，西風の場合，

$$\tau = \rho_a C_{10} U_{10}^2 = \rho C'_{10} u^2 \tag{5}$$

湖面における抵抗係数 C_{10} と C'_{10} が同じであると仮定すると，

$$u = \sqrt{\frac{\rho_a}{\rho}} U_{10} \tag{6}$$

となる．$\rho_a = 1.293$, $\rho = 1000$ と仮定すると，$u = 0.036 U_{10}$ となり，風速の約 3.6% の流速を持つ流れが湖面に発生することとなる．すなわち，10 m s^{-1} の西風が吹いている場合，東向きの流速は 0.36 m s^{-1} となる．

湖面の流れによる応力を鉛直下方に伝えるのは，鉛直方向の渦動粘性である．無限広さ，無限深さで定常状態を仮定し，コリオリ力と鉛直方向の渦動粘性との釣り合いを考えると，

（東西方向の運動方程式）

$$0 = fv + \frac{\partial}{\partial z}\left(K_M \frac{\partial u}{\partial z}\right) \tag{7}$$

（南北方向の運動方程式）

$$0 = -fu + \frac{\partial}{\partial z}\left(K_M \frac{\partial v}{\partial z}\right) \tag{8}$$

となる．鉛直方向の渦動粘性係数が一定であると仮定して解くと，

$$u = V_s \exp\left(\frac{\pi z}{D}\right) \cos\left(\frac{\pi z}{D} - \frac{\pi}{4}\right) \tag{9}$$

$$v = V_s \exp\left(\frac{\pi z}{D}\right) \sin\left(\frac{\pi z}{D} - \frac{\pi}{4}\right) \tag{10}$$

$$V_s = \frac{\tau}{\rho \sqrt{K_M f}}, \quad \sqrt{\frac{f}{2K_M}} = \frac{\pi}{D} \tag{11}$$

ここで，V_s (m s^{-1}) は表層流速である．表層の流速は風による応力に比例し，流

れの方向は，北半球では，風下方向から45度右向きにずれる．深くなると，流速は指数関数的に減少し，流れの方向は時計回りにずれていく．この螺旋をエクマン螺旋と呼ぶ．$z=-D$では，流速が表層流速の約4.3%と小さくなるので，この深度を風による影響が強い範囲とし，Dを摩擦深度，湖面から$z=-D$までの層をエクマン層と呼ぶ．仮に，鉛直方向の渦動粘性係数が10^{-3} (m^2 s^{-1})，コリオリパラメータが10^{-4} (s^{-1}) とすると，摩擦深度は約14 mとなる．ここでは，無限広さ，無限深さの水域での定常状態を仮定したが，実際には湖の広さ，深さは有限であり，エクマン層が発達するためには湖の広さがあるスケール以上でなければならない．また，エクマン層が定常状態となるまで，ある一定期間定常的な風が吹き続ける必要がある．

　ここで，琵琶湖の風成循環について見てみよう．琵琶湖でも，ある気圧配置が数日間形成されたときに，エクマン層が発達することがある．風向が岸に平行である場合は，沿岸湧昇流や沿岸沈降流の発生にともなって鉛直循環流が生じる．仮に，底層水が低酸素化し，多くの栄養塩を含んでいる場合は，沿岸水の低酸素化や藻類の増殖につながる可能性がある．一方，水平循環流は，地点による風向，風速の違い，すなわち湖面上の風の渦度によってもたらされる．本節 (1) 項で指摘したように，成層期に比較的安定的に形成される第1環流は主に密度流によって形成され，第2環流と第3環流は風による流れにも大きく依存するが，遠藤ら (1999) は，琵琶湖における局所的な北西風が反時計回りの第1環流と時計回りの第2環流を形成していることを示した．このことは，Akitomo et al. (2010) の数値実験によっても確認されている．

(3)　波動

　密度の異なった境界面に発生する波動について考える．波動は，伝播する媒体全体を大きく動かすことなく，エネルギーを遠くまで伝えることができるのが特徴である．波動は，波の振幅が十分に小さい線形波と，振幅が非常に大きな非線形波に分けられる．ここでは，日常的によく観察される線形波について述べる．線形波は，正弦波の重ねあわせで記述でき，波数と周波数の間に一定の関係（分散関係）が存在することが特徴である．

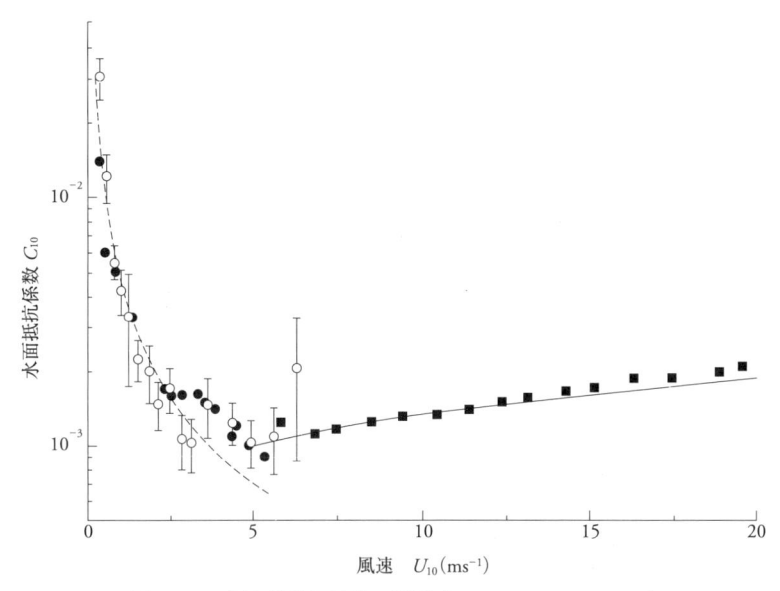

図 2.3.3　摩擦係数と風速の関係（Wüest and Lorke 2003）

風波

水面に風の摩擦応力 τ が作用すると風下に向かう流れを発生させるとともに風波を発生させる．このため風応力は流れ成分 τ_{flow} と表面波成分 τ_{wave} に分けることができる（Wüest and Lorke 2003）．

$$\tau = \tau_{flow} + \tau_{wave} \tag{12}$$

風によって波は次々に発生し，風応力が持続するかぎり次第に波高が高くなっていく．波はさまざまな波高が重なった不規則波であるため，単一の波高で表現することができない．そこで，観測される波を高い方から順に並べ替え，上位1/3の平均波高を有義波高 $H_{1/3}$ と呼んでいる．波高の大きさは風が吹き続ける時間（吹送時間 t_w）と風が吹き抜ける吹送距離によって決まる．湖沼の場合，吹送距離は高々数 10 km 程度であるので，波高は吹送距離が制限因子となる．Hasselmann et al.(1973) によれば有義波高と吹送距離 X の関係は以下の式で表される．

$$H_{1/3} \approx 0.051(w_*^2 X/g)^{1/2} \tag{13}$$

ここで w_* は空気の摩擦速度を表し、$\tau = \rho_a w_*^2$ と書けるので

$$w_* = C_{10}^{1/2} U_{10} \tag{14}$$

である．抵抗係数 C_{10} は風速と共に増大すると思われがちだが，この傾向は風速 5 m s^{-1} 以上については正しい．風速 5 m s^{-1} 以下では状況は反対で，風速が減少するほど C_{10} は増大する（図 2.3.3）．この理由として，風速が小さい場合，水面は小さな波で覆われているため摩擦応力が大気から表層水に効果的に伝わるためと考えられている（Wu 1994）．風速 3 m s^{-1} 以下の場合，風のエネルギーは極めて効率的に水面に伝わることが現場データから明らかにされている（Wu 1994）．風速 3 m s^{-1} 以上であるならば，C_{10} の最小値は 0.001 で，風速 20 m s^{-1} であっても 0.002 を超えることはない．たとえば，吹送距離が 10 km とすれば，風速 5 m s^{-1} で C_{10} は約 0.001，風速 10 m s^{-1} で C_{10} は約 0.0015 であるので，有義波高はそれぞれ 0.3 と 0.6 m である．

長周期の波動

　深い湖では，夏期に水面が加熱されると，上層の温かい水と下層の冷たい水との境目に，水温が急激に変化する層が形成される．これを，水温躍層という．水温躍層で上下に分けられた表水層と深水層とでは，水温の違いだけでなく，生物や水質も一般的に大きく異なっている．

　成層期に見られる大型で深い湖沼の力学シナリオは，以下の通りである．強風が何時間か続けば，風の応力により水面が傾き，風が止むと傾いた水面がもとにもどろうとするために振動が発生する．この水面振動（固有振動）を静振と呼ぶ．この振動は，長周期小振幅波である．基本モードの表面静振の周期 T_n は，

$$T_n = \frac{2}{n} \int_0^L \frac{dx}{\sqrt{gh(x)}} \tag{15}$$

ここで，L は湖の長さ，g は重力加速度で，$h(x)$ は湖沼の水深，n はノードの数（$n = 1, 2, 3, \cdots$）である（Defant 1961）．たとえば，琵琶湖で南北軸を $L = 60{,}000$ m とし，地形の影響を考慮して $h(x)$ を求めて計算すると，$n = 1$ の場合の周期は約 4 時間となり，観測や数値計算の結果とよく一致している（Imasato 1984）．

　この表面静振とともに，内部波は，水温躍層で発達する．強風によって湖沼の

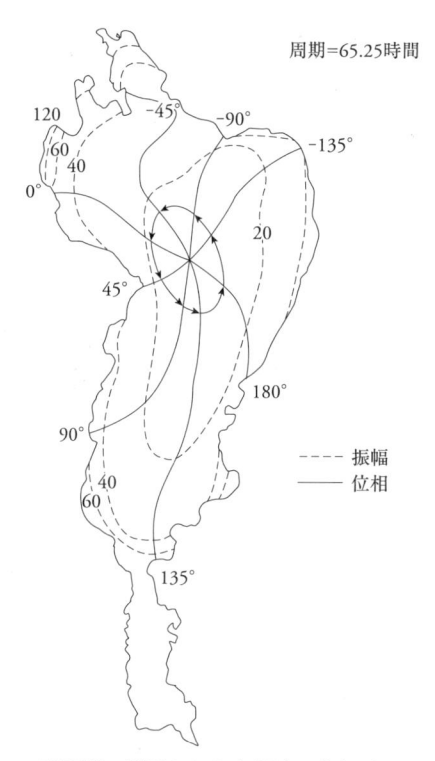

図 2.3.4 琵琶湖で観測された内部波の位相 (Kanari 1975)

　水温躍層が傾いた後，それが元の位置に戻ろうとするときに，水温躍層に振動が発生する．この振動を内部波と呼ぶ．内部波は表面波と違い直接目でみることができない．湖沼の内部界面である水温躍層の上の表水層と下の深水層の密度差は大気と水面の界面の密度差より遥かに小さいため，内部波の振幅は表面波の振幅より非常に大きい．また，内部波の周期は表面波の周期より一般的に長い．

　大型の深い湖沼でしばしば発生する代表的な周期の長い内部波は，内部ケルビン波と内部ポアンカレ波である．内部ケルビン波は，水温躍層の傾斜と地球自転の影響とのバランスによって，夏期には慣性周期 ($2\pi/f$, $f(\mathrm{s}^{-1})$ はコリオリパラメータである) より長い周期で (琵琶湖の場合，約 2 日) 湖を反時計回りに伝播し，その振幅は湖岸近くで最大となる (図 2.3.4)．この波動にともなう流れは，時間とともに反時計回りの方向に回転する．

　湖沼の空間スケールが小さい場合 (コリオリ力の影響が無視できる場合)，内部ケ

ルビン波は単純な重力波(単純な往復振動)となり，内部静振と呼ばれる．表水層(厚さ h_1，密度 ρ_1)と深水層(厚さ h_2，密度 ρ_2)の2層からなる水深が一定な矩形の湖沼における内部静振の基本モードの周期Tは,

$$T = \frac{2L}{\sqrt{\frac{g' h_1 h_2}{h_1 + h_2}}} \tag{16}$$

となる．ここで，Lは湖の長さ，$g'=g(\rho_2-\rho_1)\rho_2^{-1}$ は成層によって変形された重力加速度(有効重力加速度)で，$\sqrt{g' h_1 h_2 / h_1 + h_2}$ は内部静振の位相速度である．

内部ケルビン波は湖岸からロスビー内部変形半径の距離まで観察することができる．ロスビー内部変形半径(R_I)は表水層(厚さ h_1，密度 ρ_1)と深水層(厚さ h_2，密度 ρ_2)の2層からなる湖沼を考えた場合,

$$R_I = \frac{\sqrt{\frac{g' h_1 h_2}{h_1 + h_2}}}{f} \tag{17}$$

である．内部変形半径は，内部波ケルビン波の位相速度とコリオリパラメータの比である．

琵琶湖の北湖は平均水深(H) 41 m，東西の幅(L)は約 20 km である．観測結果によれば，夏の場合，代表的な混合層の厚さ(h_1)は約 10 m であるので，h_2 は 31 m である．また，表層の平均水温を 25℃ 程度とすると ρ_1 = 997 (kg m^{-3}) である．下層の密度を ρ_2 = 1000 (Kg m^{-3}) とすると，R_I は約 5 km である．

一方，内部ポアンカレ波は，湖心近くで振幅がもっとも大きく，これにともなう流れも速い，成層期に慣性周期より短い周期(琵琶湖の場合，約 16～18 時間)で現れる．また，この波動にともなう流れは，時間とともに時計回りの方向に回転することが特徴である．

ポアンカレ波を理解するため，二つの平行な壁にはさまれた水路を考えてみる．水路の中央線を x 軸とし，両壁を $y = \pm b/2$ とする．この条件におけるポアンカレ波の周波数 σ_n は下の式で与えられる (Csanady 1973).

$$\sigma_n^2 = f^2 + \frac{n^2 \pi^2 c^2}{b^2} = f^2 \left(1 + \frac{n^2 \pi^2 c^2}{f^2 b^2} \right) \tag{18}$$

ここで，$n = 1, 3, 5 \cdots$ は内部波のモード数，c は内部ポアンカレ波の位相速度である．この周波数 σ_n は無次元化された水路の幅 fb/c という量に強く支配され

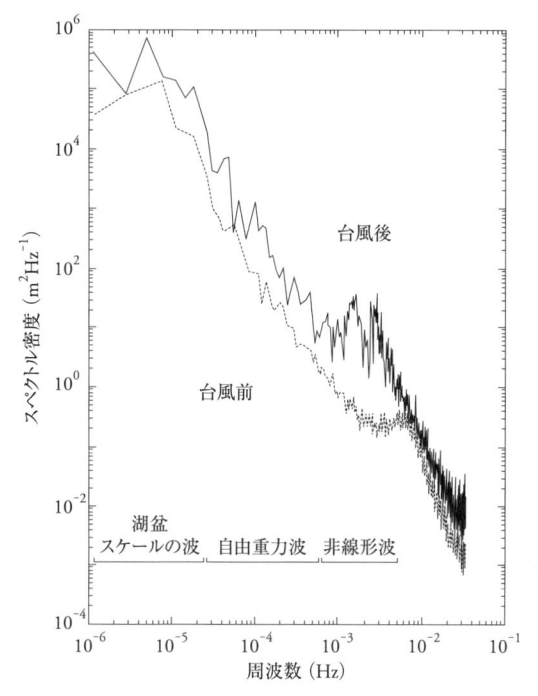

図 2.3.5 琵琶湖で観測された内部波の波高スペクトル
（Saggio and Imberger 2001）

る．この fb/c が小さい場合，地球自転の効果は無視することができ，

$$\sigma_n = n\pi c/b \tag{19}$$

となる．これは非回転系における y 軸方向の内部静振の周波数と一致する．一方，fb/c が大きい場合には，$\sigma_n = f$，つまり，σ_n は慣性振動数 f に近づき，水粒子の運動は円に近いものとなる．これは，境界から遙かに離れた場所でのよく知られた回転系流体の運動である．

短周期の内部波

　特に強い風（台風など）で生まれた通常より大きな振幅の長周期内部波は，湖底や水面との非線形作用によってさまざまな短周期の内部波を発生させる．これらの内部波はお互いに作用し合いながらさらに短周期の内部波を発生させる．これらの波がどの周波数（周期の逆数）に対してどの程度のエネルギーを持っている

か表現したものをエネルギースペクトルと呼ぶ．図 2.3.5 は夏季の琵琶湖において観測された台風が通過する前（点線）と後（実線）のエネルギースペクトルを表している．一般に，長周期の内部波のエネルギーが常に卓越し，短周期のものほどエネルギーレベルは低下する．台風の通過後，最大のエネルギーレベルを持つ波は約 2 日の周期をもつ内部ケルビン波として現われている．浮力振動数（4.2節参照）と慣性周波数の間の周波数をもつ内部波は成層状態の水中を伝搬することができる．慣性周期に近いものほど，その運動は水平的になり，浮力振動数に近づくほど鉛直的な運動になる．

一般的に，浮力振動数にエネルギーの局所ピークが現れる．たとえば，台風の通過前は約 3 分，通過後は約 8 分のところに振動周期のピークが現れている．これらの周期よりも短い運動は波というよりも乱流に近い非線形波動である．湖底まで到達する内部波は，湖底近くで強い流れを発生させ，底泥を巻き上げる可能性があり，湖の水質にも大きな影響を与えることが推測される．

2.4 乱流と混合

(1) 乱流とは

コーヒーカップに入れたコーヒーにミルクを注ぎ，もし，かき混ぜなければしばらくミルクはコーヒーから分離したまま表面を漂う．ところが，ひとたびスプーンでかき混ぜるとミルクはすぐに混ざってしまう．このような日常的な風景の中にわれわれが乱流といかに共存しているかをみることができる．ここで，スプーンでかき混ぜるときにできる流れの状態が乱流であり，この乱流による効果が混合を促進させている．通常，乱流が原因となり，混合現象が結果として発生する．乱流を定義することは困難であるが，その「症状」として以下の事柄があげられる (Stewart 1969)．

1) 混沌とした流れ
2) 効率のよい混合効果
3) 三次元の渦運動

混沌とした流れであっても波動による運動は混合をともなわない．このため波動現象は乱流とは呼ばない．

一般に，流体の運動は秩序ある流れの状態（層流）から流れの速度（U）が増加することにより動的に不安定になり乱流状態へ移行する．レイノルズ数 Re はこの状態を判定するパラメータとして有効である．

$$Re = \frac{UL}{\nu} \tag{1}$$

ここで L は流れの代表的な大きさを表し，ν は動粘性係数である．Re は物理的には不安定要因である慣性力と安定化要因である粘性力の比を示している．

乱流は不安定要因が卓越する高 Re 数において発生する．乱流は混沌とした流れであるために同じ流れの状態を繰り返すことはない．しかし，流れを統計的に取り扱うことは有効である．

レイノルズにより提唱された平均場と変動成分への分解法は，乱流による平均場と変動成分の関係を明らかにすることができる（Appendix を参照）．流れの3成分と水温を以下のような平均場と変動成分に分離する．

$$u = u_0 + u', \quad v = v_0 + v', \quad w = w_0 + w', \quad T = T_0 + T' \tag{2}$$

ここで u, v は流れの水平成分，w は鉛直成分を表している．それぞれの変数の右辺第1項（u_0, v_0, w_0, T_0）は平均場を表し，ダッシュのついた第2項（u', v', w', T'）が乱流による変動成分を表している．それぞれの変数の平均をとれば，平均場の成分のみで表される．すなわち，

$$\langle u \rangle = u_0, \quad \langle v \rangle = v_0, \quad \langle w \rangle = w_0, \quad \langle T \rangle = T_0 \tag{3}$$

ここで，$\langle \ \rangle$ はアンサンブル平均の演算子を表す．乱流成分の平均値は常にゼロである．

2.2節，式 (1)-(5) の三次元モデルの式は平均場に関する式であり，乱流による変動成分は渦動粘性係数や渦動拡散係数を用いて平均場の成分により表現されている．これらの基礎方程式はナヴィエ・ストークスの方程式と水温の移流・拡散方程式に上記の平均場と変動成分の式を代入し，平均を取ったものである．たとえば，以下の式で表される水温の移流・拡散方程式に着目してみる．

$$\frac{\partial T}{\partial t} + u\frac{\partial T}{\partial x} + v\frac{\partial T}{\partial y} + w\frac{\partial T}{\partial z} = \frac{\partial}{\partial x}\left(\kappa_T \frac{\partial T}{\partial x}\right) + \frac{\partial}{\partial y}\left(\kappa_T \frac{\partial T}{\partial y}\right) + \frac{\partial}{\partial z}\left(\kappa_T \frac{\partial T}{\partial z}\right) \quad (4)$$

ここでκ_Tは温度の分子拡散係数である．式(4)に式(2)を代入し，平均をとれば

$$\frac{\partial T_0}{\partial t} + \frac{\partial u_0 T_0}{\partial x} + \frac{\partial v_0 T_0}{\partial y} + \frac{\partial w_0 T_0}{\partial z}$$
$$= \frac{\partial}{\partial x}\left(-\langle u'\,T'\rangle + \kappa_T \frac{\partial T_0}{\partial x}\right) + \frac{\partial}{\partial y}\left(-\langle v'\,T'\rangle + \kappa_T \frac{\partial T_0}{\partial y}\right)$$
$$+ \frac{\partial}{\partial z}\left(-\langle w'\,T'\rangle + \kappa_T \frac{\partial T_0}{\partial z}\right) \quad (5)$$

すなわち

$$\begin{pmatrix} \langle u'\,T'\rangle \\ \langle v'\,T'\rangle \\ \langle w'\,T'\rangle \end{pmatrix}$$

の変動成分による項が平均場の式の中に残ってくる．これらは熱フラックスと呼ばれ乱流による熱の拡散（渦動拡散）を表している．

同様に，運動方程式においても乱流成分の多くの項は平均場の式から消えてしまうが，以下の成分が平均場の式の中に残ってくる．

$$\begin{pmatrix} \langle u'\,u'\rangle & \langle u'\,v'\rangle & \langle u'\,w'\rangle \\ \langle v'\,u'\rangle & \langle v'\,v'\rangle & \langle v'\,w'\rangle \\ \langle w'\,u'\rangle & \langle w'\,v'\rangle & \langle w'\,w'\rangle \end{pmatrix} \quad (7)$$

これら流速の変動成分による9項はレイノルズ応力と呼ばれ，渦運動量のフラックスを表している．平均場のエネルギーはこれら変動成分の源になっており，レイノルズ応力は平均場に対してあたかも見かけ上，粘性が増加したように働く（渦動粘性）．レイノルズ応力は9成分あるが，このうち6成分が独立である．

一般に，渦動拡散は分子拡散よりもはるかに大きいので，

$$-\langle u'T'\rangle \gg \kappa_T \frac{\partial T_0}{\partial x}, \quad -\langle v'T'\rangle \gg \kappa_T \frac{\partial T_0}{\partial y}, \quad -\langle w'T'\rangle \gg \kappa_T \frac{\partial T_0}{\partial z} \quad (8)$$

このため，右辺のフラックスと分子拡散による項は以下の式で代表させている．

$$\begin{pmatrix} A_H \dfrac{\partial T_0}{\partial x} \\ A_H \dfrac{\partial T_0}{\partial y} \\ A_H \dfrac{\partial T_0}{\partial z} \end{pmatrix} \tag{9}$$

同様に，2.2節，式(1)-(5)において分子粘性と渦動粘性の効果は以下の式で代表させている．

$$\begin{pmatrix} -A_M \dfrac{\partial u_0}{\partial x} & -A_M \dfrac{\partial u_0}{\partial y} & -K_M \dfrac{\partial u_0}{\partial z} \\ -A_M \dfrac{\partial v_0}{\partial x} & -A_M \dfrac{\partial v_0}{\partial y} & -K_M \dfrac{\partial v_0}{\partial z} \\ -A_M \dfrac{\partial w_0}{\partial x} & -A_M \dfrac{\partial w_0}{\partial y} & -K_M \dfrac{\partial w_0}{\partial z} \end{pmatrix} \tag{10}$$

2.2節，式(1)-(5)においては w_0 の変化は小さいものとして，鉛直成分の運動方程式は静水圧の式により与えられている．また，平均場としての下付き記号0は省略されている．ここで明らかなように，渦動粘性係数 (A_M, K_M) と渦動拡散係数 (A_H, K_H) を適正に決めなければ乱流による効果を正しく評価できない．

(2) 乱流の発生メカニズム

乱流が発生するメカニズムについて考えるため，乱流の運動エネルギー，$q = \dfrac{1}{2}(u'^2 + v'^2 + w'^2)$ について考えてみる．話を簡単にするために，乱流の場は統計的に定常で一様な状態を想定する．また，平均場の流れは $u_0(z)$ のみとする (Osborn 1980)．

$$-\langle u'w'\rangle\frac{\partial u_0}{\partial z}+ga\langle w'T'\rangle-\varepsilon=0$$

$$(\text{Production}(P)-\text{Buoyancy}(B)-\text{Dissipation}(D)=0) \tag{11}$$

ここで，左辺の第1項が平均場の流れをエネルギーを源とする乱流エネルギーの生成項(P)，第2項は混合によって発生する浮力の項を示している(B)．最後の項は運動エネルギーの散逸項で，物理的には運動エネルギーを熱に変換する項である(D)．これらの項の関係を理解するためにコーヒーカップに二つの密度，ρ_1とρ_2，の違う流体を考えてみる．二種の流体の体積が同じとすれば，スプーンでこれらの流体を完全に混ざるまで攪拌すれば平均の密度($\rho_1+\rho_2$)/2になるはずである．この一連の現象を上記の式に照らし合わせて考えてみる．はじめに，スプーンの動き(u_0)は乱流$\langle u'w'\rangle$を発生させ，その乱流エネルギーの大半は粘性により熱に変換(ε)される．乱流は密度の違う流体を混合させるためにフラックスを発生させる(B)．このため流体全体がもつ位置エネルギーは混合以前よりも混合後の方が大きい．すなわち，乱流の運動エネルギーの大半は熱に変換され失われるが，その一部は位置エネルギーに変換される．この場合，Bはエネルギーを得る項であるが，冷却による対流が起こる場合B，は乱流エネルギーを発生させる源ともなりえる．

乱流を発生させるためにはシアー$\partial u_0/\partial z$の強度が充分になければならない．成層した状態の流体は静的に安定なため，この安定度を超えた動的に不安定な状態にしなければ乱流は発生しない．成層の指標である浮力振動数，Nは以下の式で与えられる．

$$N^2=-\frac{g}{\rho}\frac{\partial\rho}{\partial z} \tag{12}$$

シアーによる乱流発生を判定する場合，勾配型リチャードソン数R_iが1/4以下であることが必要条件である．

$$Ri=\frac{N^2}{\left(\dfrac{\partial u_0}{\partial z}\right)^2} \tag{13}$$

(3) 乱流強度のパラメータ化

　乱流が作る渦の最小スケールは以下の式で与えられるコルモゴロフスケール η で表される．

$$\eta = \left(\frac{\nu^3}{\varepsilon}\right)^{1/4} \tag{14}$$

成層した状態で発生する乱流は重い水塊と軽い水塊を転倒させなければならないので，安定した状態の位置エネルギーを超えるだけの運動エネルギーを乱流がもたなければならない．このため，鉛直方向の渦スケールの最大値が乱流強度によって，成層の度合との関係から決まってくる．このスケールを代表させたものとしてオズミドフスケール l_0 が一般的に用いられている．

$$l_0 = \left(\frac{\varepsilon}{N^3}\right)^{1/2} \tag{15}$$

乱流の強度を判定する基準として最大渦スケールと最小渦スケールの比が有効である．これを渦スケール比 λ とし，l_0 で最大渦スケール，η で最小の渦スケールを代表させると

$$\lambda = \frac{l_0}{\eta} = (I)^{3/4} \tag{16}$$

ここで I は乱流強度と呼ばれ，以下の式で与えられる．

$$I = \frac{\varepsilon}{\nu N^2} \tag{17}$$

乱流強度 I が 200 以上であれば，乱流は等方性である (Gargett et al. 1984)．また，I が 20 以下であると乱流によるフラックスは発生しないために混合は起こらない．浮力の項と乱流エネルギーの生成項との比をフラックス・リチャードソン数 $R_f = B/P$ と呼んでいる．この関数を基に渦動粘性係数 K_M は以下の式で与えられる．

$$K_M = \frac{\varepsilon}{(1-R_f)\left(\frac{\partial u_0}{\partial z}\right)^2} \tag{18}$$

同様の考え方に基づき Osborn (1980) は密度について渦動拡散係数 K_ρ を以下の式で求める方法を提唱した．

$$K_\rho = \frac{R_f}{(1-R_f)}\frac{\varepsilon}{N^2} \tag{19}$$

ここで R_f の上限は 0.17 程度であることが室内実験により得られているため，K_ρ の推定には以下の式が一般的に用いられている．

$$K_\rho = 0.2 \frac{\varepsilon}{N^2} \tag{20}$$

密度が水温のみにより一義的に決まる場合，熱についての渦動拡散係数 K_H と K_ρ は等しい．

Osborn and Cox (1972) は熱のフラックスにのみ着目し以下の式により K_H を推定する方法を提唱した．

$$K_H = \kappa_T \frac{3\left\langle \left(\frac{\partial T'}{\partial z}\right)^2 \right\rangle}{\left(\frac{\partial T_0}{\partial z}\right)^2} \tag{21}$$

現在，シアープローブにより ε を推定する手法が多くの研究者により試みられているため（コラム 1），渦動拡散係数は一般的に K_ρ により推定されている．

水平方向の渦動拡散係数 A_H を推定するためには染料等を用いた実海域における実験に基づく経験的な式が提唱されている．たとえば Okubo (1971) は以下の式を多くの実験結果を組み合わせて求めている．

$$A_H = 1.03 \times 10^{-4} \ell^{1.15} \tag{22}$$

ここで ℓ は対象としている拡散式のスケール (m) を表している．

(4) 表層混合層

湖沼や海洋が大気と接する面では，大気と湖水，海水間の熱や運動量の交換が活発に行われている．このエネルギーの交換のため，大気と水圏の境界付近では，しばしば境界層混合とよばれる乱流混合が卓越し，質的に均質である層が形成されている．海洋や湖沼表層におけるこのような混合した層のことを表層混合層と呼び，地球規模での気候変動や一次生産を考える上で非常に重要なはたらきを担っている．これは，海水や湖水が大気よりも遥かに大きな（約 3500 倍）熱容量を持つことに由来する．地球に存在する全大気の貯熱量は，海洋の表層 (2.5 m 程度) 内で賄われてしまう．またこの表層混合層の季節変動は，光合成に必要な光の届く層（有光層，3.2 節 (2) 項参照）と類似したスケール（中貧栄養湖では 10〜

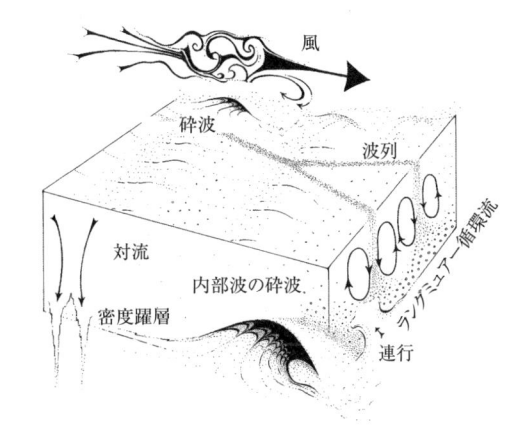

図 2.4.1 混合層において乱流を発生させる要因
表層混合層における乱流は，主に，風と冷却によって発生する．風は表面波ばかりでなく内部波を発生させ，これらが砕ける時，乱流が発生する．風はさらにラングミュアー循環を発生させ，混合に寄与している (Yamazaki et al. 2002)．

40 m 程度，外洋では 100〜200 m 程度) で推移するため，植物プランクトン（一次生産者）が行う光合成の季節変化に影響を与えている．このため，表層混合層がいかに増加・減少するかは，地球が温暖化する傾向にある現代，非常に重要な問題であり，そのメカニズムについて 20 世紀後半から盛んに研究が行われている．

湖面で乱流を発生させる要因として風による応力と冷却による対流があげられる（図 2.4.1）．風が湖面に吹くことにより応力が水面に作用し，乱流を発生させる．また，風は波を発生させ，一部は砕波し乱流を発生させる．さらに波とシアー応力の相乗作用によりラングミュアー循環が発生することがわかっている．ラングミュアー循環は基本的には時計方向と反時計方向の二つの渦糸が一対となり，下降流を発生させる部分には浮遊物質などが表面に集積する（写真 2.4.1，口絵 4）．ラングミュアー循環は乱流の混合効果をさらに促進させ表層混合層を増大させているとも言われている (Li and Garrett 1997)．

日中，太陽の光は表層を温める効果があるため成層が強化される．一方，夜間，表層は主に赤外光により熱を失い密度が高まるため対流が発生する．この夜間の対流によって発生する乱流のために表層はほぼ一様に混合される．このため，表層の平均温度は次第に上昇するので表層混合層下部の成層をますます強くする．

写真 2.4.1（口絵 4） 琵琶湖で撮影されたラングミュアー循環流 赤い線が風波に直交してすじ状に連なって見えるのは，鉛直循環流の収束線に淡水赤潮を形成する植物プランクトン（*Uroglena americana*：黄色鞭毛藻類）が集積した結果である（2003 年 4 月 27 日　阪口明則氏撮影）．

(5) 風による混合

　風が励起する表層混合層内の乱流は以下の"壁法則"によって大まかな推定をすることが可能である（Kantha and Clayson 2000）．すなわち水深 z における運動エネルギーの散逸率 $\varepsilon(z)$ は

$$\varepsilon(z) = \frac{u_*^3}{\kappa z} \tag{23}$$

で表される．ここで u_* は摩擦速度を表し以下の式により与えられる．

$$u_* = f_c U_{10} \tag{24}$$

ここで f_c は経験則による定数（およそ 0.00123），U_{10} は水面上 10 m での風速（m s^{-1}）である．図 2.4.2 には風速 4 と 12（m s^{-1}）の例を示した．図中の白抜きと黒丸のシンボルは実測データを示している．水中が成層していない場合，風による混合層の厚さはほぼエクマン層の厚さ h_E で表される．

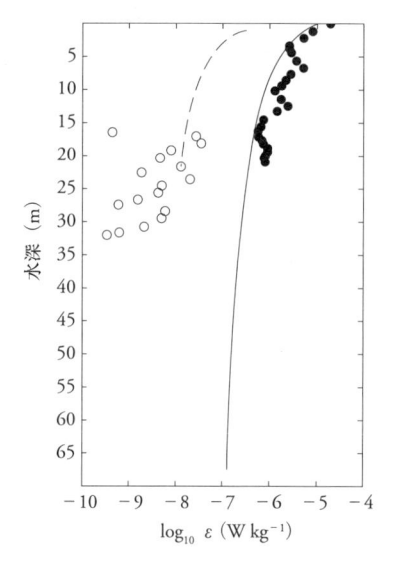

図 2.4.2 エクマン層モデルから予測したエネルギー散逸率（実線および点線）と観測されたエネルギー散逸率（○が風速 4 m s^{-1} の場合，●が風速 12 m s^{-1} の場合）の比較（Haury et al. 1990）

$$h_E = \kappa \frac{u_*}{f} \tag{25}$$

ここで f はコリオリパラメータ（中緯度ではほぼ 10^{-4} s^{-1}）である．一般に，湖や海洋において，表層は成層しているため混合層はこれよりも浅いことが多い．また，表面に近いところでは風波が砕波することによる影響により，壁法則が予測する乱流強度よりも高い値が現場観測より明らかになっている（Gargett 1989）．

(6) 対流によって形成される混合層

湖面での熱フラックス（Q_T）は（2.1 式（6））に示すように短波放射量（Q_S），長波放射量（Q_l），顕熱輸送量（Q_h）及び潜熱輸送量（Q_e）で与えられる．琵琶湖における月平均の Q_T は 3 月から 9 月の間は正の値を示しており，10 月以降は負の値を示している（2.1 節，図 2.1.6 参照）．すなわち 10 月以降は表層の水温が下がるために水の密度が増加し，対流現象が発生する．

短波放射は主に太陽光の可視光に相当する熱であるため，夜間はほぼゼロであ

る．このため Q_T は夜間において負になるので対流現象が発生し，乱流混合が起こる．この夜間の対流混合は夏季において顕著である．表層は短波放射量により日中温められるが，夜間の対流混合により表層混合が形成され，その直下に水温が急激に変化する層が作られる．表層混合層の平均水温は次第に上昇するが混合層直下の層への熱の輸送がなければ躍層の水温勾配は増加する．すなわち表層混合層よりも深い部分への熱および物質の輸送は困難になってくる．

このように表層が冷却されることによって発生する対流は日周期と季節周期に分けられる．日周期は，夏季における夜間の現象で，表層混合層内にその混合効果は限定される．季節周期は，冬季の風と低温の効果によって，その混合効果は全層にわたることがある．

(7) 亜表層混合層

近年の観測により表層混合層の直下の成層が強くなる層内に乱流の強い層がしばしば存在することがわかってきた (Imberger and Patterson 1990; Saggio and Imberger 2001; Yamazaki et al. 2010)．成層が強いにも関わらず乱流が発生しているためには，成層によるポテンシャルエネルギー（式 (11) の B）よりもシアープロダクション（式 (11) の P）が勝っていなければならない．すなわちこの P に見合うだけのシアーが存在しなければならない．Imberger (1998) によれば，亜表層混合層は風が弱い状態で，湖面に対して日中の強い加熱があった直後にしばしば発生するようである．また，地中海にはこのような条件は 3～4 時間程度午後の強い風が吹き始めるまで存在するようである．琵琶湖においても同様の亜表層混合層が存在することが報告されているがそのシアーの起源は明らかになっていない (Nagai et al. 2005; Yamazaki et al. 2010)．

一般に，表層混合層の底部では密度が急激に変化する．このようなところでは浮力振動数 N が大きいため顕著な内部波が存在する．この内部波は，表面の波と同じように砕波することもある．このことにより，乱流の強い層が混合層底部の近傍で発生する．

(8) 琵琶湖における例

琵琶湖北湖の最深部近傍において月ごとに計測した水温の鉛直プロファイルを

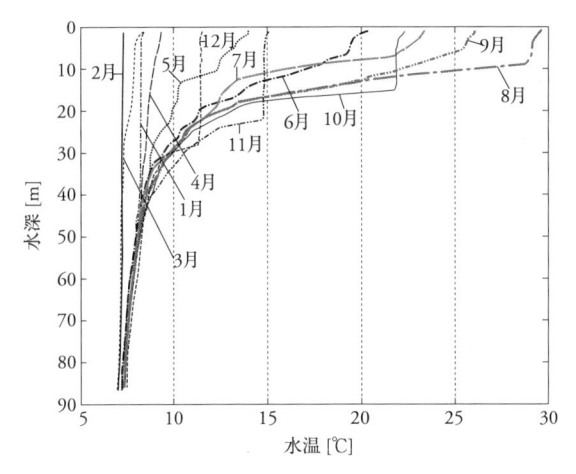

図 2.4.3 琵琶湖北湖の最深部近傍において月ごとに計測した水温の鉛直プロファイル

図 2.4.3 に示す．冬季には冷却効果により表層から湖底までほぼ一様の水温を示しており，表層から湖底までが全循環により混合されたことを示唆している．3月には，表層付近で水温が上昇をはじめ，8月の表層の水温は 28℃以上を示している．しかしながら，水深 30 m よりも深いところでは 10℃に満たない水温である．このため表層混合層の直下には成層がきわめて発達した層が形成される．9月以降は，次第に表層混合層の水温は低下し，最終的には全循環により再び全層が均一に混合される．

表層混合層が発達する夏季において自由落下式微細構造計測プロファイラー（TurboMAP，コラム 1 写真 1）を用いて混合状態の変化の様子を 24 時間詳細に調べた結果を図 2.4.4 に示す．表層の水温は約 27℃を示し，水深 10 m 程度まで水温及び密度が一定の表層混合層が観測された．この直下にはきわめて成層強度の高い層が約 5 m 程度存在している．夜間に発生する対流効果により強い乱流が発生するが，その混合効果は強く成層した層を破壊するほどではない．乱流強度指数は乱流がもっとも強くなる夜明け前（午前 3 時ごろ）に 100 程度まで上昇するが，その持続時間が短いため成層した層の成層強度はあまり変化しない．

夜間の対流現象にのみ着目してみれば，観測結果は，一次元の数値モデルにより比較的良く再現できる（Nagai et al. 2005）（図 2.4.5，口絵 2）．特に，水温に関しては観測結果を忠実に再現している．しかしながら，乱流強度のオーダーについ

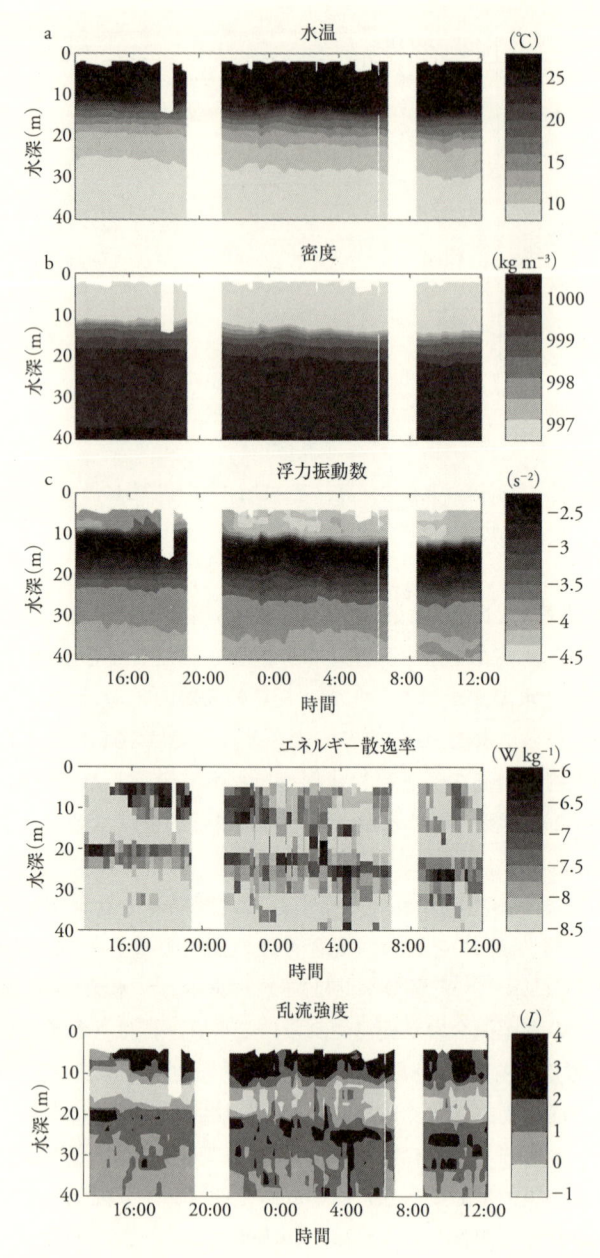

図 2.4.4 表層混合層が発達する夏季において自由落下式微細構造計測プロファイラー（TurboMAP）を用いて混合状態の変化の様子を 24 時間詳細に調べた結果

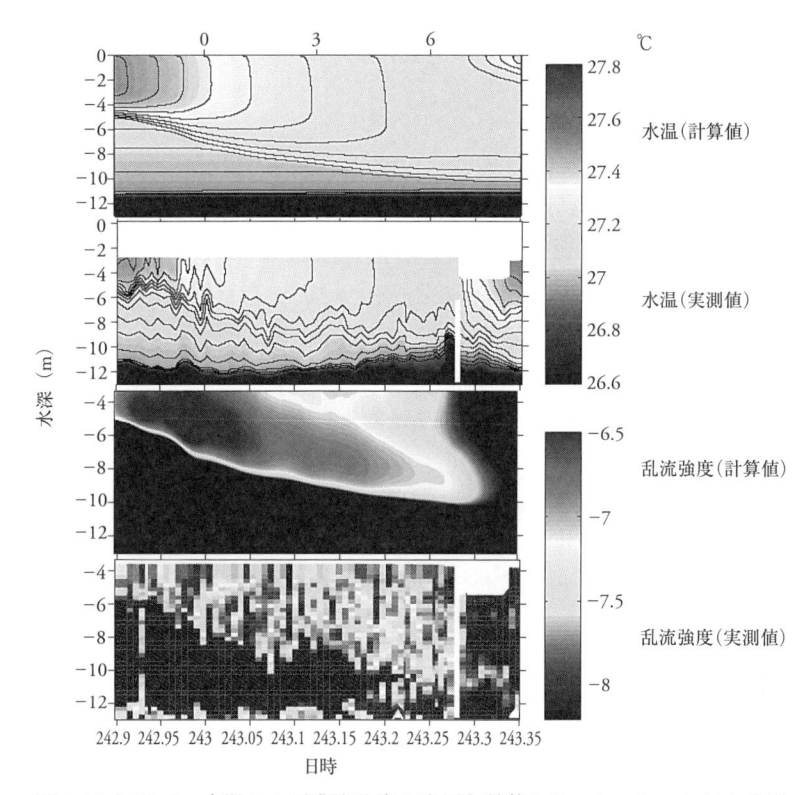

図 2.4.5（口絵 2） 水温および乱流強度の実測と数値シミュレーションによる再現例

ては再現しているが，乱流の間欠性は再現できていない．

2.5 湖岸境界過程

本節では，湖岸境界層[1]の物理的な特徴と，流れの形成過程について概観する．

---
[1] 湖底近傍，湖面近傍，湖岸近傍のように，摩擦や応力などが強く影響する領域では，湖の一般的な流れとは異なる水の動きが存在しており，この領域を"境界層"と区別し，それぞれ，湖底境界層，湖面境界層，湖岸境界層と呼ぶ．湖岸境界の場合にはその境界が水平の層状にならないため，日本語では湖岸境界領域という言い方がよりふさわしいかもしれないが，英

そのうえで，温暖化によって湖岸境界層に変化が現れるのかどうかについて考察する．

(1) 湖岸境界層の特徴

湖岸境界の物理過程の特徴は以下のようにまとめられる．

湖岸近傍では，湖流や風波のエネルギーが集中するので激しい運動が生じる．一般的に，流れの変動は岸から離れるにつれ，また深くなるにつれ小さくなる傾向にある (Blanton 1974)．したがって湖岸境界層は，湖底摩擦と波の砕波等によって，エネルギー散逸の大きな領域であるといえる．このエネルギーが，湖岸や湖底の地形を変化させる．地形の変化はまた湖水の流れを変化させるといった相互作用が起きている．

これらの特徴から明らかなように，湖岸境界における水の流れの形成には，風や密度成層といった物理的要因に加えて，地形が強い影響を及ぼす．以下に，湖岸境界における水の流れの形成メカニズムとその特性をまとめる．

(2) 地形性の流れ

地形の影響を受けた吹走流の一つに地形性の流れ（地形性循環流ともいう）がある．たとえば，長細く閉じた湖を考えよう．長軸沿いに風が吹くと，湖岸域では風下へ向かう流れが，沖域では風の向きと反対の流れが生じる．理由は以下のとおりである（なお，ここでは，成層が無い状態を仮定して説明をする）．

風が湖面上で一様に吹けば，風の応力はどの場所でも一様である．風が吹き続けると，表面の水は風下へ吹き寄せられ，水位は風下側で上昇する．この場所による水位の違いが，風上方向への圧力勾配力を生じる．水深が深いほど多くの水が風下へ移動するので，圧力勾配力は水深に比例して大きくなる．したがって，浅い水域（湖岸域）における圧力勾配力は風の応力より小さく，水は風下へ流れる．それに対して深い水域（沖域）では，圧力勾配力が風応力より大きくなるので，水は風上へ向かって流れる．

語では coastal boundary layer (CBL) というため，本節では境界層で統一する．また，coastal は湖岸あるいは沿岸と訳されているが，本節では湖岸で統一する（ただし沿岸を使った用語が定着しているものは沿岸をそのまま使用した）．

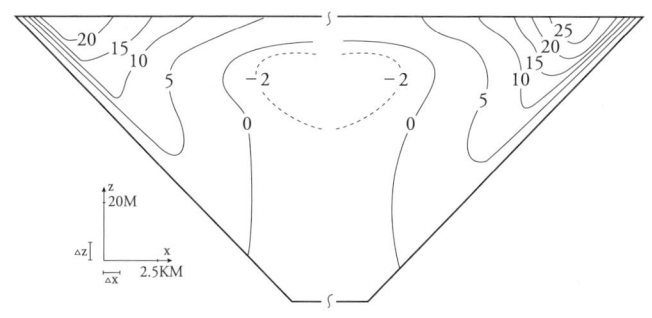

図 2.5.1 循環期の横断面流速分布（長軸方向に一様の風を吹かせた）
x は短軸を，z は高さを，図中の数字は流速を示す（Bennett 1974）

　理想的な細長い湖において地形性の流れをモデルにより再現した結果を図2.5.1 に示す．この図からもわかるように，水深が浅い沿岸域では水深が浅いため，風応力の影響が大きく，水深の大きな沖域と比べると流れが速くなっている．ごく岸近くで流れが遅くなるのは摩擦の効果による．オンタリオ湖の事例では，このような地形性の流れが岸から 10 km 以内の地点で観測されている．さらに，このような一方向の流れが卓越するとき，地衡流平衡によって流れの方向の右側では水位が上昇し，左側では水位が下がる（Csanady 1984）．

(3) 成層期の湖岸流

　成層時には，湖面から受けたエネルギー（たとえば風によるエネルギー）のほとんどが表水層に蓄えられる．ただし，一口に成層期といっても季節によってその様相は異なり，風によってもたらされるエネルギーは春に小さく，夏から秋にかけて大きくなる（Blanton 1974）（図 2.5.2）．表面流[2]は，岸に平行な流速成分が岸に垂直な流速成分の約 5 倍である（Csanady 1984）．そのため，湖岸水は岸に沿って移動し，沖方向には移動しにくい．また，湖岸域では，岸に沿う流れがあると同時に，岸に沿って進行するケルビン波による圧力勾配の影響も受ける．湖岸における吹送流は一般的に強い流れをともない，特に強風時には毎秒 50 cm を超

---

[2] 成層期は水深変化の影響が直接的に上層に現れにくい一方で，風の影響は主として上層に現れるため，循環期とは異なる水の振る舞いになる．したがって，水温躍層より上層と下層との二層に湖を分けて物理過程を記述することがしばしば行われる（たとえば宇野木 1993）．本節でもそのように考えて検討をした．

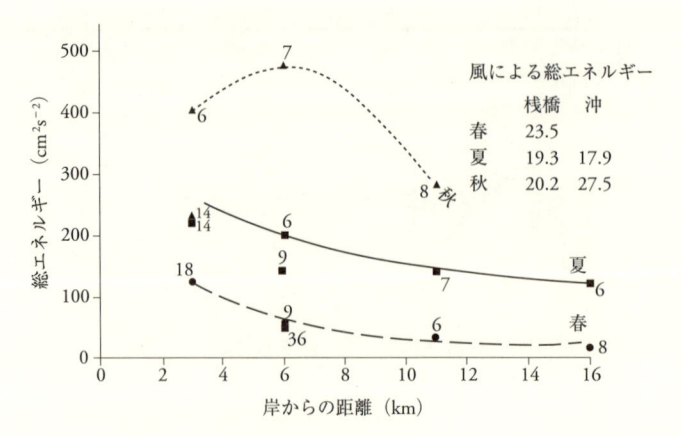

図 2.5.2 風によって引き起こされる湖岸でのエネルギー総量の季節別変化（Blanton 1974）
図中の数字は測定深度である．

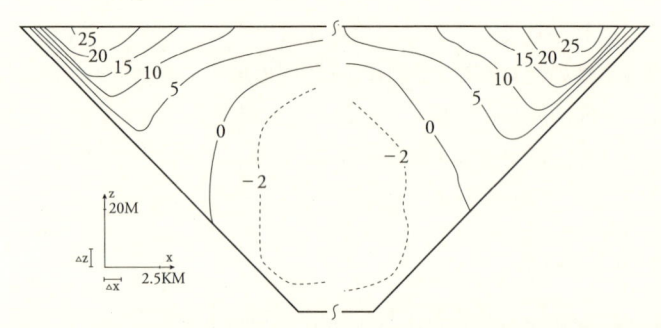

図 2.5.3 成層条件下での断面流速分布（成層以外は図 2.5.1 と同条件）
（Bennett 1974）

える流れも見られる（Csanady and Scott 1974）．また，風が岸に平行に吹いた場合，(1) で述べた地形性の流れは，成層という条件が加わることで，湖岸域の水温躍層以浅に運動量が集中しかなり強い流れが生じる．このような流れを沿岸ジェットと呼ぶ．図 2.5.1 と同条件で，湖が成層している場合の計算結果を図 2.5.3 に示す．岸に平行な表面の流れは，浅い部分に集中し，より早くなり，とともに沖方向に拡大していることがわかる．

オンタリオ湖での沿岸ジェットの観測データ（岸を右に見る流れの場合）を図 2.5.4 に示す．（Csanady and Scott 1974）．図 2.5.4 (A) に観測地点を，図 2.5.4 (B) にロチェスターでの 1972 年 7 月 27 日の流速分布，図 2.5.4 (C) に水温分布をそ

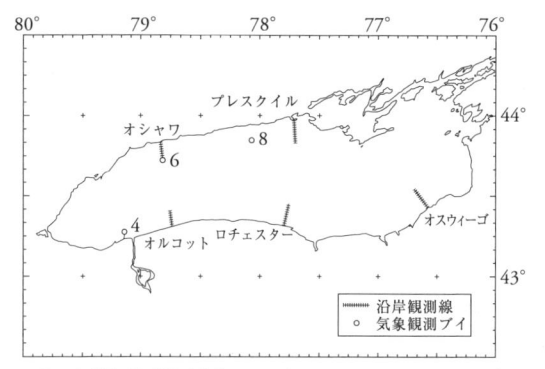

図 2.5.4（A） IFYGL（五大湖国際観測年）におけるオンタリオ湖での水温・流速観測地点
（Csanady and Scott 1974）

この図に示す 5 点で岸に垂直に観測点を設け水温と流速の観測を行った．そのうちロチェスターにおける観測結果を図 2.5.4（B）（C）に示す．

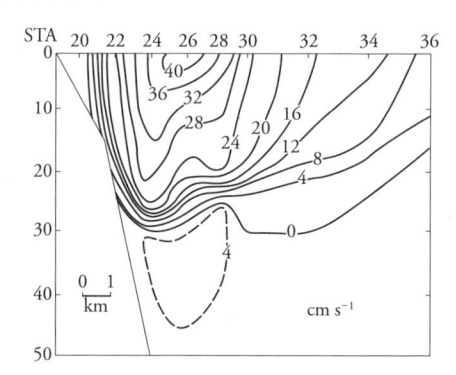

図 2.5.4（B） ロチェスターでの岸に垂直な断面における流速分布（実線は東向き，点線は西向きの流れ）（1972 年 7 月 27 日）（Csanady and Scott 1974）

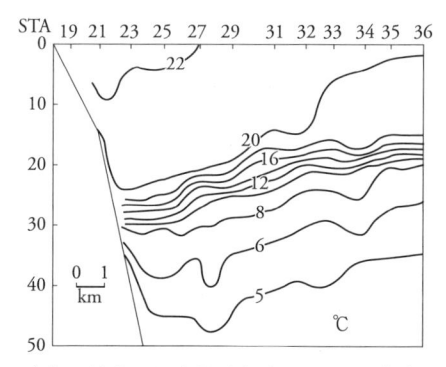

図 2.5.4（C） 図 2.5.4（B）に対応した水温分布（ロチェスター）（Csanady and Scott 1974）

れぞれ示す．7月22日〜27日まで嵐のため東向きの強い風が持続していた．それに対応してロチェスターでは東向きの流れが卓越した．この沿岸ジェット流は，水温躍層の傾斜もともなった．岸を右に見る流れの場合には，躍層は岸に向かって深くなり，岸を左に見る流れの場合には躍層は岸に向かって浅くなった．強風が吹き始めた初期の段階では，風による流れは温かい表層に集中し，風が止むと反対方向の流れが起こった．このとき，水温躍層の傾斜も反転した．この流れの反転は内部ケルビン波にともなう躍層の上昇や下降に対応していたため，湖を反時計回りに進む内部波の進行と同時に進んだものと考えられた(Csanady and Scott 1974)．また，オンタリオ湖での別の観測結果によると，強風継続後に強風が止むとこのような流れが反転していた．湖岸流の反転は風が止んでから6時間後に起こるのに対し，沖での流れの反転はそれより遅れて起こり，夏には12時間後，秋には36時間後に起こっていた(Blanton 1974)．

(4) 沿岸湧昇

　一方向の風が連続して吹き，それに伴い吹走流が発達すると，深層水が沿岸域で湧昇することがある．これを沿岸湧昇と呼ぶが，沿岸湧昇に伴い水位も変化する．水位の変化の仕方は岸に対する風の向きで異なる．湖岸に垂直な風の場合，風が沖向きならば水位低下，陸向きならば水位上昇となる．湖岸に平行な風の場合，北半球では，風が岸を左手に見て吹く時に水位は低下し，反対に岸を右手に見て吹く時に上昇する(北半球では進行方向に対して右へとずれる)．水位変化の大きさは，岸に平行な風の場合のほうが岸に直交する風の場合よりも大きい．カリフォルニア沖の海流が南下するときにコリオリ力を受けて西偏し，高栄養の深層水が湧昇して植物プランクトンが豊富に発生し，イワシのよい漁場になっている．琵琶湖でも一方向への吹き続けたときに同様な沿岸湧昇が起こる可能性が考えられる．このことは水温や栄養塩濃度の水平方向への不均質性をもたらすので，水質や生物生産に影響を与える可能性がある．海洋や内湾でよく報告されているが，湖沼でも起こりうる現象である．

(5) 湖岸フロントによる境界領域と密度流

　成層の有無に関わらず生じる特徴的な沿岸境界としては，地形性の沿岸流以外

に密度流(後述)によるのフロント境界がある．密度差と重力の存在によって生じる密度流には，主に湖岸域で発生する沿岸密度流と河川から流入する河川密度流がある．水の密度は1気圧ならば3.98℃のとき最大で，それより高温でも低温でも小さくなる．湖岸(沿岸)密度流は，湖岸域における湖水の密度変化によって生じるのに対して，河川密度流は，河川水と河口域の湖水が混合した結果生じるものであり，水質の違いから両者を区別できることもある．

密度流は，密度が同じ湖水の深度に貫入する．密度流が貫入するときに周りの水を巻き込みながら進行する．これを連行という．沿岸の浅い水や河川水は空気と接しているため，酸素を比較的多く含んでいる．これらの水が深層密度流となって湖底を流下すると，深層に酸素を直接供給すると考えられる．

密度流が，周辺の水と混合して流軸に直交する面に広がる速度と，流軸方向への速度との比を連行係数と定義する．

流入する水と周辺水との間の密度差がなく，流入流体自身の運動量のみで貫入する場合をジェット流という．逆に流入流体が初期運動量を持たず，浮力のみを有している場合をプリュームと呼ぶ．この中間の形態で，初期運動量と密度差の両者を備えているものを密度噴流と呼ぶ(玉井1980)．このような運動量と密度差を用いた無次元数として密度フルード数がある．

密度フルード数 F_D は慣性項と浮力項の比で表される．

$$F_D = \frac{U}{\sqrt{g'h}} = \frac{慣性項}{浮力項} \tag{1}$$

ここで，g' は有効重力加速度であり，

$$g' = g\frac{\rho_1 - \rho_2}{\rho_0} \tag{2}$$

とあらわされる．

密度フルード数が無限大になると，流れは運動量を持つが浮力は持たないジェット流に近づき，密度フルード数が小さくなると流れは運動量を持たないで浮力(重力)に支配されるプリュームに近づく．式(1)における分母において流入水と周辺水との密度差が大きい場合，密度流はプルームの形になり，両方の水塊間での熱移動が多くなる．一方，分子における流速が大きい場合，特に周辺水と流入水の相対速度が大きい場合には密度流界面上に界面波が発生し，やがて砕波する(玉井1980)．

写真 2.5.1　レマン湖の河川起源密度流フロント

　また，密度によって生じる沿岸流は，陸に捕らえられた波（陸棚波）と密度流フロントに発生する波が合成されることによって不安定な性質をもつ（Kubokawa 1986）．

　海洋において淡水河川が流入した場合，濁りがなければ，河川水と海水の密度は水温と塩分の関数で決まる．水温差による密度変化よりも，淡水と海水による塩分濃度差に起因する密度変化のほうが圧倒的に大きいため，淡水河川が海洋に流入した場合，深層密度流となるような現象はあまり見られない．それに対して淡水湖沼では，塩分がほとんど無視できるので，濁りが問題にならない場合には，密度差は水温差によってほぼ決まる．場合によっては，各種溶存成分による密度差が問題になることもある．流入した河川水が河口域で湖水と混合した後，湖水よりも密度が大きい場合には沈降する．河口域において，流入河川水と表層水の初期混合が起こる水域を「流れの形成領域」と呼ぶ．それ以降を「流れの確立領域」と呼ぶ（玉井 1980）．

　河川水は湖内に流入すると直ちにその流速を失うので，密度流の速度が非常に大きい場合は想定しにくい．むしろ流れが遅く，流入水密度流と周辺の水との水

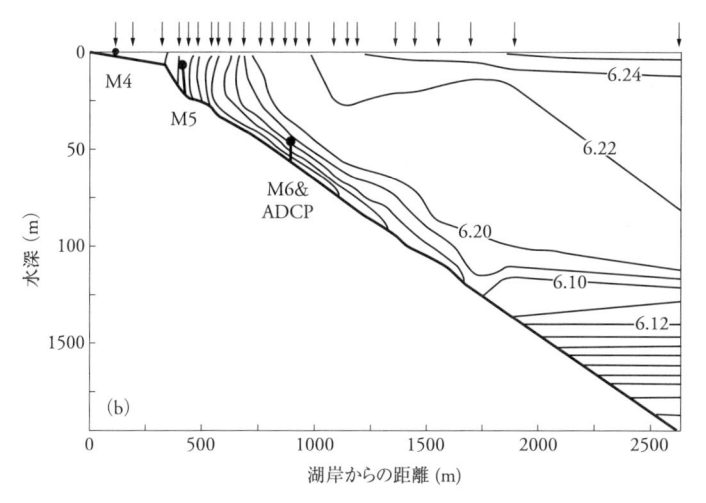

図 2.5.5　レマン湖で観測された沿岸密度流（2000 年 1 月 20 日の例）
（Fer et al. 2002）
矢印は測点を示す．

温差が小さくなる場合が多い．こうした密度流では連行が起こりにくいため，比較的その形状を保ったまま進行していくと考えられる．

　写真 2.5.1 は夏季のレマン湖に流入する冷たい河川水のフロントを示している．この河川水は氷河の融水が起源であり，低温かつ懸濁物質を多く含んでいるためフロントの境界が明瞭に区別できる．冬季の河川密度流の場合も同様に，河川水が流入直後に河口域で湖水と混合し，その水塊が湖水温よりもなお低温の場合には深層密度流となって沈降するため，明瞭なフロントが形成されやすい．一方，冬季には湖岸域の水塊が冷えやすくなり斜面に沿って沈降する．このような現象は放射冷却が発生する冬季の晴れた夜間にしばしば観測される．これを沿岸密度流という．Fer et al. (2002) によればレマン湖では冬季に水深約 100 m まで沿岸密度流が沈降していることが報告されている（図 2.5.5）．

　琵琶湖では冬季，南湖の冷たい水が北湖へ流下する現象が多数報告されている（宗宮 2000）．この南湖起源の密度流（2.3 節 (1) 項参照）も沿岸密度流の一種である．

　冬季の深層密度流は，深水層への溶存酸素供給という観点から，琵琶湖の北湖で着目すべき現象であろう．琵琶湖北部，特に姉川流域は特別豪雪地帯にあたり，冬季の降雪が多い．この地域は暖地性積雪地域といって，日本北部の積雪地帯とは違い，冬の間も気温がプラスになる場合が多く，雪解けが進んで融雪水が琵琶

湖に供給され続ける（伏見2003）．そのため，琵琶湖では春先だけでなく冬を通した河川密度流の把握が重要になる．融雪による河川密度流が湖内へ流入し，河口部で湖水と混ざった後，なお湖水よりも重ければ，その水塊は密度流となって沈降する．Kumagai and Fushimi (1995) によって，春先（3月）の融雪洪水時に高濁度水塊が約20 m の厚さで深層密度流となっていることが報告されている．琵琶湖の深層水温は年間を通じておよそ7℃程度であり，密度流が深層水よりも低温ならば深層密度流となる．また沿岸密度流は湖岸全域で発生可能な現象であるため，河川密度流と比べて深層密度流の流量として重要である可能性があるが，琵琶湖における観測事例は多くない．その実態把握は今後の課題である．

(6) 湖岸境界層の範囲

　以上のような湖岸境界過程の特性を踏まえ，湖岸境界層の空間的な広がりについて考えてみる．湖岸境界層といってもその生成要因はさまざまであり，それぞれに異なった空間スケールを持つ．密度流は流入河川水の流量や湖岸の地形などによってそのフロントの形成場所は変化すると考えられる．Fer et al. (2002) で報告されている沿岸密度流のフロントは，岸から1 km 弱の場所に形成されていた．また写真2.5.1 に示した河川密度流のフロントは岸から数百 m の範囲内である．内部波の節で述べられているように，ケルビン波は岸から変形半径の距離で卓越するため，その領域を湖岸域と定義することもできる．内部変形半径の距離は成層状態によって異なるため，ここで定義される湖岸領域は季節によって変化する．琵琶湖の場合，成層にともなう内部変形半径によって規定される湖岸境界層は，冬季は1 km 以内であり，夏季で最大7 km 程度であると予想できる．

　また，Murthy and Dunbar (1981) は，摩擦の影響を大きく受けるか否かにより，湖岸境界層に二つの領域があるとしている．図2.5.6 に示したように，一つは湖底と岸の摩擦が卓越する摩擦境界層であり，ヒューロン湖の場合には岸から2 km 程度までに見られる．もう一つは，摩擦境界層の沖側に存在し，慣性振動が卓越する慣性境界層である．後者は岸に平行な流れに慣性振動が影響することで生ずる境界層であり，ヒューロン湖の場合 8～10 km まで達している．

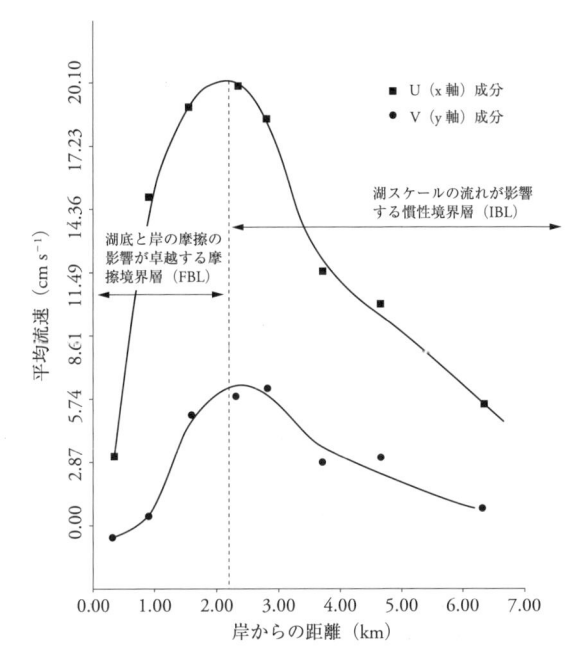

図 2.5.6 沿岸境界層を特徴付ける，摩擦境界層と慣性境界層
（Murthy and Dunbar 1981）

（7） 温暖化による沿岸域への影響

将来的に気温が上昇した場合，湖岸境界層の特徴にどのような変化が予想されるのか，琵琶湖を例に考えてみる．

1. もし躍層の深度が温暖化によって浅くなれば，沿岸ジェットは強まる可能性がある．また，内部ケルビン波の及ぶ範囲を規定する内部変形半径が大きくなり，その結果，湖岸境界領域は広がる．
2. 標高の低い地域では，積雪が減る可能性があることが指摘されている（鈴木 2008）．また，琵琶湖集水域のような暖地性積雪地域では，気温の変化によって降雪が根雪となるか融雪となるかが大きく左右される．滋賀県において冬季の気温が 2℃ 上昇すれば，最大積雪水量の出現時期が変わり，もとの積雪水量の約一割にまで減少することが報告されている．このような集水域の雪の減少は，琵琶湖深層の溶存酸素濃度の低下をもたらす可能性が指摘されている（Fushimi 1993）．

流入河川水の水温が上昇すると，湖水より流入水が温かい場合は深層へもぐらないので，深層密度流の頻度や流量が減る可能性がある．結果，密度流による深層への溶存酸素の供給効果は減少へ向かうと考えられる．

2.6 底層境界過程

(1) 底層境界層の重要性

湖底もしくは海底に形成される底層境界層（BBL）とは，水流が底層境界で発生するさまざまな過程の影響を強く受ける領域でかつ底に接している層（図2.6.1）を指し，この層の中には，物理的因子・化学的因子・生物的因子の大きな勾配が存在する（Bowden 1978）．底層境界層中では，水の運動エネルギーが摩擦によって熱エネルギーに変換されるだけでなく，水と泥の相互作用によってさまざまな物質が輸送され，そこに住む生物が影響を受ける．また，このような生物活動により底面付近の物理的・化学的特性が変化する場合もある．

近年，世界中の閉鎖性水域で，デッドゾーンと呼ばれる貧酸素水塊の数が指数関数的に増えていることが報告されている（Diaz and Rozenberg 2008）．これは，水域の急激な富栄養化にともなう酸素消費速度の増加が主因とされているが，同時に，地球温暖化によって水温成層が強まり鉛直混合が低下したため，上層から下層への酸素供給量が減少していることも指摘されている（Edwards et al. 2005）．

デッドゾーンは，「ほとんど酸素のない水塊」を意味し，最初にミシシッピー川がメキシコ湾に注ぐ河口域で発生した貧酸素水塊に対して用いられた（Dybas 2005）．ミシシッピー川周辺で過剰に散布された肥料や未処理の下水および廃水がメキシコ湾に流れ込み，赤潮などの藻類の大発生を引き起こし，多くの有機物が海底に堆積した．これらが分解する過程で溶存酸素を消費し，極端に酸素濃度が低いデッドゾーンを作り出した．これによって，移動能力の低い底生生物が大量に死亡したのである．

琵琶湖においても同様の事態が発生している（熊谷 2008）．2007年に気象観測史上もっとも暖かい冬を迎え，周辺の山々には雪が積もらず湖底の酸素濃度は3月末まで低い状態が続いていた．一時的に酸素濃度は回復したが，4月に入ると水温成層が発達しさらに8月の猛暑も手伝って湖底付近に急激な酸素低下が起こ

第2章 湖沼物理過程

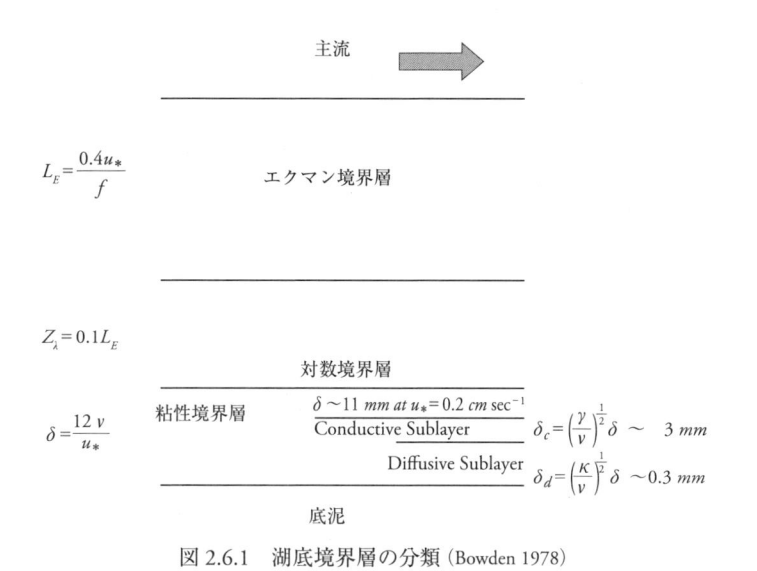

主流 →

$L_E = \dfrac{0.4 u_*}{f}$ エクマン境界層

$Z_\lambda = 0.1 L_E$

対数境界層

$\delta = \dfrac{12\,\nu}{u_*}$ 粘性境界層 $\dfrac{\delta \sim 11\,mm\ at\ u_* = 0.2\,cm\,\sec^{-1}}{\text{Conductive Sublayer}}$ $\delta_c = \left(\dfrac{\gamma}{\nu}\right)^{\frac{1}{2}} \delta \sim 3\,mm$

Diffusive Sublayer $\delta_d = \left(\dfrac{\kappa}{\nu}\right)^{\frac{1}{2}} \delta \sim 0.3\,mm$

底泥

図 2.6.1　湖底境界層の分類 (Bowden 1978)

り，10月には溶存酸素濃度が $1\,mg\,L^{-1}$ 以下を記録した．このように水温成層が強くなることで鉛直循環が弱体化し，十分な酸素を湖底に送りこむことができなくなり酸素消費が酸素供給を上回ることになる．この結果，デッドゾーンが形成されるのである．こうしていったんデッドゾーンが形成されると，冬季における鉛直混合や冷たい河川水の底層への貫入などによって水中の溶存酸素濃度が回復しても泥中の酸素濃度は十分に回復されず，底泥中の酸化層の厚さが薄くなり成層期にデッドゾーンが形成されやすくなる傾向がある（熊谷ら 1986）．

特に琵琶湖に形成されるデッドゾーンは底層境界層の動態と密接な関係があるので，底層境界層や高濁度層（ネフロイド層）に関するきちんとした研究が重要である（熊谷ら 2009）．本節では，底層境界層にかかわる基礎的な理論を紹介すると共に，琵琶湖という具体的な場における最新の研究成果について記述する．

(2) 底層境界層に対する支配方程式

まず，底層境界層の流れと物質輸送を記述する方程式を考える．簡略化のため底面は水平であるとする．地球の自転の影響（コリオリ力）と分子粘性を考慮すると，運動方程式の水平方向（x, y軸）成分は次のように記述される．

$$\rho\left(\frac{\partial u}{\partial t}+\frac{\partial u^2}{\partial x}+\frac{\partial uv}{\partial y}+\frac{\partial uw}{\partial z}\right)=-\frac{\partial p}{\partial x}+\rho fv+\frac{\partial}{\partial x}\left(\mu\frac{\partial u}{\partial x}\right)+\frac{\partial}{\partial y}\left(\mu\frac{\partial u}{\partial y}\right)+\frac{\partial}{\partial z}\left(\mu\frac{\partial u}{\partial z}\right) \quad (1a)$$

$$\rho\left(\frac{\partial v}{\partial t}+\frac{\partial uv}{\partial x}+\frac{\partial v^2}{\partial y}+\frac{\partial vw}{\partial z}\right)=-\frac{\partial p}{\partial y}+\rho fu+\frac{\partial}{\partial x}\left(\mu\frac{\partial v}{\partial x}\right)+\frac{\partial}{\partial y}\left(\mu\frac{\partial v}{\partial y}\right)+\frac{\partial}{\partial z}\left(\mu\frac{\partial v}{\partial z}\right) \quad (1b)$$

ここで，ρ は密度，(u, v) は流速の水平 (x, y) 成分，w は流速の鉛直 (z) 成分（上向き正），p は圧力，μ は分子粘性係数，$f = 2\Omega \sin\psi$ はコリオリパラメータ（$\Omega = 7.292 \times 10^{-5}$ (rad s^{-1}) は地球自転の角周波数，ψ は緯度）である．本節では北半球を対象とするので f は正である．

これらの方程式を直接解くことは困難なので，底層境界層が薄い（湖の場合，厚さはせいぜい 10 m 程度）ことに注目し，流れ（の平均成分）は水平方向に一様であると仮定する．また，底層境界層内の流れは一般に乱流なので，流速と圧力を平均成分と乱流成分に分ける．平均成分が z のみの関数であること，鉛直流速の平均成分は 0 であること，境界層は薄いため圧力は鉛直方向に一定であることを考慮すると，$u = U(z, t) + u'(x, y, z, t)$，$v = V(z, t) + v'(x, y, z, t)$，$w = w'(x, y, z, t)$，$p = P(t) + p'(x, y, z, t)$ とおける．アンサンブル平均 $\langle\ \rangle$ をとると，$\langle u'\rangle = \langle v'\rangle = \langle w'\rangle = \langle p'\rangle = 0$ となるので，式 (1) は以下のように近似できる．

$$\rho\frac{\partial U}{\partial t}=-\frac{\partial P}{\partial x}+\rho fV+\frac{\partial}{\partial z}\left(\mu\frac{\partial U}{\partial z}-\rho\langle u'w'\rangle\right) \quad (2a)$$

$$\rho\frac{\partial V}{\partial t}=-\frac{\partial P}{\partial y}+\rho fU+\frac{\partial}{\partial z}\left(\mu\frac{\partial V}{\partial z}-\rho\langle v'w'\rangle\right) \quad (2b)$$

上式のカッコ内はせん断応力であり，第 1 項は，分子粘性によるせん断応力，第 2 項は乱流によるせん断応力またはレイノルズ応力と呼ばれる．同様の近似を溶存物質の質量保存則に適用すると，

$$\frac{\partial C}{\partial t}=\frac{\partial}{\partial z}\left(D\frac{\partial C}{\partial z}-\langle w'C'\rangle\right)+R \quad (3)$$

となる．ここで，C は濃度の平均成分，D は分子拡散係数，R は対象としている物質の生成速度である．以下ではこれらの方程式を基に底面境界層中の流れと物質輸送についての基礎的な理論を示す．

(3) 底面付近の流れ

底面付近では，式(2)の最後の項が卓越し，せん断応力が一定である領域（一定せん断応力層）が存在する．流れが x 軸に平行であるとすると式(2a)は

$$\frac{\partial}{\partial z}\left(\mu\frac{dU}{dz} - \rho\langle u'w'\rangle\right) = 0 \tag{4}$$

と書ける．これから式(4)のカッコの中は，z に依存しないことがわかり

$$\tau = \mu\frac{dU}{dz} - \rho\langle u'w'\rangle = \rho u_*^2 \tag{5}$$

と表現できる．ここで，τ は水平せん断応力であり，水平方向の流れの運動量が下方に輸送される速度を表している．$u_* = \sqrt{\tau/\rho}$ は摩擦速度と呼ばれ，流速の乱流成分の大きさを特徴づける量である．

底面直上の粘性底層

底面上では流速が0となるため，底面直上には乱れが制限され，分子粘性が大きく働く領域が存在する．この場合，式(5)は，

$$\mu\frac{dU}{dz} = \rho u_*^2 \tag{6}$$

と書ける．湖底面上 $z=0$ において $U=0$ という条件で上式を解くと，

$$U(z) = \frac{u_*^2 z}{\nu_M} \tag{7}$$

ここで，$\nu_M = \mu/\rho$ は動粘性係数と呼ばれる．U は z について線形で，このような流速分布が成立する領域を粘性底層と呼ぶ．式(7)からわかるように，粘性底層内の特性は，u_* と ν_M の二つの物理量のみによって決定される．これらの物理量から次元解析（$[u_*] = LT^{-1}$，$[\nu_M] = L^2 T^{-1}$）によって粘性底層の厚さ δ_V を求めると，

$$\delta_V = A\frac{\nu_M}{u_*} \tag{8}$$

となる．ここで，A は実験から 8〜20 の値をとる定数であるが，多くの場合 12 程度となる (Soulsby 1983；日野 1992)．湖での粘性底層の厚さは数 mm から数 cm 程度である．

対数境界層

　粘性底層の外側には乱流が主体となる境界層が存在し，式 (5) より，この中では，

$$|\tau| = \rho|\langle u'w' \rangle| = \rho u_*^2 \tag{9}$$

が成立する．ここで，$\rho\langle u'w'\rangle$ をどのように評価するかが大きな問題となってくる．Prandtl (1925, 1933) は，水の塊が上下に移動した場合，その運動量が変化しない距離を想定し，混合距離 l という概念を導入した．このとき，連続の式を用いると

$$u' = \Delta u = \ell \frac{dU}{dz}$$

$$w' = \Delta w = -\frac{\Delta u}{\Delta x}\Delta z = -\frac{\Delta z}{\Delta x}\ell\frac{dU}{dz} = -\ell\frac{dU}{dz}$$

であるので，式 (9) から

$$\rho\langle u'w'\rangle = -\rho\ell^2\left(\frac{dU}{dz}\right)^2 \tag{10}$$

と書くことができる．一方，Boussinesq (1877) が提唱した渦動粘性係数 ν_T を導入すると，

$$\rho\langle u'w'\rangle = -\rho\nu_T\frac{dU}{dz} \tag{11}$$

と書けるから，式 (10) と比較することによって

$$\nu_T = \ell^2\left|\frac{dU}{dz}\right| \tag{12}$$

という関係が得られる．これらは，運動学的考察から導かれた単純な関係であり，乱流境界層のほとんどのモデルが混合距離と渦動粘性係数の仮説に基づいている．底面付近の乱流境界層中での長さを表すパラメータは底面からの距離 z のみであるので，

$$\ell = \kappa z \tag{13}$$

と書くことができる．ここで，経験的に $\kappa = 0.4$ で，カルマン定数と呼ばれる．式 (9)，(10)，(13) から

という関係が得られ，さらに式 (12), (13) と (14) から，渦動粘性係数は

$$\frac{dU}{dz} = \frac{u_*}{\kappa z} \tag{14}$$

$$\nu_T = \kappa z u_* \tag{15}$$

となることがわかる．式 (14) を積分すると

$$U(z) = \frac{u_*}{\kappa} \ln\left(\frac{z}{z_0}\right) \tag{16}$$

という対数速度分布が得られる．ここで，z_0 は底面粗度長である．

$$z_0 \approx \frac{1}{9} \frac{\nu_M}{u_*} \quad \text{滑面の場合}(\delta_V/d > 3) \tag{17}$$

$$z_0 \approx \frac{d}{30} \quad \text{粗面の場合}(\delta_V/d < 1/6) \tag{18}$$

であり，d は底面での粗度要素の代表高さ（たとえば砂粒子の直径）であり，底面が滑面か粗面かは粘性底層の厚さ δ_V と d の相対的な大きさによって決まる (Schlichting 1968；日野 1992)．

また，対数境界層中では乱れエネルギーの生成と散逸がほぼ釣り合っており，乱れエネルギー方程式は

$$-\rho \langle u'w' \rangle \frac{dU}{dz} = \rho \varepsilon \tag{19}$$

となる．上式左辺は乱れエネルギーの生成率，右辺は乱れエネルギーの散逸率である．式 (11), (12) と (15) を上式に代入すると

$$\varepsilon = \frac{u_*^3}{\kappa z} \tag{20}$$

となる．式 (16) と (20) は，現地における流速の鉛直分布や散逸率の鉛直分布の計測結果から底面せん断応力や底面粗度長を求めるためによく用いられる．

(4) 成層していない場合の底層境界層中の流れ

底層境界層中央部では，式 (2) のコリオリ力や非定常項が無視できなくなり，せん断応力は鉛直上向きに減少する．大きな湖ではコリオリ力の影響が無視できない場合が多いので，以下ではコリオリ力を考慮し，定常流と振動流の解を示

す．成層の影響については次節で考察する．

定常流の場合（エクマン層）

定常流下での底層境界層はエクマン層と呼ばれ，2.4 節で示された表層のエクマン層を逆にした形となる．式 (11) を式 (2) に代入し，定常流を仮定すると運動方程式は

$$0 = -\frac{1}{\rho}\frac{\partial P}{\partial x} + fV + \frac{\partial}{\partial z}\left(\nu_T \frac{\partial U}{\partial z}\right) \tag{21a}$$

$$0 = -\frac{1}{\rho}\frac{\partial P}{\partial y} - fU + \frac{\partial}{\partial z}\left(\nu_T \frac{\partial V}{\partial z}\right) \tag{21b}$$

となる．境界条件は粗面の場合

$$z \to \infty \text{ の時} \quad U \to U_\infty, V \to V_\infty \tag{22a}$$

$$z = z_0 \text{ の時} \quad U = V = 0 \tag{22b}$$

で与えられる．ここで，(U_∞, V_∞) は主流（境界層直上での流れ）の流速成分である．定常流を仮定すると (U_∞, V_∞) は

$$-fV_\infty = -\frac{1}{\rho}\frac{\partial P}{\partial x} \tag{23a}$$

$$fU_\infty = -\frac{1}{\rho}\frac{\partial P}{\partial y} \tag{23b}$$

で与えられる地衡流となる．

(a) 渦動粘性係数が一定の場合（$\nu_T = $ 一定）

コリオリ力を考慮した場合，底層境界層内の流れの解は比較的単純な場合でも特殊関数を扱う必要がある．そこでまず，解が初等関数で与えられる，渦動粘性係数一定の場合を考える．簡略化のため $z_0 = 0$ とおき，x 軸を主流向きにとると $V_\infty = 0$ となる．流速分布は，式 (21)–(23) より以下のように記述できる (Ekman 1905).

$$U = U_\infty\left(1 - e^{-\frac{z}{\delta_E}}\cos\frac{z}{\delta_E}\right) \tag{24a}$$

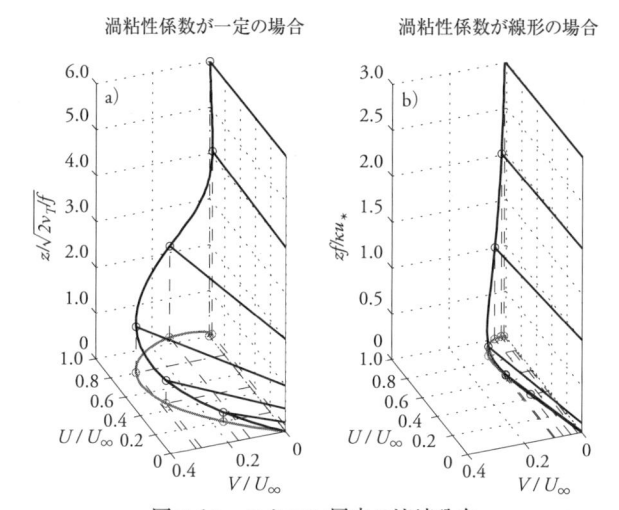

図 2.6.2 エクマン層内の流速分布
a) 渦動粘性が一定の場合，b) 渦動粘性係数が底面から線形に増加する場合．丸印は a) では $z = 0.2, 0.5, 1, 2, 4, 6$，b) では $z = 0.001, 0.01, 0.1, 1, 2, 3$ における流速を示す．灰色線は螺旋の $z=0$ 面への投影を示す．

$$V = U_\infty e^{-\frac{z}{\delta_E}} \sin\frac{z}{\delta_E} \tag{24b}$$

ここで，

$$\delta_E = \sqrt{\frac{2\nu_T}{f}} \tag{25}$$

である．境界層の厚さにはさまざまな定義の仕方があるが，たとえば流速が主流速の 95% となる高さとすると，$e^{-3} \approx 0.05$ なので境界層厚さは $3\delta_E$ となる．境界層厚の定義によって δ_E の前に表れる係数は変化するが，δ_E は常に渦動粘性係数一定の場合のエクマン層厚さの代表値を与える．

この解は底層境界層に一般的に見られる重要な特徴を持っている．流速分布は z 方向に螺旋形であり，螺旋は主流の左側にあることがわかる (図 2.6.2)．これより，エクマン層内には主流に正味左向きの流れ (エクマン輸送) が存在することがわかる．エクマン輸送は境界層内外の物質輸送や環流の減衰 (スピンダウン) に重要な役割を果たす (たとえば Duck and Foster 2001)．底層境界層中の渦動粘性係数は $10^{-4} \sim 10^{-3}$ m^{2}sec^{-1} のオーダーであるので (大久保 1970)，琵琶湖における湖底エクマン境界層の厚さは 1〜10 m 程度になる．

(b) 渦動粘性係数が混合距離に比例する場合 ($\delta_T = \kappa u_* z$)

　渦動粘性係数一定の場合は解の形が比較的簡単であるが，すでに述べたように，底層境界層中の渦動粘性係数は一定ではないので，渦動粘性係数が z に依存する場合を考慮する必要がある．この場合，式 (15) が一定応力層の外側まで成り立つと仮定するのが，物理的に現実的で，かつ数学的に比較的単純である．この場合，摩擦速度 u_* は問題を解く前にはわかっていないが，既知であると仮定して解を求めた後に決定する．式 (15) を式 (21) に代入し，x 軸を主流向きにとると，式 (21a) と (21b) の解は

$$U = U_\infty \left(1 - \mathrm{Re}\left(\frac{K_0(2\sqrt{iz/\delta_E})}{K_0(2\sqrt{iz_0/\delta_E})}\right)\right) \tag{26a}$$

$$V = -U_\infty \mathrm{Im}\left(\frac{K_0(2\sqrt{iz/\delta_E})}{K_0(2\sqrt{iz_0/\delta_E})}\right) \tag{26b}$$

で与えられる (Ellison 1956; Madsen 1977; Cushman-Roisin and Malačič 1997)．ここで，i は虚数単位を，Re と Im は複素数の実部と虚部を表し，K_0 は第二種 0 次変形ベッセル関数という特殊関数である．特殊関数の値は，三角関数の値を関数電卓で計算しなければならないように，MATLAB™, Mathematica®, Maple™ などのソフトウエアや Fortran, C 等のライブラリを用いて計算する必要がある．また，

$$\delta_E = \frac{\kappa u_*}{f} \tag{27}$$

は乱流エクマン層厚さの代表値である．渦粘性一定の場合と比較すると，流速分布は螺旋形であり，主流に対して左向きのエクマン輸送が存在するが，流れの大きさと向きが底面付近で大きく変化すること，主流に直角な流れの成分が小さいことがわかる (図 2.6.2)．

　K_0 のカッコ内の値が非常に小さい場合 (底面に近い場合) には，K_0 は対数関数となる．

$$K_0(2\sqrt{iz/\delta_E}) \sim -\gamma - i\frac{\pi}{4} - \frac{1}{2}\ln(z/\delta_E) \quad z/\delta_E \ll 1 \tag{28}$$

ここで，$\gamma = 0.57722\cdots\cdots$ はオイラー定数である．この場合，式 (26) は次のようになる．

$$U \sim -\frac{2\gamma + \ln(z_0/\delta_E)}{\{2\gamma + \ln(z_0/\delta_E)\}^2 + (\pi/2)^2} U_\infty \ln\left(\frac{z}{z_0}\right) \tag{29a}$$

$$V \sim \frac{\pi/2}{\{2\gamma + \ln(z_0/\delta_E)\}^2 + (\pi/2)^2} U_\infty \ln\left(\frac{z}{z_0}\right) \tag{29b}$$

流速分布は対数分布となり，底面付近には対数層が存在することがわかる．上式と式 (12) と (15) から底面せん断応力の大きさを求め，摩擦速度の定義と式 (28) を用いると

$$\frac{u_*}{U_\infty} = \frac{\kappa}{\sqrt{\{2\gamma + \ln(z_0 f/(\kappa u_*))\}^2 + (\pi/2)^2}} (\equiv \sqrt{C_D}) \tag{30}$$

という関係が求まる．この関係式から既知の U_∞, f, z_0 を用いて u_* を数値的に求めることができ，これから粗面に対する乱流エクマン層の底面摩擦係数 C_D がもとめられる．C_D は底面粗度や主流流速などに依存するが，通常 0.001〜0.003 程度の値をとりあまり大きく変化しないので，$\tau = \rho C_D (U_\infty^2 + V_\infty^2)$ の関係を用いて主流速度から底面せん断応力（および摩擦速度）を求めるために良く用いられる．

振動流境界層

次に内部波のような振動流下での底層境界層について考える．振動流を考えるので，$U(z,t) = U(z)e^{i\omega t}$, $V(z,t) = V(z)e^{i\omega t}$, $P(t) = Pe^{i\omega t}$ とおく．ここで，$\omega = 2\pi/T$ は角周波数，T は周期である．式 (12) と (15) を用いると式 (2) は

$$i\omega U = -\frac{1}{\rho}\frac{\partial P}{\partial x} + fV + \frac{\partial}{\partial z}\left(\kappa u_* z \frac{\partial U}{\partial z}\right) \tag{31a}$$

$$i\omega V = -\frac{1}{\rho}\frac{\partial P}{\partial y} + fU + \frac{\partial}{\partial z}\left(\kappa u_* z \frac{\partial U}{\partial z}\right) \tag{31b}$$

となる．境界条件はエクマン層の場合と同じ式 (22) で与えられるが，主流流速は

$$i\omega U_\infty = -\frac{1}{\rho}\frac{\partial P}{\partial x} + fV_\infty \tag{32a}$$

$$i\omega V_\infty = -\frac{1}{\rho}\frac{\partial P}{\partial y} + fU_\infty \tag{32b}$$

より決定される．

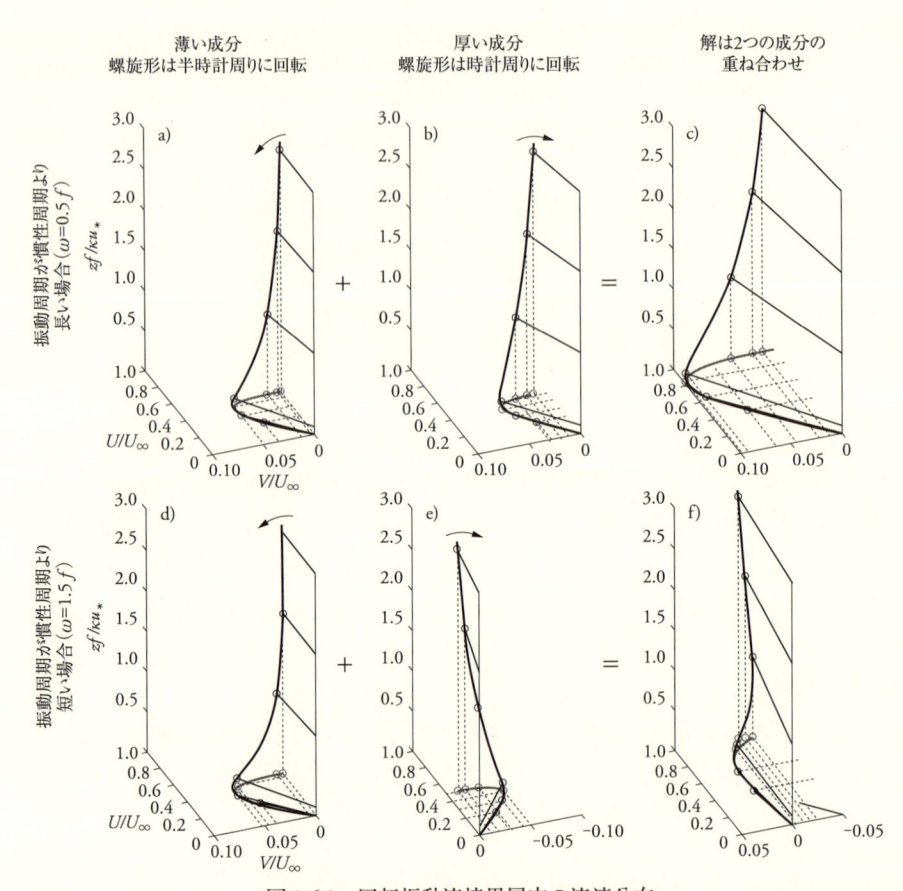

図 2.6.3　回転振動流境界層内の流速分布

上：$\omega=0.5f$ の場合，下：$\omega=1.5f$ の場合．左：反時計回りに回転する薄い成分，中央：時計回りに回転する厚い成分，右：薄い成分と厚い成分の重ね合わせ．丸印は $z=0.001, 0.01, 0.1, 1, 2, 3$ における流速を，灰色線は螺旋の $z=0$ 面への投影を示す．e) の螺旋は b) の螺旋の鏡像である．

簡略化のために $V_\infty=0$ とおき，$\omega>f$ とする．式 (31) に対する解は

$$U = \frac{U_\infty}{2}\left\{\mathrm{Re}\left[\left(1-\frac{K_0(2\sqrt{iz/\delta_{E+}})}{K_0(2\sqrt{iz_0/\delta_{E+}})}\right)e^{i\omega t}\right] + \mathrm{Re}\left[\left(1-\frac{K_0(2\sqrt{iz/\delta_{E-}})}{K_0(2\sqrt{iz_0/\delta_{E-}})}\right)e^{i\omega t}\right]\right\} \quad (33a)$$

$$V = \frac{U_\infty}{2}\left\{-\mathrm{Im}\left[1-\frac{K_0(2\sqrt{iz/\delta_{E+}})}{K_0(2\sqrt{iz_0/\delta_{E+}})}\right]e^{i\omega t} + \mathrm{Im}\left[1-\frac{K_0(2\sqrt{iz/\delta_{E-}})}{K_0(2\sqrt{iz_0/\delta_{E-}})}\right]e^{i\omega t}\right\} \quad (33b)$$

で与えられる (Prandle 1982; Soulsby 1983)．ここで，

$$\delta_{E+} = \frac{\kappa u_*}{\omega+f}, \ \delta_{E-} = \frac{\kappa u_*}{\omega-f} \tag{34}$$

は $\omega > f$ の場合の振動流境界層の厚さの代表値である（$\omega < f$ の場合は δ_{E-} を正にするため式 (33) の符号を変える必要があるが，式 (33) は変更なしで適用できる）．振動流境界層は厚さの異なる 2 つの層から成り立っている（図 2.6.3）．薄い層はエクマン層と同じ向きの螺旋構造を常に持っていて，この螺旋分布が反時計回りに周期 T で回転する．厚い層は振動周期が慣性周期（$2\pi/f$）より長い（短い）と螺旋の向きがエクマン螺旋と同じ（逆）向きになり，この分布が時計周りに周期 T で回転する．2 つの層による流れを重ね合わせると，底層境界層中の流れは複雑な構造を呈する．振動流の場合にもエクマン輸送に対応する主流からの正味の流速の偏差が存在し，セイシュや内部波の減衰に重要な役割を果たす（Shimizu and Imberger 2009）．

振動流に対する摩擦速度の定義は統一されておらず，最大せん断応力に基づいて計算される場合も多い（Soulsby 1983）が，乱流エネルギーの収支から決定するのが理にかなっているように思われる．Shimizu (2010) は，式 (29) を用いて式 (33) の対数層に対する近似式を求め，式 (12) と (15) を用いて式 (19) の左辺の周期平均値を計算し（複素数表現を用いて計算しないと計算は煩雑になる），対数層での乱れエネルギーを式 (20) にならって $\varepsilon = u_*^3/(c\kappa z)$ とおいて振動流に対する摩擦速度を決めることを提案した．モデル定数 $C = 2$ とすると摩擦速度は

$$\frac{u_*}{U_\infty} = \frac{\kappa}{\sqrt{2}} \sqrt{\frac{1}{\{2\gamma + \ln(z_0/|\delta_{E+}|)\}^2 + (\pi/2)^2} + \frac{1}{\{2\gamma + \ln(z_0/|\delta_{E-}|)\}^2 + (\pi/2)^2}} \tag{35}$$

となる．

(5) 成層下での底層境界層中の流れ

ここまで成層を無視してきたが，湖では春季から夏季にかけて成層が発達し，底層境界層の特性が変化する．底面付近では底層境界中の乱流混合により成層が破壊され，混合層が発達する．混合層中では，ここまでに示した解は良い近似を与えるが，境界層の上端付近では成層により乱れが抑制されるため，単純な対数層やエクマン層流速分布は成り立たないことが観測からわかっている（Sanford and Lien 1999; Perlin et al. 2005）．

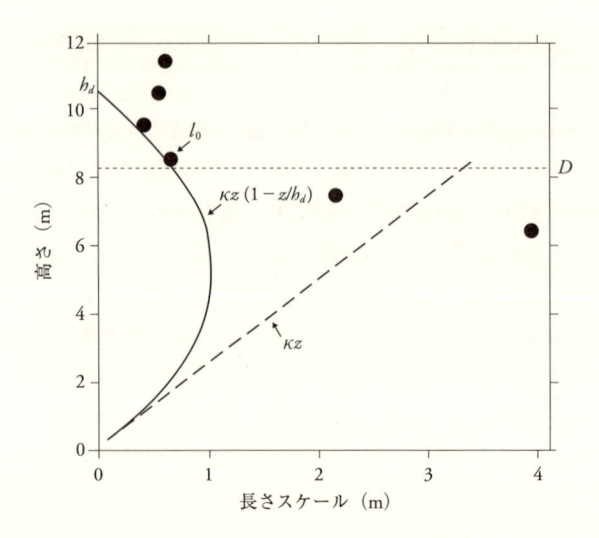

図2.6.4 オズミドフ長さスケール l_0（黒丸），$l=\kappa z$（破線），$l=\kappa z(1-\dfrac{z}{d})$（実線）
混合層の厚さ D は点線で示されている．d の値は，$l=0$ となる高さで D より上に位置する
(Perlin et al. 2005).

底層境界層の外側付近での乱れの代表的な長さは，2.4(3)項でも言及したオズミドフスケールで与えられる (Ozmidov 1965).

$$l_0 = \left(\frac{\varepsilon}{N^3}\right)^{\frac{1}{2}} \tag{36}$$

ここで，ε は乱流運動エネルギーの散逸率であり，N は浮力振動数である．図2.6.4に，大陸棚で計測されたオズミドフ長 l_0 の平均的な分布と混合層の厚さ D の関係を示す．境界層の上端に近づくと l_0 は1m以下になる．成層を無視した場合の混合距離 $l=\kappa z$ とオズミドフスケール l_0 を比較すると，底面上7mを越えると $l_0 < \kappa z$ になる．そこで，Perlin et al. (2005) は，大陸棚での観測結果に基づいて以下のような高さが制限された乱流底層境界層における渦動粘性係数を提案した．

$$\nu_T = l u_*, \quad l = \kappa z\left(1 - \frac{z}{d}\right) \tag{37}$$

ここで，d は境界層の有効厚さであり，混合層の上端 ($z=D$) で l がオズミドフスケール l_0 と等しくなるように d を決めると

$$d = \frac{D}{1 - \frac{l_0}{\kappa D}} \tag{38}$$

となる.コリオリ力を無視し,式 (37) と (38) を用いて定常流に対する解を式 (9) と (12) より求めると

$$U(z) = \frac{u_*}{\kappa} \ln \frac{z(d - z_0)}{z_0(d - z)} \tag{39}$$

となる.Shimizu (2010) は式 (37) と (38) を用い,コリオリ力を考慮した場合の振動流に対する解を求めている.現実には底層境界層の上端付近は完全に混合しておらず,弱い成層が存在する.より現実に近い場合を考慮するには数値シミュレーションを行うことが必要になる.

上記の解析では混合層の厚みがあらかじめわかっているとしている.実際には混合層の厚さは春季には乱流混合により増加し,成層が乱れを抑制するようになるとほぼ一定となる.Weatherly and Martin (1978) は成層とコリオリ力を考慮して数値シミュレーションを行い,次の混合層厚を提案した.

$$\delta_E = \frac{1.3 u_*}{f \left[1 + \left(\frac{N^2}{f^2} \right) \right]^{\frac{1}{4}}} \tag{40}$$

この式から明らかなように,成層が強くなる(N が大きくなる)と境界層は薄くなり,逆に成層が弱くなる(N が小さくなる)と境界層は厚くなる.これは,季節的に底層境界層の厚さが変化することをよく説明している.

(6) 底層境界層中の物質輸送

底層境界層は湖内部と湖底との間に存在し,両者の間での物質交換に大きな影響を及ぼす.たとえば,成層の存在下では底層境界層上端での混合が抑制されるため,底層境界層中で酸素が消費され,栄養塩が溶出するなど,境界層内外の水質は非常に異なりうる(たとえば Nishri et al. 2000).境界層の中央部では乱流混合が活発で濃度は一様になる傾向にあるので,以下では境界層下端での底質との間における物質輸送と境界層上端での連行についての理論を紹介する.

拡散底層

　流れの場合，底面付近には分子粘性が卓越する粘性底層が存在するが，たとえば酸素や栄養塩の濃度の場合には分子拡散が卓越する拡散底層が存在する．一般的に水の分子動粘性係数は 10^{-6} m^2 s^{-1} 程度であるが，多くの分子の拡散定数は 10^{-10} 〜 10^{-9} m^2 s^{-1} 程度（酸素分子の場合 20℃ で 2×10^{-9} m^2 s^{-1}）なので，物質の拡散は運動量の拡散に比べて非常に遅い．このため，拡散底層は粘性底層に比べて非常に薄く，拡散底層は粘性底層中の底面付近に存在する（図 2.6.1）．粘性底層中には粘性底層の外側で発生した乱流の粘性底層中への間欠的な侵入や粘性底層中での乱れの生成による比較的小さな乱れが存在する．渦動粘性係数を用いてレイノルズ応力を評価したのと同様に，渦動拡散係数 D_T を用いて式 (3) の乱流流束を評価すると

$$-\langle C'w' \rangle = D_T \frac{dC}{dz} \tag{41}$$

となる．渦動拡散係数が渦動粘性係数に等しいとすると粘性底層中（正確には底側半分）での渦動拡散係数は実験誤差の範囲内で

$$D_T = \nu_T = \nu \left(\frac{\nu z}{A u_*} \right)^3 = \nu \left(\frac{z}{\delta_V} \right)^3 \tag{42}$$

とおくことができる（たとえば Dade 1993；木田・柳瀬 1999）．分子拡散係数と渦動拡散係数が等しくなる高さを拡散底層の厚さ δ_D とすると，$D_T = D$ とおくことにより

$$\delta_D = \delta_V S_C^{-1/3} \tag{43}$$

となる．ここで，$S_C = \nu/D$ はシュミット数であり，100〜1000 程度の値をとる（酸素の場合 20℃ で 500）．粘性底層の厚さ δ_V は数 mm 〜 数 cm 程度なので，拡散底層の厚さは数 100 μm 〜 数 mm のオーダーとなる．底層境界層中（対数層あるいはその外側）と底面との間での物質輸送は拡散底層中の分子拡散によって制限されており，上向き（底質から境界層へ）の物質流束 J は

$$J = \beta(C_b - C) \tag{44}$$

とおける．ここで，C_b は底面上での濃度，C は境界層主流部での濃度であり

$$\beta = \frac{D}{\delta_D} \approx \frac{1}{12} u_* S c^{-2/3} \tag{45}$$

は物質輸送係数である．これから，底面付近での物質輸送は摩擦速度（あるいは流速）に比例することがわかる．

　上の例では式 (43) と (45) のシュミット数の指数は-1/3 と-2/3 であるが，現地による計測ではそれぞれ 0.33〜0.5 程度と 0.5〜0.66 程度の値をとるようである (Boudreau 2001; Lorke et al. 2003)．この理由としては，上述の理論では底面が平らであると仮定しているが，拡散底層は非常に薄いため現地では底面が平らであるとは考えにくく，窪みの存在や水平方向の移流が無視できないことがあげられる (Jøgensen and Des Marais 1990; Boudreau 2001)．また，ここでは水中のみを考えているが，底面上での濃度 C_b は通常一定でなく，底質中での物質輸送や化学反応に依存することに注意する必要がある（たとえば Jøgensen and Boudreau 2001）．

境界層上端での連行

　境界層の外側では，底層境界層内に比べて乱れが小さい．そのため，境界層上端では境界層内の乱れが境界層上端の成層を一方的に破壊し，境界層外の水を境界層内にとりこむ連行が起こる．連行は，境界層と底質との間の物質輸送とともに，境界層内の水質に大きな影響を及ぼす．たとえば，夏季・秋季には底層境界層の酸素濃度は底泥による酸素消費で低下するが，連行は酸素濃度の比較的高い境界層外の水を境界層内にとりこむことで酸素を供給する．

　連行についての詳細な検討には底層境界層上端付近での流速・密度・乱流パラメータの分布が必要であるが，成層している場合の境界層上端付近に対する解析解は求められていないようである．そこで，以下では湖の底層境界層の上端における連行に対する Gloor et al. (2000) の経験的なモデルを紹介する（図 2.6.5）．

　まず，底層境界層はよく混合されており，境界層の外側では密度が鉛直方向に線形に減少する（浮力周波数 N が一定）とする．次に，乱流エネルギー収支について考える．単位面積あたりでの境界層内での乱れエネルギーの生成速度は，境界層外の流れが底面せん断応力に逆らって行う仕事率 $\tau U_\infty = \rho C_D U_\infty^3$ に等しい．連行は位置エネルギーを増加させるが，混合層が存在しない状態を基準にした単位面積あたりの位置エネルギー PE が $\rho N^2 h^3/12$（h は混合層厚さ）であることを考慮すると，連行による位置エネルギーの増加速度は

$$\frac{\partial}{\partial t} PE = \frac{1}{4} \rho N^2 h^2 \frac{\partial h}{\partial t} \tag{46}$$

となる．境界層内で生成された乱れエネルギーのうち，一定の割合だけが連行に

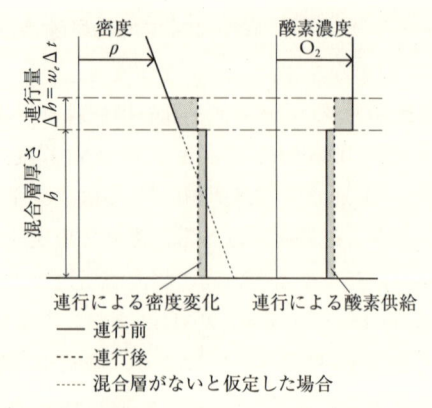

図 2.6.5　混合層近似を用いた場合の連行とそれによる境界層への酸素供給の概念図

より位置エネルギーに変換されるとすると，

$$w_e = \frac{\partial h}{\partial t} = \frac{4\gamma_{mix} C_D U_\infty^3}{N^2 h^2} \tag{47}$$

となる．ここで，w_e は連行速度，γ_{mix} は見かけのエネルギー変換効率で，実際の乱れエネルギーの位置エネルギーへの変換効率（たとえば Ivey and Imberger 1991）と乱れエネルギーの生成率が境界層上端では $\rho C_D U_\infty^3$ より小さいことを考慮するための係数を含んでいる．Gloor et al. (2000) は $\gamma_{mix} = 0.01$ を提案しており，これは Lemckert et al. (2004) によるモデルとほぼ同じ結果を与える．連行速度がわかると，上向き（境界層内から境界層外へ）の物質流束は

$$J = w_e(C - C_\infty) \tag{48}$$

で与えられる．ここで，C_∞ は境界層直上での濃度である．

(7) 琵琶湖における底層境界層

琵琶湖における底層境界層の研究は，1990 年代から行われてきた (Kumagai et al. 1996)．近年計測技術が向上し，直接的に境界層中の乱流構造や物質分布が計測できるようになってきた．このことによってより詳細な境界層過程が明らかになりつつある．

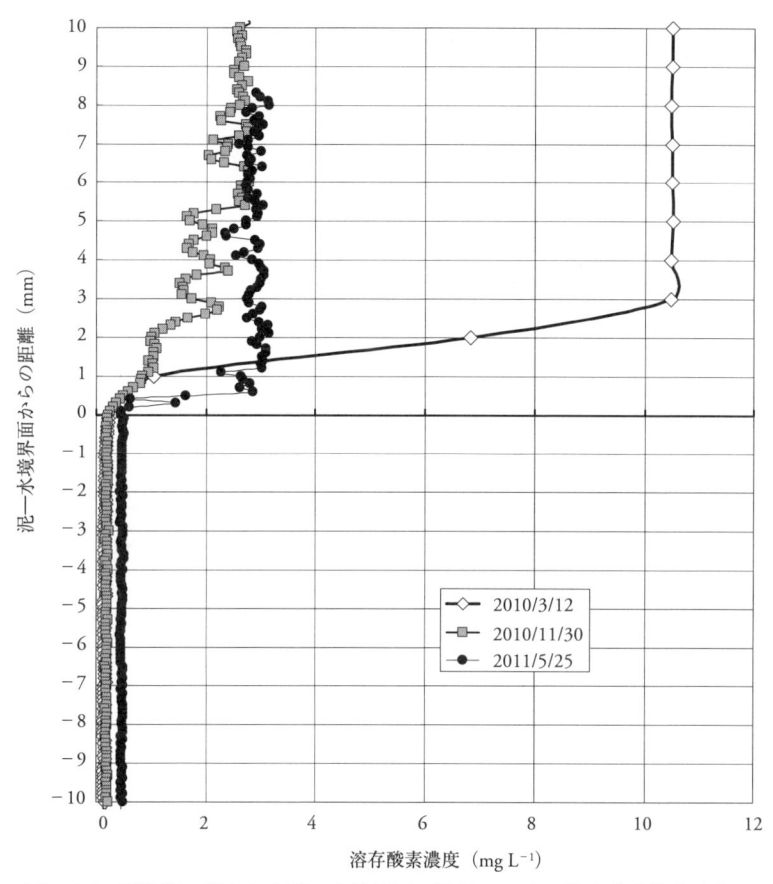

図 2.6.6　琵琶湖で測定した泥—水境界面の近傍における溶存酸素濃度分布

拡散底層

　水底直上の境界層構造は，プラットフォームに取り付けたマイクロセンサーによって計測される (Jørgensen and Revsbech 1985)．我々が琵琶湖で用いたマイクロセンサーは直径 0.05 mm のガラス電極（Unisense 社製）でできており，プラットフォームに設置した精密昇降装置によって水中および泥中の酸素濃度や水温を 0.1 mm 間隔で正確に計測することができる．琵琶湖北湖第一湖盆の水深 92 m 地点で計測した溶存酸素濃度の実測例を図 2.6.6 に示す．野外実験は，2010 年 3 月 12 日，11 月 30 日，2011 年 5 月 25 日の 3 回にわたって琵琶湖北湖（水深 90 m 地点）において実施した．これによると，急激に酸素濃度が減少する薄い境界

図 2.6.7　ADCP で測定した流れのベクトル図（2009 年 7 月測定）

層が泥上 1～3 mm の厚さで通年にわたって存在していることがわかる．これは，図 2.6.1 に示した拡散底層に対応するものと思われる．拡散底層中の物質輸送は分子拡散によって行われるが，水中に溶けた酸素の分子拡散係数は 10^{-10}～10^{-9} m^2 s^{-1} のオーダーであり，水中と底泥の間の平均的な酸素勾配を 1 mg mm^{-1} とすれば，分子レベルでの酸素フラックスは 10^{-9} kg m^{-2} s^{-1} 程度である．

　2011 年の冬は冷え込みが厳しく早い時期 (2011 年 1 月) に全循環が起こり，酸素を多く含んだ冷たい水が湖底を覆ったが，水中から泥中への酸素供給量は少なく，溶存酸素濃度はほとんど回復しなかった．このことは，冬においても底泥中に溶存酸素が供給されにくいことを示している．したがって，地球温暖化がさらに進行し湖底への酸素供給が減少すると，底泥中の溶存酸素濃度が改善できる可能性はますます低くなることが予想される．

乱流境界層

　次に琵琶湖における湖底境界層中の乱流構造を調べるために，RD 社製のブロードバンド ADCP (1200 kHz) を用いて計測した事例を示す．場所は琵琶湖北湖第一湖盆の水深 92 m 地点である．期間は 2009 年 7 月 10 日から 28 日の約 18

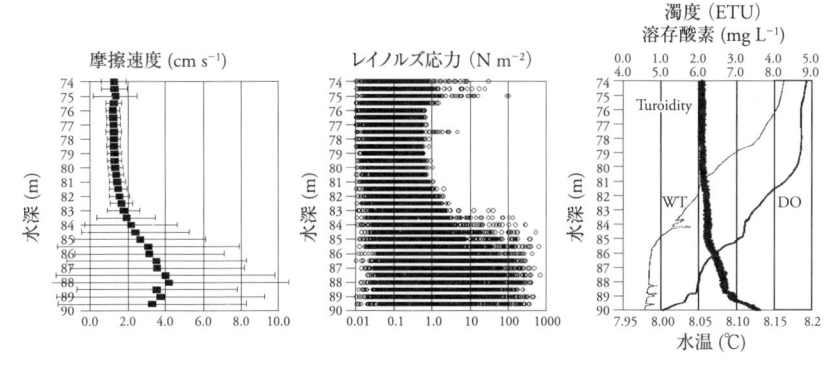

図 2.6.8 湖底境界層中の摩擦速度（左），レイノルズ応力（中），水温・溶存酸素濃度・濁度（右）（2009 年 7 月測定）

日間である．ADCP は湖底上 18 m の高さに下向きに係留した．

図 2.6.7 に流速のベクトル図を示す．この図から，湖底近くに大きな流速変動の乱れがあることがわかる．ここでは，ADCP のビーム速度から，摩擦速度およびレイノルズ応力を求めた（Williams and Simpson 2004）．同時期に多項目水質計（F-プローブ）を用いて計測した水温・濁度・溶存酸素濃度の鉛直プロファイルを示した．この図から，湖底上 7 m までに非常に混合の強い境界層があることがわかる．レイノルズ応力 0.1 Nm^{-2} 以上であり，これは湖底堆積物を再浮上させるのに十分な応力である（Otsubo and Muraoka 1988）．水温分布には，数か所で 0.01〜0.02℃の温度逆転が見られるが，これは連行により境界層上部の水塊が境界層内へ運び込まれたか，もしくは湖底からの熱フラックスによって温度不安定が生じているかのいずれかであろう．濁度および溶存酸素濃度の鉛直分布からは，少なくとも 3 層の境界層構造が確認できる．このように，現実の底層境界層はこれまでに述べたような単純な構造ではなく，複雑な構造をしていることがわかる．この観測では，濁度の高い層（ネフロイド層）と底層境界層は必ずしも一致していないが，底層境界層の中が不安定でかつよく混合していたといえる．

上述したような底層境界層中に水温逆転がどの程度発生しているかを調べるために，自律型潜水ロボット淡探の上下に高精度水温計（RBR 社製 TR-1060P）を設置し，湖底上 1 m の高度で移動させ水温を計測した．上下間の長さは 0.58 m で，水温計の精度は ± 0.002℃，分解能は 0.00005℃である．測定は 2010 年 4 月 26 日および 28 日に行った．図 2.6.9（口絵 5）に測定結果を示したが，青色が水温安

図 2.6.9（口絵 5） 自律型潜水ロボット淡探で測定した水温逆転層が存在する場所

定層，赤色が水温逆転層である．これから見ても水温逆転層（最大水温差 $0.04℃\,m^{-1}$）が広域に広がっていることがわかる．また，湖底からの底泥の吹き出しもビデオカメラから確認された．

このような底層境界層中に見られる水温逆転層の存在は，水中および泥中の正確な温度測定の必要性を示唆している．すなわち底層境界層中の水温と湖底堆積物中の温度との大小によって泥中から水中への移流による物質輸送が起こる場合があり，嫌気化した堆積物中の溶存性物質が想定以上に溶け出している可能性を否定できないからである．

また，このような水温逆転層が安定に存在するか不安定ですぐに消滅するのかの検討も重要である．安定である場合，他の溶存性物質によって密度安定が保たれていることになり，湖底直上の水質を正確に測定することが必要となる．一方，不安定であるのなら，底層境界層中で活発な混合が起こっていることになる．いずれにしても，高精度な観測体制が不可欠である．

(8) 地球温暖化の進行が底層境界層に与える影響

　今後地球温暖化が進行し水温上昇にともなう鉛直混合が低下すれば，以下のようなことが琵琶湖で起こると考えられる．

1．冬季における河川水の底層貫入や底層境界層上端での連行などの頻度が減少し，湖底への酸素供給の低下によって湖底泥の嫌気化がいっそう進むので，硫化水素，メタンガス，溶存性の重金属などの溶出が増加するだろう．
2．湖全体の位置エネルギーが増加するので，湖底境界層中の流速が小さくなる可能性が高い．このことは，水中と泥中の熱交換や物質交換に影響を与えるだろう．
3．式 (40) に示したように，水温上昇に伴い湖底境界層の厚さが薄くなるので，貧酸素水塊は湖底近傍に限定されることが予想される．
4．表水層と深水層が完全に分離されている時期は問題ないが，台風の来襲や，晩秋の季節風などによって湖が大きく混合するときに，イスラエルのキンネレット湖に見られるように境界層中の水塊が湖中央部へ貫入し広範囲な貧酸素層を形成する可能性もある (Eckert et al. 2002)．この場合，嫌気化が深水層全体へ波及する可能性は否定できない．また，栄養塩や硫化水素などが表層に漏れて水質や生物に影響を与える可能性がある．

Column 1

乱流の測定

　乱流を議論する上でもっとも重要なパラメータは以下の式で表される運動エネルギーの散逸率 ε である．

$$\varepsilon = \frac{1}{2}\nu \left[\begin{array}{l} 4\left\langle \left(\frac{\partial u}{\partial x}\right)^2\right\rangle + 4\left\langle \left(\frac{\partial v}{\partial y}\right)^2\right\rangle + 4\left\langle \left(\frac{\partial w}{\partial z}\right)^2\right\rangle + 2\left\langle \left(\frac{\partial u}{\partial y}\right)^2\right\rangle + 2\left\langle \left(\frac{\partial v}{\partial x}\right)^2\right\rangle \\ + 4\left\langle \left(\frac{\partial u}{\partial y}\right)\left(\frac{\partial v}{\partial x}\right)\right\rangle + 2\left\langle \left(\frac{\partial v}{\partial z}\right)^2\right\rangle + 2\left\langle \left(\frac{\partial w}{\partial y}\right)^2\right\rangle + 4\left\langle \left(\frac{\partial v}{\partial z}\right)\left(\frac{\partial w}{\partial y}\right)\right\rangle \\ + 2\left\langle \left(\frac{\partial u}{\partial z}\right)^2\right\rangle + 2\left\langle \left(\frac{\partial w}{\partial x}\right)^2\right\rangle + 4\left\langle \left(\frac{\partial u}{\partial z}\right)\left(\frac{\partial w}{\partial x}\right)\right\rangle \end{array} \right] \quad (1)$$

ここで $\langle \cdot \rangle$ は平均を表す演算子である．一般に，これら 12 項を測定することは不可能であるが，幸い乱流は動力学的に等方性に近づく性質をもっている．乱流が等方性である場合，これらの項の一つを測定すればよい．たとえば，$\frac{\partial u}{\partial z}$ の成分では以下の式で与えられる．

$$\varepsilon = \frac{15}{2}\nu \left\langle \left(\frac{\partial u}{\partial z}\right)^2\right\rangle \quad (2)$$

　乱流の流速成分 u を鉛直方向 z に沿って計測することができれば，この乱流シアー成分を測定することができる．現在，この目的のためにもっとも広く利用されているのがカナダの研究者が開発したシアープローブ（図1）である．通常，シアープローブは自由落下型のプロファイラーに搭載し乱流の計測を行う．たとえば東京海洋大学と JFE アドバンテックが開発した TurboMAP（写真1）には2本のシアープローブが搭載されている．

　TurboMAP の先端に取り付けられたシアープローブは，自由落下速度 W で垂直に降下する．この時，現場の乱流の流速成分 u が存在するためにシアープローブには相対的に W と u のベクトル和として U が作用し，プローブには揚力 F_L が発生する．プローブの内部にあるセラミック板はこの力によって応力をうけるため起電力が発生する．こ

Column 1

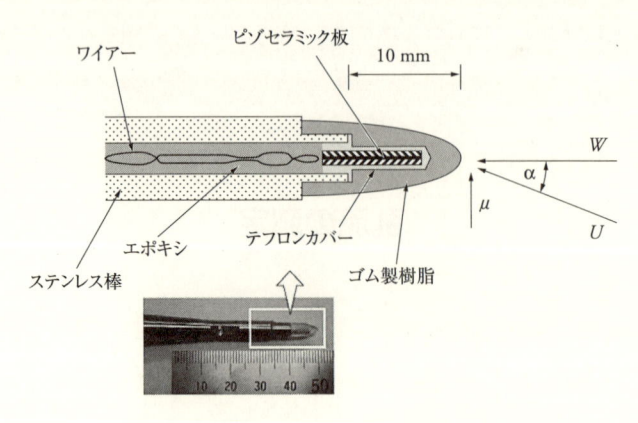

図1 シアープローブ

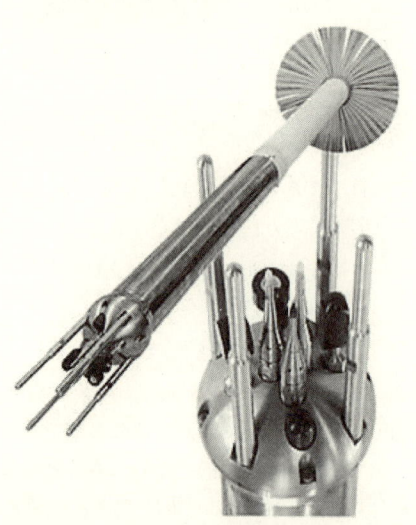

写真1 TurboMAP（JEF アドバンテック）

の起電力を電子基盤に送りこみデータとして記録する．あらかじめ U（キャリブレーション）と F_L の関係がわかっていれば，W は水圧の変動から求めることができるので u を推定することができる．一般に，自由落下の速度は 0.5 m s^{-1} 程度である．TurboMAP の場合，乱流の流速成分に相当するデータを 512 Hz で採集しているので，空間スケールでほぼ 0.001 m 間隔でデータを取っている．

第3章
湖沼生態系

　湖沼では，顕微鏡的なサイズの微生物群集（細菌，ウィルス，原生生物）や，植物プランクトン，動物プランクトン，また，魚類や無脊椎動物といったさまざまな生き物が，互いに，食う－食われる関係や競争・共生といった種々の関係で結ばれている．また，生物群集は，それをとりまく外界と，エネルギーや物質の交換を間断なく続けることで，その生存を維持している．その一方で，生物の活動は，湖沼の物理・化学環境に強い影響を及ぼす．このように，湖沼において見られる生物同士，及び生物と環境との相互作用の全体を，エネルギーの流れや物質循環の観点から機能的なユニットとしてとらえたのが，湖沼生態系という概念である．

　温暖化が湖沼生態系に及ぼす影響を機構論的に探るためには，生態系の主要な素過程や相互作用が，温暖化に対してどのような応答を示すのかということを丁寧に解き明かす必要がある．本章では，まず，湖沼の沖合生態系の構造と機能を，一次生産と食物網という観点から整理し，温暖化の影響メカニズムを理解するうえで必要な基本概念の整理を行う．次に，温暖化が生態系の素過程に直接的ないしは間接的に及ぼす影響に関する最近の知見を一次生産者，動物プランクトン，フェノロジーといった観点から論ずる．最後に，高次栄養段階の生物群集（魚類，底生動物）に対する温暖化影響について議論する．

3.1 一次生産

(1) 一次生産とは

　生態系における物質循環とエネルギー流の起点は，光合成による有機物の生産である．そのため，光合成生産のことを一次生産（または基礎生産）と呼び，それを担う生物群のことを一次生産者と呼ぶ．単位時間あたりに単位面積あるいは単位容積内で生産される有機物の総量（通常は炭素量換算）を一次生産量と呼び，一次生産者の現存量とともに，湖沼の栄養度を測る重要な指標となっている．

　湖沼の一次生産者には，植物プランクトン，底生付着藻類，水生植物，光合成細菌などが含まれるが，大型湖沼の沖合においては，植物プランクトンがもっとも重要である．光合成は，光エネルギーを利用して水の光分解から副産物として酸素を生成し，その過程で生じる還元力（NADPH）と化学エネルギー（ATP）を利用して，二酸化炭素をグルコースなどの有機化合物に固定する．光合成はいくつかの過程が組み合わさった複雑な反応であるが，その物質収支は以下の式に要約される．

$$6CO_2 + 12H_2O \rightarrow C_6H_{12}O_6 + 6O_2 + 6H_2O \tag{1}$$

　この式(1)に基づいて，湖沼における植物プランクトンの一次生産力は，ある一定時間内における二酸化炭素の同化量（有機物の総生産量）あるいは酸素の発生量で評価することが一般的である．

　ここで，光合成による有機物生産の総量のことを総生産量（GP）と呼び，総生産量から藻類自身の呼吸量（R）を差し引いたものを，純生産量（NP）と呼ぶ（式(2)）．

$$NP = GP - R \tag{2}$$

　植物プランクトンの純生産量は，ある期間内に生産された粒子状有機物の生産量（P_{POM}：植物プランクトン細胞）と溶存態有機物の生産量（P_{EDOM}：細胞外に分泌された溶存態有機物，コラム2参照）の和である．

$$NP = P_{POM} + P_{EDOM} \tag{3}$$

二酸化炭素(CO_2)

無機炭素プール
$H_2O + CO_2 \leftrightarrow H_2CO_3 \leftrightarrow HCO_3^- + H^+ \leftrightarrow CO_3^{2-} + 2H^+$

呼吸(R) 43%

粒状有機物
(POC)
50%

溶存有機物(EOC) 7%

粒子状有機炭素プール   溶存有機炭素プール

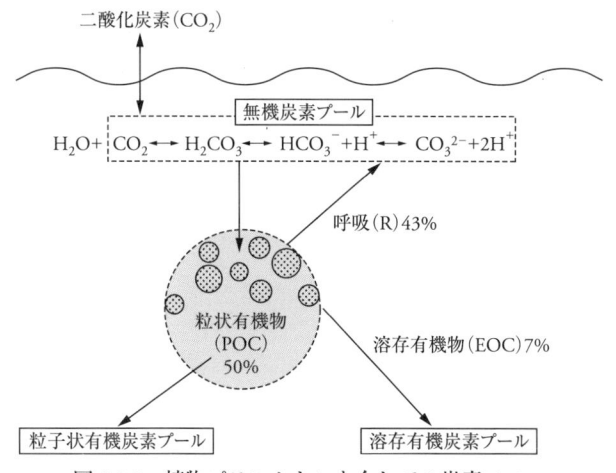

図 3.1.1　植物プランクトンを介しての炭素フロー
(Goto et al. 2006 を基に作成)

湖沼沖合において，NP に対する P_{EDOM} の割合は，一般に 10% 程度であるとの報告例が多い (Tanaka et al. 1974)．図 3.1.1 には植物プランクトンを介しての炭素フローを推定した例を示す (Goto et al. 2006)．

なお，トレーサー法や明暗瓶法（コラム 2 参照）によって測定された光合成の諸変数 (GP, R, P_{EDOM} など) は，培養に用いた湖水中に存在する従属栄養生物群集（従属栄養細菌，原生生物，微小動物プランクトン等）の呼吸や排泄の影響を受けていることに注意する必要がある．

(2) 光環境と一次生産

植物プランクトンは太陽からの光エネルギーによって光合成を駆動させるため，水中の放射照度が，一次生産の主要な制限要因となる．植物プランクトンの光合成に使われる光エネルギーは主に 350〜700 nm（可視光）の波長域のエネルギーで，これを光合成有効放射 (mol quanta m^{-2} s^{-1}) と呼ぶ．

水中に透過した光は，植物プランクトンやその他の懸濁粒子，溶存有機物，水分子自身の吸収・散乱のため，深度と共に減衰する．放射照度と深度の関係は，ランバート・ベールの式で表すことができる（式 (4)）．

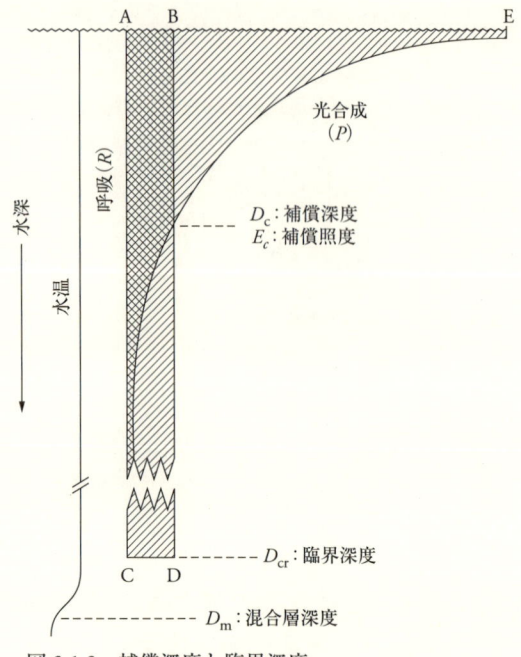

図 3.1.2 補償深度と臨界深度
（ラリー・パーソンズ 2005 より一部改変し引用）

$$E(z) = E_0 \cdot \exp(-kz) \tag{4}$$

ここで，$E(z)$ は深度 z での放射照度，E_0 は水面での放射照度，k は消散係数を示す．水柱は水中の放射照度により，有光層（生産層ともいう）と無光層に分けられる．有光層は植物プランクトン細胞の一日あたりの総光合成量（総生産量）が呼吸量を上回るだけの放射照度がある層を指す（図3.1.2）．また，有光層下限の深度を補償深度 D_c と呼ぶ．補償深度は，一般に，水面での放射照度の約1%の深度に相当する．補償深度における光の強さは補償照度 E_c（光補償点とも呼ぶ）と呼ばれる．また，水柱の一日あたりの植物プランクトン群集の総光合成量（図3.1.2 の ACE で囲まれた部分）と呼吸量（ABCD で囲まれた部分）が釣り合う深度を臨界深度（限界深度）D_{cr} と呼ぶ．臨界深度と混合層深度の関係は水域の一次生産を考える上で重要である．植物プランクトンは混合層を鉛直循環しているため，混合層深度が増すにつれて細胞が受ける平均の光エネルギーが減少する．その結果，水柱あたりの植物プランクトン群集の生産量が減少することになる．つまり，

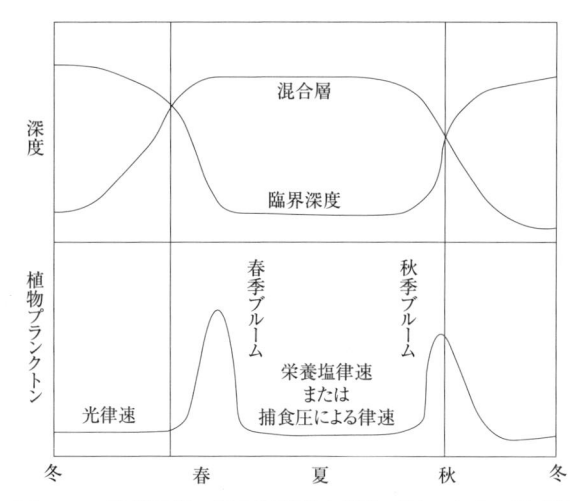

図 3.1.3　臨界深度・混合層深度と植物プランクトン現存量

春期における日射量の増加により，臨界深度が混合層深度より深くなると，植物プランクトンの活発な増殖が起こり，春季ブルームが発生する（石坂 1996）．

臨界深度が混合層深度よりも浅いと純生産は負となり（植物プランクトンが増殖できない），逆に，臨界深度が混合層深度よりも深いと純生産は正となる．石坂（1996）は，Sverdrop（1953）が提唱した臨界深度理論とその理論に関わるこれまでの研究を総括し，臨界深度理論が植物プランクトンブルームの大まかな発生時期の推定に有用であり，最新の生態系モデル等と組み合わせることにより，植物プランクトン現存量の時空間変動の理解に利用できると述べている（図 3.1.3）．

　光の強さと光合成速度の関係は光合成 - 光曲線で表現され，植物プランクトン細胞の光合成に関わる生理状態の解析や光学情報に基づく一次生産量の推定に欠かせない（図 3.1.4）．光合成速度は，弱光域においては，放射照度が増加するとともに直線的に上昇するが，さらに放射照度が増加するとその増加率は徐々に低下し，やがて定常値に達する（光合成の光飽和）．この時の光合成速度を最大光合成速度（P_{max}），放射照度を最適光強度（E_{opt}）と呼ぶ．E_{opt} よりも強光下においては，光合成速度は低下することがあり，この現象を強光阻害と呼ぶ．また，弱光域における直線の傾き（初期勾配）は光利用効率の指標として用いられ，その直線の延長と P_{max} が交差する放射照度を E_k（光合成速度の光飽和が始まる放射照度）と呼ぶ．

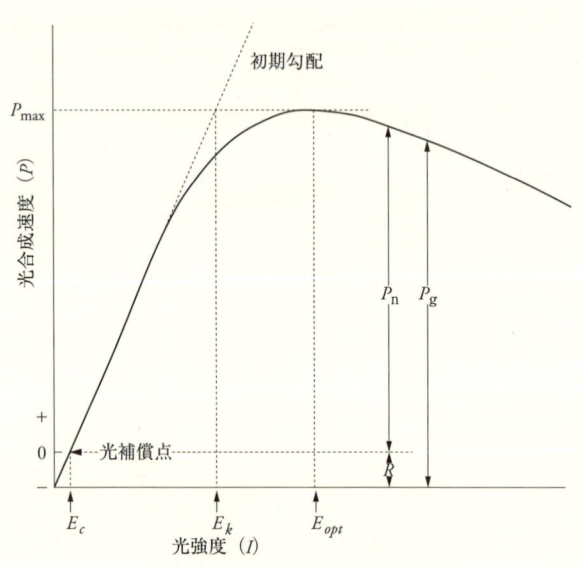

図 3.1.4　光合成 – 光曲線
（パーソンズら 1996 より一部改変し引用）

　光合成 – 光曲線の形状は初期勾配，P_{max}，強光阻害の程度によって特徴づけられ，適当な数式で近似するモデルがこれまで数多く提示されてきた．たとえば，Platt et al. (1980) の式は比較的広く用いられている．

$$P = P_s \cdot \left[1 - \exp\left(\frac{-\alpha \cdot E}{P_s}\right)\right] \cdot \left[\exp\left(\frac{-\beta \cdot E}{P_s}\right)\right] \tag{5}$$

ここで，P と P_s はそれぞれクロロフィル a で規格化した光合成速度と P_{max}，E は放射照度，α と β はそれぞれクロロフィル a で規格化した初期勾配と強光阻害係数を示す．

　なお，図 3.1.4 の光合成 – 光曲線には，呼吸量 (R) と総光合成量 (P_g) が釣り合う点（光補償点この時，純光合成量 (P_n) は 0 となる）が示されているが，この照度が，有光層の下限の放射照度 E_c に相当する（図 3.1.2）．

　光合成 – 光曲線は植物プランクトンの種やさまざまな環境因子（温度，光の波長特性，栄養環境，CO_2 濃度等）によって変わる．現場で採取した時点の植物プランクトンの光合成 – 光曲線を得るためには，現場環境を模した条件で光合成 – 光曲線の測定を行う必要がある．測定に当たって考慮すべき点（光源の波長特性，培養時間，光適応など）は，古谷ら (2000) を参照されたい．

(3) 栄養塩環境と植物プランクトン

　植物プランクトンの一次生産過程には，光エネルギーとともに，水中に溶解している各種の栄養物質が必要となる．さまざまな栄養物質の中でも，植物プランクトンの増殖の制限因子となりやすい窒素，リン，ケイ素の3元素の無機塩類を栄養塩と呼ぶ．一般に，栄養塩とは，アンモニウム塩，亜硝酸塩，硝酸塩（これら3つの窒素栄養塩をまとめて，溶存態無機窒素と呼ぶ），リン酸塩，ケイ酸塩の5種類を指す．植物プランクトン細胞の炭素と窒素とリンの比は，一般に，栄養素が過不足なく存在している環境では，$C:N:P = 106:16:1$（モル比）となり，この代表的な比のことを，レッドフィールド比（Redfield 1934）と呼ぶ（ケイ素Siが必須栄養元素である珪藻の元素比は，一般に，$C:N:P:Si = 106:16:1:16 \sim 50$程度になる）．ただし，種によって元素比は異なる．また，陸水環境は海洋と比較して多様で不安定なため，植物プランクトンの元素比がレッドフィールド比に従わない場合も多い（Sterner and Hessen 1994）．

　植物の収量や増殖速度は，必要とされる栄養素の中で最小量に存在する栄養素に制限される（von Liebig 1840; Blackmann 1905）．陸水における植物プランクトンの場合，その増殖はリンによって律速されることが多い（Schindler 1974; Heckey and Kilham 1988）．琵琶湖の表層における植物プランクトンの一次生産は，冬季全循環期を除き，ほぼ一年を通じてリンによって制限されることが，栄養塩添加培養実験やセストンのC:N:P比の結果を通じて明らかにされている（同時に光も制限因子となる）（Tezuka 1984, 1985; Urabe et al. 1999; 紀平 2009）．一般に，植物プランクトンはリン欠乏状態に対して，細胞外加水分解酵素（アルカリホスファターゼ）の分泌（有機態リンの利用），過剰とりこみ，細胞内貯蔵リン（ポリリン酸顆粒）の消費，低レベルのリン酸の利用（低い半飽和定数 K_s）などの適応的応答を示す（ホーン・ゴールドマン 1999）．

　一般に，湖沼における溶存態無機窒素の濃度は，季節的パターンを示す．琵琶湖では，植物プランクトンによるとりこみにより，夏期の有光層における溶存態無機窒素濃度が大きく低下する（Tezuka 1985）．アンモニウム塩は硝酸塩よりも還元的なため，より優先的に植物プランクトンに利用される．硝酸塩を利用する場合は，細胞内で硝酸塩をアンモニウム塩に還元する必要があるため，より多量のエネルギーと鉄および硝酸・亜硝酸還元酵素などが必要になる．このため，植物プランクトンは窒素源として硝酸塩よりアンモニウム塩を選択的に利用する．ま

た，多くの植物プランクトン種は，溶存態有機物である尿素を窒素源として利用する．Mitamura and Saijo (1986) は，湖沼・海洋において，植物プランクトンの全窒素摂取速度に対するアンモニウム塩，尿素，硝酸塩の寄与が，それぞれ，73.8％，20.0％，6.2％であることを示した．また，尿素はアンモニウム塩についで選択的に植物プランクトンにとりこまれると報告している．さらに，分子状窒素が，湖沼では主にシアノバクテリア（*Anabaena*, *Aphanizomenon* など）によって固定・利用され，溶存態無機窒素が欠乏した環境下での重要な窒素源となっている．

珪藻はケイ酸質の被殻を形成するが陸水域においてケイ素が珪藻の増殖を制限することは，一部の水域（河川水流入量が少ない水域，石灰岩地帯を集水域とする水域）やブルーム期を除き，ほとんどない．世界の大河川のケイ酸態ケイ素（DSi）の平均濃度はおよそ $100\,\mu\mathrm{mol\ L^{-1}}$ であるのに対して，湖沼ではおよそ $5\,\mu\mathrm{mol\ L^{-1}}$ 以下から $470\,\mu\mathrm{mol\ L^{-1}}$ の値を示す（ホーン・ゴールドマン 1999）．琵琶湖の場合，表層水における DSi 濃度は一年を通じて $8\sim41\,\mu\mathrm{mol\ L^{-1}}$ の範囲にあり（琵琶湖へ流入する河川水のDSi濃度は $98\sim233\,\mu\mathrm{mol\ L^{-1}}$），DSi：リン酸塩比と DSi：溶存態無機窒素比は，それぞれ，457〜2700 と 214〜802 の範囲にある (Goto et al. 2007)．珪藻は一般に，沈降速度が速い（3.3節 (1) 項）．そのため，珪藻が優占する水域では，多量の有機・無機物質が表層から深層へと沈降する (Dugdale et al. 1995)．琵琶湖では，集水域河川から琵琶湖へ流入した DSi のおよそ 8 割が生物態シリカ（被殻）として湖内で堆積する (Goto et al. 2007)．

栄養塩と植物プランクトン細胞の増殖との定量的な関係性は，一般に，2 種類の双曲線型のモデル式によって扱われてきた．1 つは，植物プランクトン細胞の増殖速度（μ）が環境水中の栄養塩濃度（S）に依存するというモノーの式である (Monod 1949)（式 (6)）．

$$\mu = \frac{\mu_{max} S}{(K_S + S)} \tag{6}$$

ここで，μ と μ_{max} は比増殖速度と最大増殖速度（S が無限大の時），S と K_S はそれぞれ環境水中の栄養塩濃度と半飽和定数を示す．

もう一つは，植物プランクトン細胞の増殖速度が栄養塩の細胞内含有量（Q）に依存するというドゥループ式である (Droop 1968)（式 (7)）．

$$\mu = \mu'_{max}\left(1 - \frac{Q_{min}}{Q}\right) \tag{7}$$

ここで，μ と μ'_{max} はそれぞれ比増殖速度と最大増殖速度（Q が無限大の時），Q と Q_{min} はそれぞれ栄養塩の細胞内含有量と細胞内最小含有量を示す．この2式は増殖速度が定常状態の場合同時に成立する．ドゥループ式は，植物プランクトンと栄養塩の種類に関わらずよく当てはまり，栄養制限下における天然群集の増殖を表すモデル式として適用されている（Sommer 1989）．

植物プランクトンの栄養塩のとりこみ速度（ρ）と，環境水中の栄養塩濃度（S）の関係はミカエリス－メンテン式（式（8））で表現される．

$$\rho = \frac{\rho_{max} S}{(Ks + S)} \tag{8}$$

ここで，ρ と ρ_{max} はそれぞれ栄養塩のとりこみ速度と最大とりこみ速度（S が無限大の時），S と Ks はそれぞれ環境水中の栄養塩濃度ととりこみに関する半飽和定数を示す．

(4) 水温と植物プランクトン

一般に，弱光域における光合成速度は光化学反応が律速段階となるため，その速度は光の強さに依存する．強光域（飽和光，図 3.1.4）では炭酸固定反応（暗反応）が光合成全体の律速段階になり，その速度（ρ_{max}，本節 (2) 項）は温度に依存する．

光飽和下における単位生物量あたりの飽和光合成速度は低温限界から温度の増加にともなって上昇し，やがて極大値に達した後，急激に低下するという至適曲線を示す（図 3.1.5）．至適温度より高い温度において光合成速度が急激に減少する理由としては，生体膜の損傷，酵素の変性，呼吸量の増加，熱による光合成器官の障害などが考えられる（DeNicola 1996, Beardall and Quigg 2003）．光飽和光合成速度と温度との関係は植物プランクトンの種により異なる．図 3.1.5 に示すように，一般に，シアノバクテリアの飽和光合成速度の至適温度（22〜25℃）は珪藻（*Fragilaria, Melosira*）の至適温度（約15℃）よりも高い（Ichimura and Aruga 1958; 坂本 1986; Coles and Jones 2000; Reynolds 2006）．アオコを形成する有毒・浮遊性種 *Microcystis aeruginosa* や *Aphanizomenon flos-aquae* は 30〜35℃ という高温でも活発に増殖する（Butterwick et al. 2005; Chu et al. 2007）．天然の植物プランクトン群集の場合，至適温度は季節によって変化し，一般に水温の高い季節に優占する植物プランクトン群集はより高い至適温度をもつ（坂本 1986）．

低温限界から至適温度までの範囲における光合成速度の指数関数的増加を示す

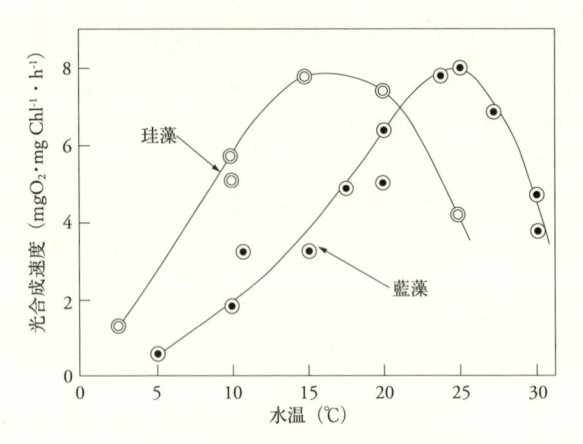

図 3.1.5　光合成速度と水温の関係
(Ichimura and Aruga 1958)

指標に Q_{10} 値があり，以下の式で定義される（式 (9)）．

$$V_2 = V_1 \times Q_{10}^{\frac{T_2-T_1}{10}} \tag{9}$$

ここで，V_1 と V_2 はそれぞれ温度 T_1 と T_2 での反応速度を示す．天然植物プランクトン群集の最大光合成速度（クロロフィル a で規格化）の Q_{10} 値は一般に 2 前後の値を示す（Harris 1980）（表 3.1.1）．

一方，植物プランクトン培養種の呼吸（暗呼吸）速度の Q_{10} 値は一般に 1.7〜2.0 の範囲で報告されている（Veritya 1982; Langdon 1993）．呼吸速度は，光合成速度が減少に転じる閾値以上の温度でも増加し続ける傾向がある（Alberte et al. 1986; Wetzel 2001）．そのため，水温の急激かつ大幅な上昇は，光合成速度の低下と呼吸量の増加を引き起こし，純生産量を大きく減少させる可能性がある（ホーン・ゴールドマン 1999）．また，水温の上昇は，植物プランクトンの純生産量に対する細胞外有機物生産量の割合を顕著に増加させるため，生態系の炭素フローを大きく変化させる可能性がある（Morán et al. 2006）．

3.2　沖合生態系の食物網

湖沼の沖合において植物プランクトンの光合成によって生産された有機物の大

表 3.1.1　最大光合成速度の Q_{10} 値 (Harris 1980)

	水温の範囲	P_{max} の範囲 (O_2 法 mgO$_2$ mgChl–a^{-1} h^{-1}) (^{14}C 法 mgC mgChl–a^{-1} h^{-1})	Q_{10} 値	湖または水体
O_2 法	4–19	2–14	2.1	L. Neagh
	2–20	2–20	2.2	L. Leven
	4–20	2–10	2.3	Windermaere
	5–10	2.5–4.4	—	Blelham Tarn
	9–16	4–10	—	Windermaere
	2–25	0.5–15	2.0	L. Ontario
	15–35	15–28	—	L. George
	25–27	25 ± 6	—	E. African lakes
	17–27	11–28	—	L. Kilotes/L. Aranguadi
^{14}C 法	2–18	0.5–3.5	—	L. Huron
	2–25	1.5–7	1.8	L. Vombsjön
	2–25	1–9	≈ 2.0	Long Island Sound
	3–27	1.7–20	2.25	Beaufort Channel

部分（80〜90％）は，有光層中に生息するさまざまな従属栄養性生物（微生物や動物プランクトン）によって消費され，これを土台とした食物網が発達する．食物網は，高次栄養段階の生物（魚類）の生産を支えると同時に，有機物の無機化と変質（サイズなどの物理的性状や化学組成の変化）を媒介するシステムとして，沖合の物質循環の中で重要な役割を果たしている．

図 3.2.1 には，沖合生態系における食物網の基本構造を模式図的に示す．プランクトンをめぐる食物網はその体サイズと密接に関連している．一次生産者である植物プランクトンは有光層内に留まるためにより軽く微小でなければならず，数 μm から数 100 μm 程度の大きさしかない．これら微小な藻類を食べることができるのは，やはり微小なワムシや甲殻類で，その大きさは数 100 μm から数 mm 程度である．これらは数 mm 程度の肉食性の動物プランクトンやプランクトン食性の小魚に利用される．このように，プランクトンをめぐる食物網には，1) 一次生産者が微小である，2) 小さいものが大きいものに食べられる，という一般的な特徴がある．

食物網構成員のサイズ構成は，一次生産者から高次生産者への栄養伝達効率を考えるうえで重要である．一般に，食物連鎖を一段階経由するごとに炭素の 90％ が呼吸によって失われる．したがって，より小型の植物プランクトンの一

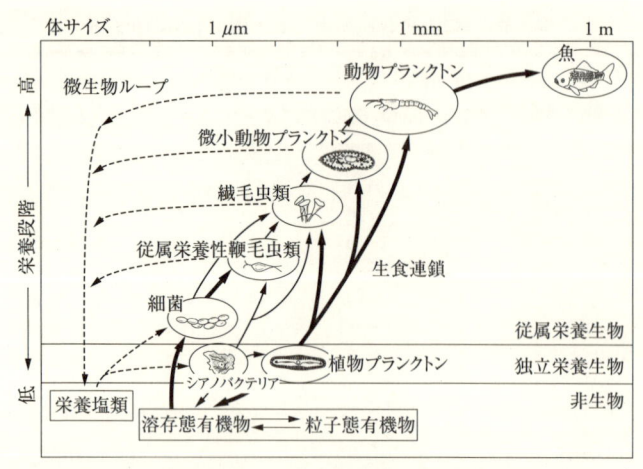

図 3.2.1　Azam et al. (1983) が提唱した沖合食物網の基本構造（渡辺 1990 を一部改変）

次生産が卓越する系（たとえば単細胞シアノバクテリアが優占する系）では，より大型の植物プランクトンの一次生産が卓越する系に比べて，食物連鎖のステップ数が多くなり，その分だけ，一次生産から高次栄養段階への栄養伝達効率（ある栄養段階の生産量に対する次の栄養段階の生産量の比）は低下する．高次生産者が，一次生産者から数えて何段階目の栄養段階に属しているのかを推定することで，沖合生態系の構造的な特徴を評価することができる（コラム 3 参照）．本節では，沖合食物網を構成する主要な栄養経路である生食連鎖と微生物ループの基本特性と機能をまとめる．

(1)　生食連鎖

　生食連鎖は植物プランクトンが動物プランクトンに食べられることによって始まる．ただし，動物プランクトンはそのすべてが植物プランクトン食性ではなく，細菌食性や肉食性の種もある．湖沼に生息する動物プランクトンは，さまざまな分類群を含んでいるが，主なものは，原生動物（繊毛虫など），ワムシ，甲殻類（枝角類とカイアシ類）である．これらはそれぞれ異なる摂餌様式と摂餌選択性を示し，水域生態系において果たす役割も異なる．ワムシは主に植物プランクトンを食べるが，細菌を利用できる種もいる．また，大型で捕食性の種も存在する．フクロワムシ（*Asplanchna* spp.）は代表的な捕食者で，植食性のワムシや小型の枝

角類を好んで食べる．

　枝角類は湖沼生態系の食物網の中でしばしば重要な役割を果たすキーストーン摂餌者である．多くの場合，粒子食者でナノ（通常，2～20 μm）からミクロサイズ（通常，20～200 μm）のセストン（生物非生物を問わず水中を浮遊している粒子の総称）を無選択に摂食する．代表的な属は *Daphnia* で，大型のものは 1 日に数 10 ml の水をろ過する能力を有する（Horton et al. 1979）．肉食の種もあり，ノロ（*Leptodora kindti*）はその代表である（張・花里 2007）．

　カイアシ類にはさまざまな摂餌様式を持った種が知られているが，湖沼に生息するものは粒子食者と捕食者がそのほとんどを占める．枝角類と同様にナノからミクロサイズのセストンを好むが，餌サイズによる選択だけでなく，化学受容器を用いた選択的摂餌を行うことも知られている（Demott 1986）．また，雑食性を示す種も多く，植物プランクトンだけでなく繊毛虫やワムシといった微小動物プランクトンを積極的に摂食する（Williamson and Butler 1986）．これらの動物プランクトンは，いずれも繊毛や付属肢を振動させることによって，餌粒子を口の近くまで引き寄せるための水流（摂餌流と呼ぶ）を作って摂餌を行う．

　動物プランクトンの摂餌活動は，直接的に植物プランクトンの生物量や種組成に影響を与えるが，その影響の規模や現れ方は，動物プランクトン自身の行動や餌生物との相互作用，また環境条件によって大きく異なる．以下の項では，①動物プランクトンの日周鉛直移動，②機能的応答，③サイズ選択性，④乱流の影響について述べたのち，⑤植物プランクトンの増殖を動物プランクトンの摂餌が上回った場合に現れるクリアウォーター期という現象について紹介する．

日周鉛直移動

　多くの動物プランクトンで，日中は深層に分布して夜間表層へ上昇する「日周鉛直移動」を行うことが知られている（たとえば，Kerfoot 1985）．移動距離は湖の深さや種によってさまざまだが，1 日に数 10 m 移動する例も希ではない．日中に深層の暗所へと移動するのは，視覚で索餌する捕食者（たとえばコアユなどの動物プランクトン捕食性魚類）からの回避行動と解釈されている（Kirfoot 1985）．つまり，暗闇にまぎれて捕食者にみつかるのを避けようとするのである．一方，夜間には，植物プランクトンが豊富に存在する表層へと移動し，摂餌活動を活発に行っていると考えられている．物質の鉛直輸送という観点に立てば，動物プランクトンの鉛直移動によって，有光層で生産された有機物が速やかに深層へ運搬さ

れると考えることができる (Al-Mutairi and Landry 2001)．

　植物プランクトンによる一次生産は有光層 (3.1 節 (2) 項) で行われるため，粒子食の動物プランクトンは終日有光層内に留まって摂餌するのが適応的と考えられる．しかし，多くの場合，動物プランクトンの摂餌には日周性が認められる．もっとも大きな要因はすでに述べたように，プランクトン食魚類から逃避するため日中は有光層以深へ移動することによる．*Daphnia* では魚の匂いと光に対する感受性の異なるクローンが同所的に生息することが知られている (De Meester 1993)．魚類捕食者が同所的に生息する湖では魚の匂いを感じると負の走光性を示すクローンが卓越しているため (De Meester 1996)，魚の索餌活動が高まると速やかに日周鉛直移動を示すようになる (De Meester et al. 1995)．そして，これにともなって摂餌にも日周性が認められるようになる．魚が生息しなくても透明度の高い湖沼では，紫外線 (UV) による死亡を避けるために日周移動を行うことが知られており (Alonso et al. 2004)，最近では，動物プランクトンの日周鉛直移動は，有光層内での死亡率を最小化するための適応的行動と考えられるようになっている (Williamson et al. 2011)．動物プランクトンの摂餌戦略を考えるときには，次項で述べる餌の量とともに，捕食者の有無，湖の透明度，および光強度を考慮しなければならない．さらに，カイアシ類やある種の枝角類では，質の高い餌に対する高い摂餌選択性が認められるため (Demott 1986)，潜在的な餌生物の群集構造も考慮に入れる必要があるだろう．

機能的応答

　植食性，肉食性にかぎらず，消費者がその餌を消費する速度は餌密度と消費者自身の索餌および処理能力に依存する．このため，採餌効率は餌密度に比例して増加するが，その度合いは次第に低下し，ついにはある値に収束し，以後は餌密度がさらに高くなっても変化しない (図 3.2.2)．このような摂餌様式を消費者の機能的応答と呼ぶ．消費者は餌を食べるまでに，探索し，追尾し，捕獲し，そしてとりこまなければならない．これらに費やす時間を処理時間と呼んでいる．餌密度が高くなると探索し追尾する時間は短縮されるが，捕獲しとりこむためには常に一定の時間が必要である．そして，全消費時間に対する処理時間の割合は徐々に増加し，餌があり余る状態では消費者は使える時間のすべてを処理時間に費やすことになる．したがって，採餌効率はある水準の最大値に近づき，それは使える総時間内に処理できる最大の餌数によって決まる．Holling (1959) はこの関係

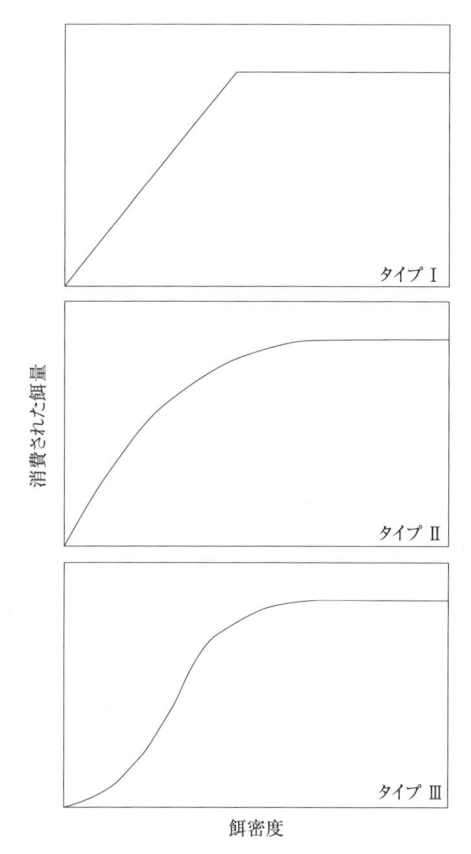

図 3.2.2　捕食者の機能的応答（Lampert and Sommer 1997）

を以下のような数式に示した．

$$F(N) = aTN/(1 + aT_hN) \tag{1}$$

ここで，$F(N)$ は消費者 1 個体が捕る餌の数，N は餌密度，a は攻撃率（あるいは探索効率），T は総有効探索時間，T_h は処理時間（追跡，捕獲，運搬，摂食などに費やす時間）である．$F(N)$ は探索時間と餌密度に比例するが，処理時間とは反比例する．そして，餌密度が比較的低いとき，$F(N)$ は餌密度にほぼ比例して増加するが，餌密度が高くなると徐々に低下し，ついには $1/aT_h$（消費される最大餌数）に限りなく近づいて飽和する．通常，これはタイプⅡの機能的応答と呼ばれ，もっとも一般的に見られるものであり，肉食性を示すワムシ（*Asplanchna*），フサカ幼

虫（*Chaoborus*），そしてマツモムシ（*Notonecta*）などで知られている．なお，タイプⅡの摂餌関数は，下式のように，ミカエリス－メンテン型の速度論式に変換することが可能である．

$$G = F(N)/T = (V_{max} \times N)/(K_S + N) \qquad (2)$$

ここで，G は摂餌速度，V_{max}（最大摂餌速度）$= 1/T_h$，K_S（反飽和定数）$= 1/aT_h$ である．V_{max} と K_S はそれぞれの捕食者の摂餌生態によって決まるパラメータである．

これ以外に2つのタイプが知られており，タイプⅠおよびタイプⅢと呼ばれる（図3.2.2）．タイプⅠは処理時間が極端に短い消費者にみられ，摂餌効率は消費される最大値に達するまで直線的に増加するが，餌密度がある閾値以上では一定の値を示す．もっとも典型的な例は，粒子食者であるオオミジンコ（*Daphnia magna*）にみることができる．タイプⅢは，餌密度が比較的低いときに，その増加にともなって消費者の探索効率が上昇するか，あるいは処理時間が減少するときにみられ，結果として採餌効率がS字曲線あるいはシグモイド曲線を描く．これは，特定の餌を選択的に摂食することを学習できる魚類などでみられる．

餌のサイズに依存する摂餌

動物プランクトンが摂食できる餌のサイズ範囲は限られている．動物プランクトンは，通常，ナノサイズ（2～20μm）の粒子をもっとも効率よく摂食することができるが（Sterner 1989），夏季に卓越する*Microcystis*のような大型の群体を形成するラン藻などはほとんど摂食することができない．つまり，動物プランクトンの生物量が同じであっても，出現する植物プランクトンの種類や大きさによって，摂餌圧の加わり方は大きく異なる．一方，同一種においても，動物プランクトンの存在によって，捕食を回避するための形質が発現する場合のあることが知られている（表現型の可塑性）．たとえば，ある種のイカダモ（*Scenedesmus*）では，*Daphnia*が分泌する化学物質によって，群体の形成が誘引されることが実験的に明らかにされている（Lampert et al. 1994）．これは，群体の形成が動物プランクトンに摂食されにくくするための適応形質の発現と理解される（Lampert et al. 1994）．以上のことから，植物プランクトンと動物プランクトンの食う－食われる関係を適切にモデル化するためには，「食われにくさの度合い」を適切にモデルに組み込む必要があることがわかる．

乱流の影響

2.4節で扱った乱流は，動物プランクトンの摂食あるいは繁殖行動に影響を与えることが知られている．動物プランクトンの摂食速度は，動物プランクトンと餌との遭遇率に依存する．同様に，動物プランクトンの繁殖率は，雄と雌の遭遇率に依存する．いずれの場合も，遭遇率は，乱流の影響を受ける．大きさが数mm程度の動物プランクトンでは，乱流によって摂食速度が増加する可能性が考えられる（Rothschild and Osborn 1988）．海産カイアシ類のAcartiaでは，散逸率が2.3×10^{-2} cm^2 s^{-3}までは，これの増加にともなうろ過速度の増加が実験的に確かめられている（Saiz and Kiøboe 1995）．ただし，散逸率がコルモゴロフスケールに関連したある閾値を上回ると，逆にろ過速度は減少傾向を示すようになる．これは乱流によって，1) 餌粒子がより遠くへ運ばれてしまうこと，2) 摂餌流が干渉を受けること，あるいは 3) 餌粒子が出す流体力学的な信号の受信が阻害されることが，それぞれ動物プランクトンの摂食速度を低下させるためと考えられる（Kiørboe 2008）．風によって表層域で生じる強い乱流はカイアシ類が摂餌流を作るのを阻害する．このため強風の期間は，これを避けるために多くのカイアシ類で下方への移動行動をとることが知られている（Mackas et al. 1993; Visser 2001）．

粒子食動物プランクトンが一次生産に与える影響

粒子食の動物プランクトンが植物プランクトンに与える直接影響は大きい．これまでに湖で測定された動物プランクトンの摂食影響に関する研究のおよそ半数で，粒子食動物プランクトンの日間摂食量が植物プランクトン現存量の25％を上回っていたとの報告がある（Cyr and Pace 1993）．そして，それはしばしば100％を超えることさえある．特に，Daphnia属のような大型種の粒子除去能力は高い．実際，Daphniaの生物量が高い湖では，湖の透明度が高くなる傾向がみられる（図3.2.3）．

湖によっては，毎年Daphniaが大量に発生する時期に，植物プランクトンがDaphniaの摂食によって除去され，湖の透明度が一時的に著しく上昇するという現象が知られている．このような期間のことをクリアウォーター期（C－W期）と呼ぶ（図3.2.4）．C－W期には，動物プランクトンによる植物プランクトンの摂食速度が，植物プランクトンの増殖速度を上回るため，植物プランクトンの現存量（≒セストン量）が低減し，透明度が上昇するのである．

しかし，摂食圧の高い時期が1～数か月以上続くと，餌量の低下にともなって

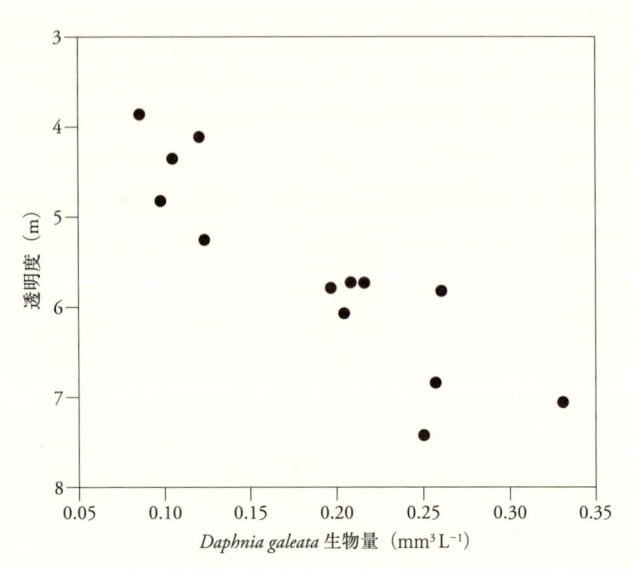

図 3.2.3　ヨーロッパのある貯水池における Daphnia 生物量と透明度の関係（Kalff 2002）

動物プランクトンは減少しはじめる．また，植物プランクトンの種構成が，「動物プランクトンに食われにくい種」へと遷移する効果も加わり，摂餌圧は低下する．これにともない，植物プランクトンの現存量は増加し，透明度は低下する（C-W 期の終了）．

(2)　微生物ループ

　微生物ループとは，溶存態有機物を細菌が利用し，さらに，その細菌を原生生物が捕食することによって成立する食物連鎖経路のことである．近年,細菌がウィルスによる溶菌作用を受けていることが明らかになってきたため，ウィルスを組み込んだ微生物ループ・モデルも提案されている（図 3.2.5）．溶存態有機物の生成には，植物プランクトンによる光合成産物の排出，動物プランクトンや原生生物による未消化有機物の排出，また，ウィルスによる植物プランクトンや細菌の細胞破壊にともなう細胞構成成分の溶出等が関与すると考えられている（Nagata 2000）．また，河川経由で湖内に流入する他生性溶存態有機物（陸上由来有機物）も，微生物ループを支える重要な炭素源になる場合がある（コラム 4 参照）．

　細菌は溶存態有機物を，細胞膜を通してとりこんでいる．このような栄養摂取

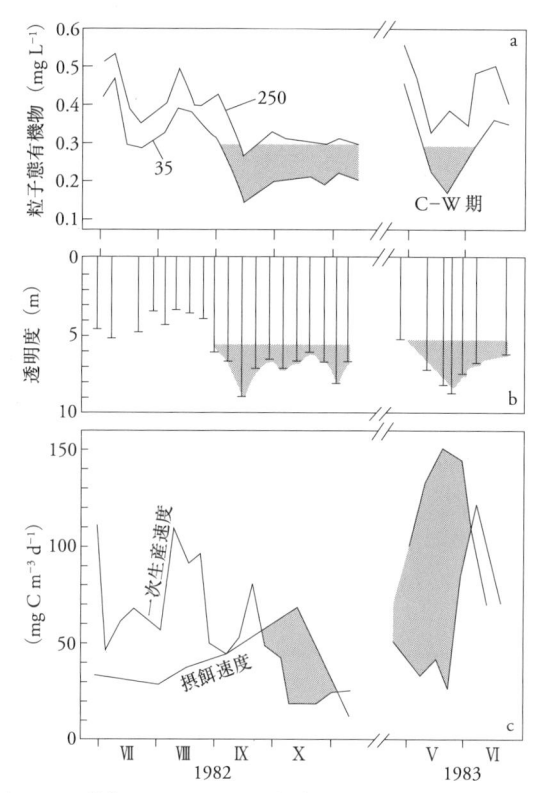

図 3.2.4 動物プランクトンの摂食が一次生産に与える影響
a) 懸濁態炭素濃度. ここでは植物プランクトン量の指標であり, 数字は粒子の大きさを表す. b) 透明度.
c) 植物プランクトン一次生産量と動物プランクトンの摂食量. 影の部分は摂食量が一次生産量を上回った時期 (すなわち, クリアウォーター期) を示している (Lampert and Sommer 1997).

方式をオスモトロフィーと呼び, 原生生物や動物プランクトンのような粒子食 (ファゴトロフィー) と区別される. ただし, 分子量が約 600 ダルトン以上の高分子有機物は, 細菌の外膜を通過できない. したがって, 式 (3) に示すように, 高分子の溶存態有機物や粒子状有機物を細菌が消費する際には, まず, 細胞外加水分解酵素による高分子有機物の低分子化 (反応 a) が進行し, 引き続き, とりこみ (反応 b) が起こるのである.

高分子溶存態有機物 (粒子状有機物を含む) → 低分子溶存態有機物 → 細菌 　　(3)
　　　　　　　　　　　　　　　　　　a　　　　　　　　　　　b

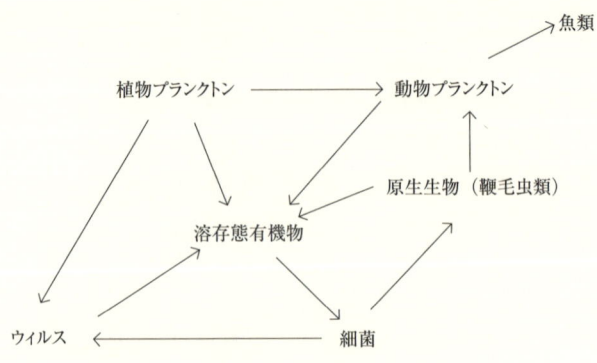

```
                                              →魚類
   植物プランクトン ─────────→ 動物プランクトン
                    ↘        ↗ ↑
                     ↘      ↗  │
                      ↓    ↗   原生生物（鞭毛虫類）
                      溶存態有機物 ←──
                     ↗    ↑      
                    ↗     │      
   ウィルス ←───────── 細菌
```

図 3.2.5　微生物ループを介した炭素フロー

植物プランクトン→動物プランクトン→魚類へと続く食物連鎖（生食連鎖）は古くから知られており，古典食物連鎖と呼ばれることもある．これに対して，溶存態有機物を細菌が消費することで形成される食物連鎖のことを微生物ループと呼ぶ．溶存態有機物は 4.1 節で述べたように植物プランクトンによって生成されるほか，動物プランクトンや原生生物の排出によっても供給される．近年，湖沼において，細菌や植物プランクトンの死滅要因としてウィルスによる感染死が重要であることがわかってきた（図 3.2.7 参照）．ウィルスによる細胞破壊は，溶存態有機物の生成を引き起こし，生態系の物質循環に大きな影響を与える．

　細菌がとりこんだ有機炭素は，呼吸による ATP 生成（異化）と，菌体生産（同化）に用いられる．総炭素消費量に対する同化量の割合を増殖効率（または増殖収量）と呼び，次式で定義される．

$$\text{増殖効率} = \text{菌体生産量} / \text{総炭素消費量}$$
$$= \text{菌体生産量} / (\text{呼吸量} + \text{菌体生産量}) \tag{4}$$

湖水中における細菌の増殖効率は，平均的には 0.2 程度と推定されているが（del Giorgio and Cole 1998），溶存態有機物の質や量，水温，ウィルスによる感染といった，物理・化学・生物的な環境条件に依存して大きく変動する．増殖効率が高い場合は，溶存態有機物→細菌→上位栄養段階という経路による炭素やエネルギーの転送効率が高くなる．一方，増殖効率が低いと，細菌による有機物の無機化効率（二酸化炭素への転換効率）が上昇する．

　細菌による溶存態有機物のとりこみ速度は，溶存有機物濃度に対する飽和型の関数（ミカエリス－メンテン式）で表すことができる．

$$V = \frac{V_{max} \cdot C}{K_m + C} \tag{5}$$

　ここで，V はとりこみ速度，C は有機物濃度，K_m は反飽和定数である．式（5）

は，単一の有機化合物（たとえばグルタミン酸やグルコース）の消費過程を記述する際に有用であり，沖合生態系における易分解性の有機物の挙動を解析する研究において広く用いられている（Nagata 2008）．しかし，湖水中に存在する溶存態有機物は，異なる反応性を持った多様な化合物の混合物であるため，パラメータ（K_m, V_{max}）の設定は困難である．したがって，生物地球化学モデルにおいては，有機物濃度の変化を一次反応式で近似するのが一般的である（式(6)）．

$$C = C_0 \times e^{-kt} \tag{6}$$

ここで，C と C_0 はそれぞれ時間 t と反応開始時の有機物濃度，k は反応速度定数である．

湖沼生態系においては，細菌生産（菌体生産）は，一次生産の10〜40％に匹敵すると推定されている（Nagata 1990）．今，増殖効率を0.2と仮定すると，細菌総炭素消費量は，一次生産の50〜100％に相当することがわかる（式(4)より，総炭素消費量＝菌体生産/増殖効率）．したがって，湖沼の炭素循環をモデル化する際には，細菌の役割を適切に評価する必要がある．ただし，湖沼における細菌の動態については，その方法上の困難もあり，植物プランクトンや動物プランクトンに比べて研究が遅れているというのが実情である．近年になって，フローサイトメトリー法や，蛍光現場交雑法といった新手法が導入されたことにより，細菌の動態に関する理解が大きく深化しつつある（Nishimura et al. 2005; Nishimura and Nagata 2007, 図3.2.6）．

細菌の捕食者としてもっとも重要な役割を果たすのは従属栄養性鞭毛虫類（HNF）である．HNFは鞭毛を使って遊泳する単細胞生物（原生生物）であり，大きさは3〜10 µm程度である．餌細菌の密度が十分に低い場合，HNFによる細菌捕集速度G（細菌細胞 h^{-1}）は以下の式で近似することができる．

$$G = f \times B \times F \tag{7}$$

ここで，f は除去率（ml HNF細胞$^{-1}$ h^{-1}），B は細菌数（細菌細胞 ml^{-1}），F はHNF数（HNF細胞 ml^{-1}）である．水温20℃において，HNFは，1時間当たりに，細胞体積の10^5倍の容積の水中に存在する細菌を除去する．したがって，HNFの平均細胞体積を求めれば f が決まる．たとえば，HNFの平均体積が 40 µm^3 の場合，f は 4×10^{-11} ml HNF細胞$^{-1}$ h^{-1} となり，この値に，細菌数とHNF数を乗ずれば，Gが推定できる．以上のような方法を用いた研究の結果，一般に，湖沼における

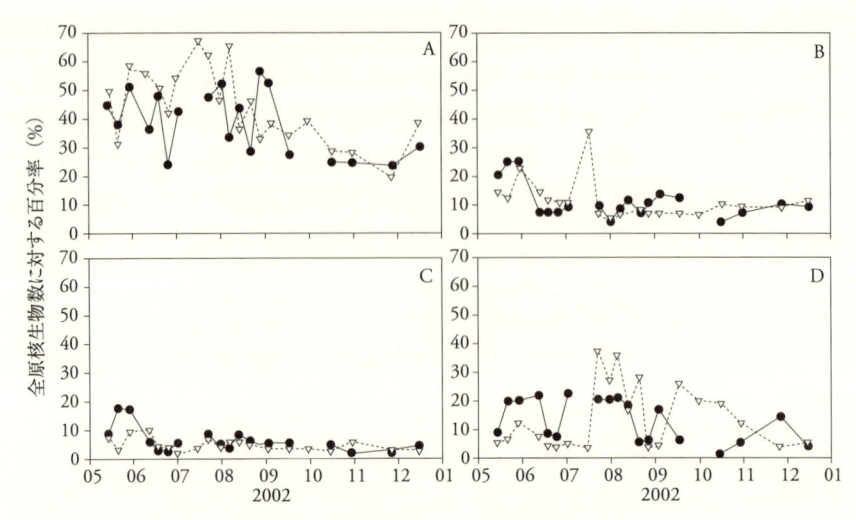

図 3.2.6　琵琶湖北湖における細菌群集動態

異なる細菌系統群の寄与率（全細菌数に対する百分率）の季節変動を示す．それぞれの系統群に特徴的な 16SrRNA 遺伝子配列を使ったプローブを用い，蛍光現場交雑法から各系統群の相対寄与率を推定した．A：アルファプロテオバクテリア，B：ベータプロテオバクテリア，C：サイトファーガ・フラボバクテリアクラスター，D：アクチノバクテリア．●は表層（水深 1 m），▽は亜表層（水深 5 m）の値（Nishimura and Nagata 2007）．

細菌生産の 50～100％は，HNF によって消費されていると推定されている（Nagata 1990）．したがって，細菌に含まれる，炭素，窒素，リンの無機化において，HNF は重要な役割を果たす．また，HNF は，繊毛虫や甲殻類にとっての好適な餌資源であるため，食物連鎖の鎖環としても重要である．

近年，ウィルスによる溶菌が，細菌の死亡要因として重要であることが明らかになってきた．琵琶湖においては，湖水中のウィルス数は，10^6～10^8 ウィルス粒子 ml^{-1} に達し，全菌数の少なくとも 1～4％に相当する細菌が，ウィルスによる感染を受けていることが示されている（図3.2.7）．電子顕微鏡により計測したウィルス感染率（FIC）を用い，ウィルス感染に起因する死亡率が細菌増殖率に占める比（$FMVL$）が推定できる（Pradeep Ram et al. 2010）．

$$FMVL = (FIC + 0.6 \times FIC^2)/(1 - 1.2 \times FIC) \tag{8}$$

琵琶湖において $FMVL$ の季節変動を調べた結果，表水層において深水層よりも高い値を示し（表水層が 0.53，深水層が 0.14），循環期には，それらの値の中間の値（0.23）を示した．これらの結果から，ウィルスによる溶菌が，琵琶湖の細菌

第3章 湖沼生態系

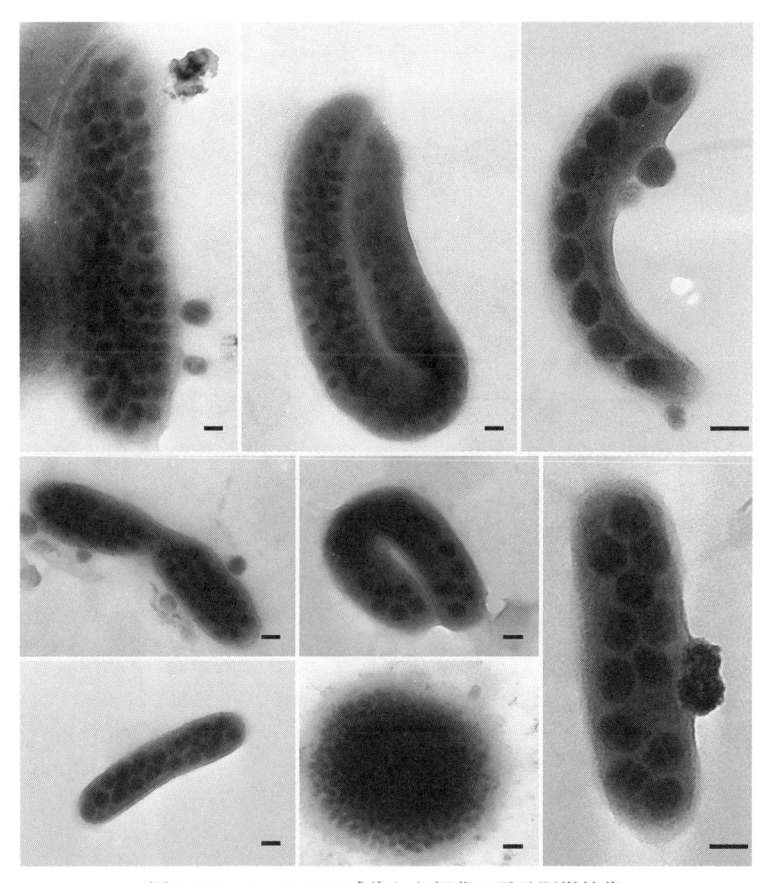

図 3.2.7 ウィルスに感染した細菌の電子顕微鏡像
サンプルは琵琶湖北湖において採取した．細胞内に見える粒子がウィルス粒子である．スケールバーは 50 nm を表す．琵琶湖の細菌群集のウィルス感染率（電顕検出値）は 1〜4% であることが示された．この値から，ウィルス溶菌圧の推定を行うことができる（詳しくは本文参照）．これらの結果から，湖の生態系の物質循環や生物多様性の維持のうえで，ウィルスが重要な役割を果たしていることが明らかになりはじめている（Pradeep Ram et al. 2010）．

群集の動態を支配する要因として重要であることが明らかになった（Pradeep Ram et al. 2010）．ウィルスは，細菌の菌体成分を溶存化することにより，細菌→ウィルス→細菌という円環的な物質循環を駆動する（図 3.2.5）．これにより，生態系における有機物の無機化効率を著しく増大させる働きをしていると考えられている（Motegi et al. 2009）．また，ウィルス感染が細菌群集の多様性の維持に寄与しているという考えもある．

(3) 栄養塩の再生

 沖合生態系の一次生産者が必要とする無機栄養塩の供給経路は,河川や大気からの流入,深層や堆積物からの負荷(内部負荷),および,有光層内での再生の三経路に大別することができる.中貧栄養の大型湖沼では,一般に,一次生産の70%以上が再生栄養塩によって支えられていることから,栄養塩類の再生メカニズムを理解することは,一次生産速度の変動や,浮遊生物群集の動態を理解するうえで重要である.

 無機栄養塩の再生には,微生物ループと生食連鎖の両方が関与している.その相対的な寄与を調べた研究例として,Haga et al. (1995) の研究を紹介する.この研究では,琵琶湖と木崎湖(長野県)において,アンモニウム塩の再生に対する各種従属栄養生物群集の寄与をサイズ分画法を使って推定した.その結果,琵琶湖においては細菌群集の寄与が大きく,一方,木崎湖においてはワムシ類の寄与が大きいことが明らかになった(琵琶湖の結果を図3.2.8に示す).また,鞭毛虫類は,現存量としての寄与は小さいものの,アンモニウム塩再生においては,無視できない働きをしていることも明らかになった.これは,原生生物単位体積あたりの再生速度が,動物プランクトンのそれを大幅に上回ることによって説明された.以上のことから明らかなように,有光層におけるリンや窒素の再生過程や化学量論をモデル化するうえでは,微生物ループと生食連鎖という二つのプロセスの寄与を正確に評価する必要がある.

微生物ループを介した再生

 従属栄養性細菌は,栄養塩を再生するばかりでなく,アンモニウム塩やリン酸塩を活発にとりこむことによって,植物プランクトンの「競争者」になる場合もある.つまり,生態系において「再生者」と「とりこみ者」という正反対の役割を果たす.この役割の切り替えを決める主要な要因の一つは,利用する有機栄養基質の元素比である.今,窒素を例にとると,細菌,基質,排出されるアンモニアの間に,以下のような質量保存式が成り立つ.

$$E = U_c \times (Y/C{:}N_b - 1/C{:}N_s) \tag{9}$$

 ここで,E は無機態窒素のとりこみ速度(単位時間・単位体積あたりの窒素のモル数),U_c は炭素のとりこみ速度(単位時間・単位体積あたりの炭素のモル数),Y は

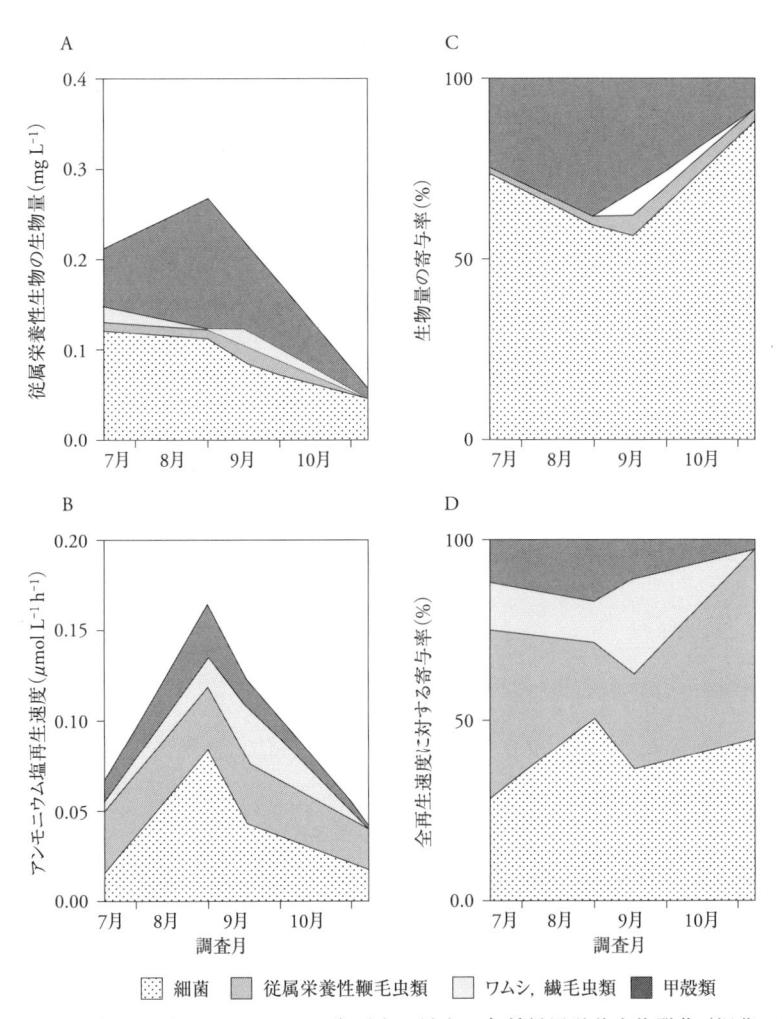

図 3.2.8 琵琶湖におけるアンモニウム塩再生に対する各種従属栄養生物群集（細菌，従属栄養性鞭毛虫類，ワムシ類・繊毛虫類，甲殻類動物プランクトン）の寄与（Haga et al. 1995）

増殖効率，$C：N_b$ は細菌の C：N 比（モル数），$C：N_s$ は有機基質の C：N 比（モル数）である．E が正の場合は無機態窒素がとりこまれ，E が負の場合は無機態窒素が排出される．今，$C：N_b = 5$，$Y = 0.2$ とすると，$C：N_s > 25$ のときに $E > 0$，$C：N_s < 25$ のときに $E < 0$ となることが明らかである．つまり，$C：N_s = 25$ を境界として，細菌による無機窒素のとりこみと排出の切り替えが起こると予測され

る．以上の予測は，アミノ酸やグルコースのような既知の有機基質を用いたモデル実験においては，その妥当性が証明されている（Goldman et al. 1987）．しかし，現実の湖水中に存在する細菌が利用する有機基質のC：N比（$C:N_S$）は測定が困難であり，生態系における細菌の化学量論モデルの妥当性についてはまだ検討課題が残されている（Kirchman 2000）．

生食連鎖を介した再生

　湖沼では，植物プランクトンはしばしばリン不足に陥るが，このとき，動物プランクトンが排出するリンが植物プランクトンにとって重要な栄養源となる場合がある．食物連鎖を構成する一次生産者（すなわち，植物プランクトン）の生元素比は環境中の栄養塩存在比に従って変化するのに対して，植食者の生元素比は餌藻類の生元素比からある程度独立して一定の値を示す（図3.2.9）．いま動物プランクトンの窒素：リン（N：P）比をx：y，植物プランクトンのN：P比をa：b，動物プランクトンの排泄物中のN：P比をa'：b'とすると以下の関係が成り立つ（Sterner and Elser 2002）．

$$(N_x, P_y)_{zoo} + (N_a, P_b)_{phyto} \rightarrow Q(N_x, P_y)_{zoo} + (N_{a'}, P_{b'})_{waste} \tag{10}$$

ここで，$(N_x, P_y)_{zoo}$は動物プランクトン，$(N_a, P_b)_{phyto}$は植物プランクトン，$(N_{a'}, P_{b'})_{waste}$は動物プランクトンの排泄物について，それぞれのN：P比を示し，Qは動物プランクトンの成長量を示す．このとき，x+a=Qx+a'，y+b=Qy+b'が成り立つ．すなわち，動物プランクトンは植物プランクトンを摂食して生物量が増えても，その恒常性のため体N：P比は変化しないが，排泄物中のN：P比は植物プランクトンのそれとは異なるものになる．動物プランクトンと植物プランクトンの生元素比が異なったとき，以下のような予測が成り立つ．x：y＜a：bのときは，N律速となりa：b＞a'：b'となる．この関係は栄養塩が不足する環境中では重要な意味を持ってくる．たとえば，リン不足の環境では，植物プランクトンのN：P比は動物プランクトンのそれを上回り，動物プランクトンはリンを貯蔵するので排泄物中のN：P比は植物プランクトンのそれより大きくなってしまうのでますますリン不足になる．

　逆に，動物プランクトンの体化学組成が排泄物の生元素比を通して藻類に影響を与えることも考えられる（図3.2.10）．すなわち，栄養塩が不足している環境では，N：P比の高い動物プランクトンが優占するときには植物プランクトンはN

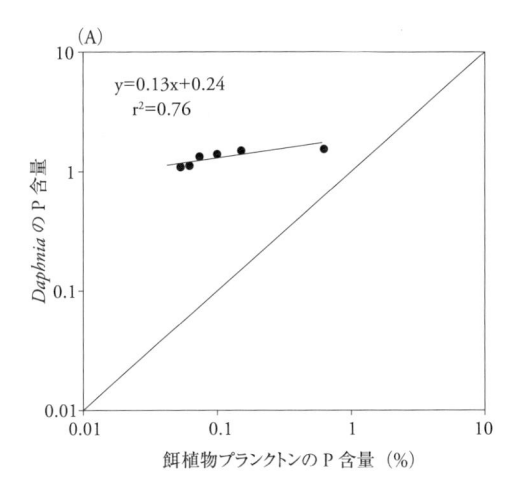

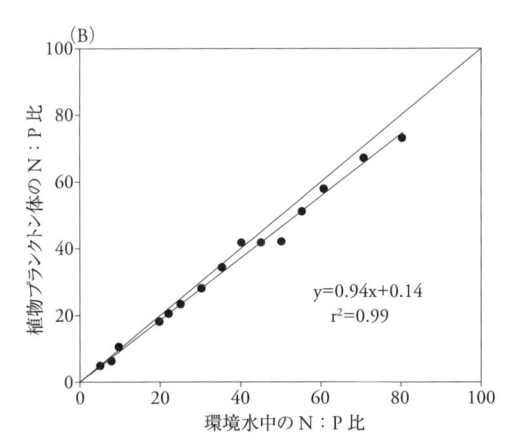

図3.2.9 *Daphnia*（植食者）のP含量と餌植物プランクトン体のP含量の関係（A）および，植物プランクトン体のN：P比と環境水中のN：P比の関係（B）（Sterner and Elser 2002）

不足になり，逆にN：P比の低い動物プランクトンが優占するときには植物プランクトンはP不足になる傾向にある．

```
動物プランクトンのN：P比が高いとき,        動物プランクトンのN：P比が低い時,
窒素制限が起こる                              リン制限がおこる.
```

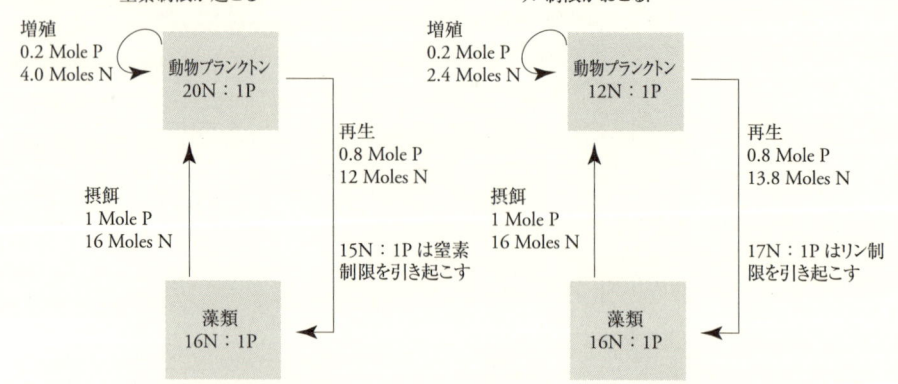

増殖
0.2 Mole P
4.0 Moles N → 動物プランクトン 20N：1P

摂餌
1 Mole P
16 Moles N

再生
0.8 Mole P
12 Moles N

15N：1Pは窒素制限を引き起こす

藻類
16N：1P

増殖
0.2 Mole P
2.4 Moles N → 動物プランクトン 12N：1P

摂餌
1 Mole P
16 Moles N

再生
0.8 Mole P
13.8 Moles N

17N：1Pはリン制限を引き起こす

藻類
16N：1P

図3.2.10　N：P比の異なる動物プランクトンが藻類に与える間接影響の違い（Carpenter 1998を一部改変）

3.3　有機物の鉛直輸送と深層・堆積物における物質代謝

　前節では湖の有光層における生態系と物質循環の仕組みを学んだ．本節では，光のあたらない深層や湖底堆積物に目を転じ，そこでの物質循環の様子を概観する．序章でも触れたように，深層や湖底の環境は，気候変動に対して敏感に応答する．温暖化による冬季全循環の遅延や停止が起きた場合に懸念される顕著な生態系影響のひとつが，深層の貧酸素化・無酸素化である．したがって，温暖化が湖沼生態系に及ぼす影響のメカニズムを理解するためには，深層の物質循環過程を知る必要がある．本節では，深層の生物地球化学的プロセスの輪郭をつかむために，①深層への有機物の供給メカニズムとしての粒子の沈降，②無酸素化した堆積物からのリンの溶出，③深水層での酸素消費モデル，という3点について解説を加える．これらは，第4章において紹介する琵琶湖生態系数値モデルを理解するうえでの基礎知識となる．

(1)　沈降粒子の生成と有機物の鉛直輸送

　集水域から供給された有機物，あるいは湖内で生産された有機物の一部は沈降粒子として深水層へ供給される．沈降による表層からの粒子除去量は，一次生産量の10〜50％を占めており（Baines and Pace 1994），沈降は表層からの有機物除去過程として重要な役割を果たしている．粒子の沈降は，表水層の植物プランクト

ンにとっては生産に必要な栄養元素の損失過程となるが，一方で，深水層の生物にとっては生産を支える重要な餌資源の供給過程となる．また，沈降有機物は深水層の化学的性質を変えうるものとしても重要な意味を持っている．深水層では，供給された有機物の分解により溶存酸素の消費が進む．そのため，沈降する有機物量が増加すると，溶存酸素の消費量も増加し，湖底近傍での貧酸素化が進むこととなる．もし湖底や深水層が貧酸素化・無酸素化すれば，そこに生息する生物の絶滅に繋がる危険があり，また，還元的な状態になった湖底堆積物からの栄養塩の回帰によって急激な水質悪化を招く可能性もある（Wetzel 2001）．したがって，環境変化に対する湖沼生態系の応答を予測するためには，有機物の沈降フラックスの変動要因についての理解が必要となる．

　一般に，植物プランクトンなどの懸濁粒子の沈降速度は，ストークスの式に従う．

$$v_s = \frac{2}{9} \frac{gr^2(\rho'-\rho)}{\eta} \tag{1}$$

ここで，v_sは球形粒子の沈降終端速度（m s^{-1}），gは重力加速度（m s^{-2}），ηは流体の粘性係数（kg m^{-1} s^{-1}），ρは流体の密度（kg m^{-3}），ρ'は粒子の密度（kg m^{-3}），rは粒子の半径（m）である．この式は球形粒子の終端速度を表したものであるが，実際の懸濁粒子は単純な球形ではない．形状の効果による沈降速度の減少を加味し，修正されたストークスの式は以下の通りとなる．

$$v' = \frac{2}{9} \frac{gr^2(\rho'-\rho)}{\eta \cdot \phi_r} \tag{2}$$

ここで，ϕ_rは形状抵抗係数（$\phi_r = v_s/v'$）である．式(2)は，沈降粒子の粒径が大きいほど，流体（水）に対する比重が大きいほど，また粒子の形状による抵抗が小さいほど沈降速度が大きくなることを示している．植物プランクトンの場合，細胞サイズの大きいものや，珪藻のように比重が大きいケイ酸殻を持つようなものや，形状がより球形に近いもので沈降速度が大きくなる．植物プランクトンの形状が球形であると仮定し，式(1)より算出された沈降速度（V_s）と，実際に測定した沈降速度（V_m）の比較例を表3.3.1に示す．なお，植物プランクトンの中には，比重の軽い脂質の蓄積，粘液質など多糖類の分泌，またガス胞などによる比重調整によって，沈降速度を減じさせるものもいる（Reynolds 2006）．

　沈降する懸濁粒子には，活性が弱まった，あるいは失った植物プランクトン体やその凝集物，動物プランクトンの遺骸などの凝集物や糞粒，無機鉱物質がとり

表 3.3.1　淡水植物プランクトン種の実測の沈降速度 v_m とストークスの式（式 (1)）より算出した v_s との比較（Reynolds 2006 および Oliver et al. 1981 をもとに作成）

種名	動的形状	v_m (m day^{-1})	v_s (m day^{-1})	ϕ_r (v_s/v_m)
緑藻類				
Chlorella vulgaris	ほぼ球形	—	—	0.98–1.07
Chlorococcum sp.	ほぼ球形	—	—	1.02–1.06
珪藻類				
Cyclotella meneghiniana	円板形	—	—	1.03
Stephanodiscus astraea	円板形：			
$r_s = 6$–$7\ \mu m$		1.00 ± 0.07	1.1 ± 0.1	1.06
$r_s = 12$–$14\ \mu m$		2.39 ± 0.23	2.3 ± 0.2	0.94
Cyclotella praeterissima	円板形	0.82 ± 0.09	0.88	1.07
Synedra acus（培養）	針形	0.63 ± 0.10	2.57	4.08
Melosira italica				
（1–2 細胞）	円筒形	0.64 ± 0.24	1.48	2.31
（7–8 細胞）	針形	0.98 ± 0.36	4.33	4.39
Asterionella formosa	円筒形	0.26 ± 0.04	0.62	2.46
（4 細胞）	星形	0.50 ± 0.02	1.57	3.15
（8 細胞）	コロニー	0.63 ± 0.05	2.50	3.94
（16 細胞）	コロニー	0.93 ± 0.11	3.96	4.28
Tabellaria flocculosa var. *asterionelloides*	星型 8 細胞コロニー	0.89 ± 0.08	4.86	5.49
Fragilaria crotonensis				
（1 細胞）	円筒形	0.33 ± 0.02	0.92	2.75
（11–12 細胞）	平板形	0.97 ± 0.04	4.67	4.83

こまれた凝集物などがある．植物プランクトンの種によっては，その細胞壁の粘着性により凝集が起こる．透明細胞外重合体粒子は，植物プランクトンや細菌が排出する細胞外多糖類を主成分とするが，その高い粘着性により，植物プランクトンやデトリタスや粘土鉱物の凝集を促進する（Passow 2002）．亜寒帯の湖においては，溶存態有機物の凝集が沈降フラックスに大きく寄与していることが指摘されているが，この凝集は，光や温度の増加によって促進される（von Wachenfeldt et al. 2008, 2009）．カルシウム濃度の高い湖では方解石（主成分は炭酸カルシウム）の沈澱が起こる．方解石の形成には，藻類による不均一核の形成が関与する（Stabel 1986）．凝集物や糞粒は大きな粒子であり，沈降速度も大きいため，これらの生成は表層からの有機物除去過程として重要である．特に無機鉱物質（ケイ酸殻，炭酸カルシウムなど）を含むものは，凝集物の比重が大きくなるため，鉛直粒子フ

ラックスを促進する効果がある．

(2) 無酸素化した堆積物からのリンの溶出

堆積物から湖水中への栄養塩の溶出を内部負荷と呼ぶ．内部負荷は湖内での物質循環プロセスの一つであり，堆積物から湖水への栄養塩の溶出フラックスとして評価される．リンは生物生産の制限因子となりやすく，湖沼の栄養状態を考える上で重要であるため，リンの内部負荷については古くから研究がなされている．堆積物－湖水境界層におけるリンの動態は，一般的には，酸素，鉄，硫黄との関係において議論されている．有酸素環境下では，リン酸イオン（PO_4^{3-}）は鉄の酸化水酸化物（FeOOH）に吸着するため，水中のリン酸イオンは，鉄（Ⅲ）（Fe^{3+}）に捕捉されて不溶解性凝集物（$FeOOH-PO_4^{3-}$）として沈降，堆積する．堆積物間隙水中のリン酸イオンも，堆積物表面が酸化的であり，かつ鉄があれば，そこで捕捉されるため，水中へは拡散してこない．ただし，リン酸鉄の鉄：リン比は2以上といわれており，リンに比べて鉄が少ないと，捕捉しきれないリンが拡散する（Gunnars et al. 2002）．一方，湖底の無酸素化により堆積物が還元的になると，鉄（Ⅲ）が還元溶解し，リン酸イオンと鉄（Ⅱ）イオン（Fe^{2+}）が溶出する（Einsele 1936, 1938; Mortimer 1941, 1942）．堆積物の還元化が進み，硫酸還元が起こるようになると，鉄と硫化物（H_2S）とで不溶解性の硫化鉄（FeS）が生成されるようになり，堆積物のリン吸着能が低下するため，リンの溶出がさらに加速する（Hasler and Einsele 1948）．以上のプロセスを模式図的に示したのが図3.3.1である．

琵琶湖北湖で採取した堆積物を用いて，直上水を無酸素状態にした場合のリンの溶出を調べた実験結果の例を図3.3.2に示す．この実験では，琵琶湖北湖の水深約93 mの地点で採取した堆積物コア（内径11 cm，外径12 cm，高さ50 cm）の堆積物表面の高さを，培養湖水の高さが15 cmになるように揃え，コア内の水を窒素通気により強制的に無酸素化した湖底直上水に入れ替え，速やかに封じたものを，8℃（琵琶湖深水層の水温），暗条件下で培養した．その結果，直上水中における鉄（Ⅱ）イオンならびにリン酸イオン濃度は，時間の経過とともに顕著に増加した．しかし，その溶出パターンには若干の違いがあり，リンは培養開始初期から溶出が見られるのに対し，鉄（Ⅱ）の溶出開始には遅れが見られた．また，鉄（Ⅱ）が溶出するようになると，リンの溶出は加速した．

このような，酸化還元電位の変化に依存する化学過程が堆積物からのリンの溶

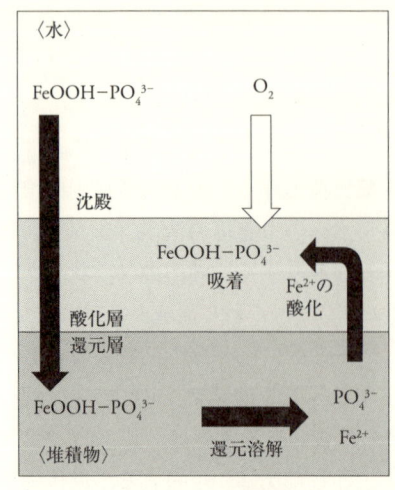

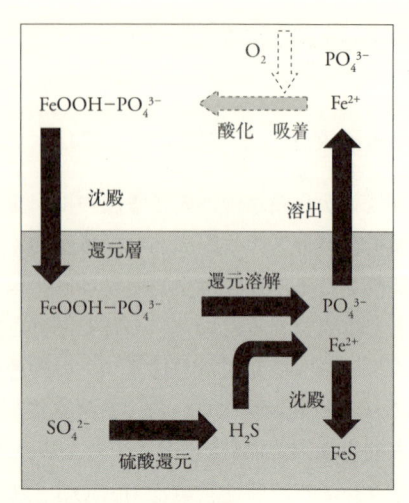

図 3.3.1　堆積物からのリンの溶出過程に関する模式図
左図：堆積物表面が酸化的な場合，右図：堆積物表面が還元的な場合．

出をコントロールするという考えは一般的に受け入れられている．しかしながら，嫌気的環境下におけるリン酸イオンと鉄（Ⅱ）イオンの溶出パターンは，上記琵琶湖の堆積物からのリンの溶出実験結果（図 3.3.2）にも見られるように，常に同調するわけではない．また，嫌気的環境にあってもリンの溶出があまり起こらない湖もある（Caraco et al. 1991）．その要因の一つとして，Kopáček (2005) は酸化還元状態に依存しない，アルミニウムのリン吸着能について議論をしている．最近の研究では，上述したような化学過程よりもむしろ，微生物過程が重要であるという指摘もある（Gächter et al. 1988, Gächter and Meyer, 1993, Prairie et al. 2001, Hupfer et al. 2007）．これらの研究によれば，バクテリアは，有機物分解や，細胞内に蓄積したリンを嫌気的環境下で細胞外に放出することによってリンの溶出に寄与している．潜在的に可溶性である堆積物リンの 10〜75％は，化学的な吸着ではなく微生物により保持されているという報告もある．以上をまとめると，リンの溶出（内部負荷）は，堆積物へのリンの供給と，堆積物中での化学的・生物的保持能力とのバランスによって決まると考えられる．

(3) 深層における有機物分解と酸素消費

　琵琶湖のような大型年一回循環湖では，温暖化による冬季の水温の上昇が，湖

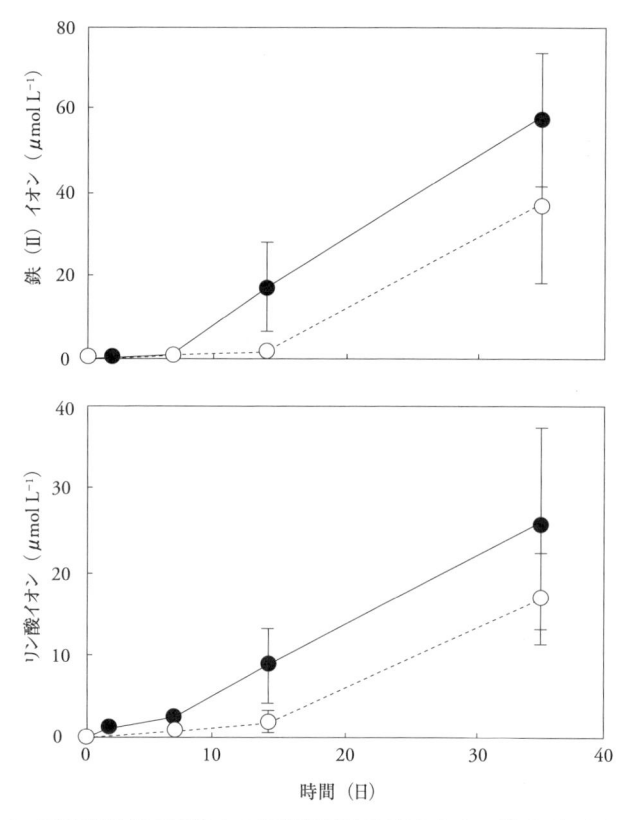

図 3.3.2 無酸素環境で培養中の琵琶湖堆積物直上水中の鉄（II）イオンならびにリン酸イオンの濃度の経時的変化
● は 2010 年 1 月，○ は 2010 年 4 月に行った実験を示す（由水ほか 未発表）.

水の冬季鉛直混合（全循環）の遅延や停止をもたらし，そのことが，深水層中の溶存酸素濃度の著しい低下や無酸素化を引き起こす可能性が懸念されている（4.2節）．深水層の無酸素化は，湖沼の生態系に対して，直接的および間接的な影響を及ぼすと考えられる．直接的な影響としては，湖底の無酸素化による魚類や底生動物の生息場所の喪失があげられる．これについては，生物多様性や固有種の保全の観点から，十分な検討が必要である（4.2節）．一方，間接的な影響としては，湖内の物質循環パターンの変化を介した生態系への影響が考えられる．すなわち，深水層の溶存酸素濃度の低下にともなう湖底堆積物の還元化が，湖底－湖水境界層における栄養塩や金属元素の循環を撹乱することで，生態系や水質の劣化が引

き起こされるという可能性である．具体的な例をあげると，湖底が酸化的な時には堆積物中に埋没していたリンが，湖底の還元化とともに水中へと溶出するようになり（内部負荷），そのことが，急激な富栄養化や有害藻類の大発生を引き起こす，といったシナリオが考えられる（3.3節(2)項を参照）．したがって，温暖化が湖の生態系に及ぼす影響を評価するうえでは，深水層における酸素の消費過程と，溶存酸素濃度の低下にともなう物質循環系の変動過程を，正確にモデル化することが重要な課題になる．このような観点から，本節では，深水層における溶存酸素の消費モデルを紹介する．

深水層における酸素消費の経験モデルと演繹モデル

深水層における溶存酸素消費の大部分は，細菌による有機物の分解による．有機物は主に湖内の一次生産に由来するため，深水層溶存酸素量は湖の栄養状態を表す重要な指標として考えられてきた（Hutchinson 1957）．また，深水層における物質循環，リンなどの栄養塩内部負荷，あるいは硫化水素などの有害物質の溶出は，湖底の溶存酸素量に大きく依存する（3.3節(2)項）．そのため，深水層溶存酸素量は湖の主要な生態系サービスとも密接に関連している（4.2節）．1960年代より欧米を中心に湖の富栄養化が顕在化し，それに応じて1970年代後半より深水層溶存酸素の動態に関する数多くの研究がなされた．その結果，深水層酸素欠損（AHOD）や無酸素指標（AF）といった貧酸素化の度合いを示す指標が考案され，これらを湖の生産性や水温，湖盆形態を説明変数とする経験式が導かれた．これらの経験モデルは，少数のパラメータで構成され，指標との関係がわかりやすくこれまで管理のツールとして有効に用いられてきた．また，経験モデルは特定のメカニズムに論拠を置かないため，新たなメカニズムの発見手法としても有効である．一方で，現象を説明する上で鍵となると考えられる最小限のメカニズムのみを仮定したモデルを構成し，仮定から予測を演繹的に導くという立場もある（演繹モデル）．なお演繹モデルは，自然界のコアとなる法則を抽出する作業であり，計算機の能力と妥当なパラメータ推定が許す限りメカニズムをとりこみ，予測の精緻化を目指すシミュレーションモデルとは異なる立場であることに注意されたい．このような立場から，Livingstone and Imboden (1996) は深水層における溶存酸素の鉛直分布動態のモデルを導いた．以下ではこれらの経験モデルと演繹モデルを紹介する．

深水層酸素欠損 （AHOD）

深水層酸素欠損（以下 AHOD）は最初に Strom (1931) により考案され，以降 Hutchinson (1957) などにより湖の栄養状態に基づき分類する指標として用いられた．その後，Cornett and Rigler (1979) は湖の人為的富栄養化の度合いを診断するためにさまざまな湖沼に AHOD を適用し解析を行った．

AHOD は湖の成層期間中に深水層中で溶存酸素が消費される速度で，単位は $[\mathrm{g\ O_2\ m^{-2}\ day^{-1}}]$ で表される．AHOD を算出するにあたり，深水層における溶存酸素濃度は水平方向に一様で，深水層中の光合成による酸素の発生と，水温躍層を介した表水層からの酸素の供給は十分小さいと仮定する．湖において水平方向の拡散は非常に大きいため (3.2節)，最初の仮定は多くの湖で妥当であるが，琵琶湖などの大型湖沼では必ずしも成り立たないことに注意する必要がある．また，二つ目の仮定も多くの湖で妥当であるが，透明度の高い湖では表水層よりも深水層における植物プランクトン生産が卓越する場合もある．水温躍層を通した拡散は十分小さいため (2.4節)，最後の仮定は夏季に成層する湖でほぼ成り立つと考えられる．

実際の計算には，湖心または最深部など湖を代表する観測地点における溶存酸素の鉛直プロファイルと，深度ごとの湖盆面積を用いる．溶存酸素のプロファイルは深水層において複数の深度を含む必要があり，測定頻度は成層期間中に最低三回，可能なら毎月であることが望ましい．また，AHOD を計算する上で深水層の深度幅を決める必要がある．深水層の明確な定義は難しいため，その幅を求める計算方法もさまざまである．たとえば Cornett and Rigler (1979) は水温の鉛直分布を，表水層・水温躍層・深水層からなる三本の直線の組み合わせとして表し，観測されたデータとフィットさせることにより求めた．これらのデータを用いて，まず深水層総溶存酸素量を，各深度の溶存酸素量に湖盆面積で重み付けして合計することにより算出する．たとえば深水層が水温躍層 Z_T(m) から底層 Z_B(m) に及ぶ場合，総溶存酸素量 M (g O$_2$) は以下の式で得られる．

$$M = \int_{Z_T}^{Z_B} C(z) A(z) dz \tag{3}$$

ここで $C(z)$ は溶存酸素濃度，$A(z)$ は深水層断面積の鉛直分布である．実際は，溶存酸素濃度は深水層内の数深度で得られるので，計算は式 (3) を離散化し，データを必要に応じて内挿，外挿して行う．次に得られた値を成層期間中のサンプリング日に対して線形回帰し，その傾きから深水層における酸素消費速度が得

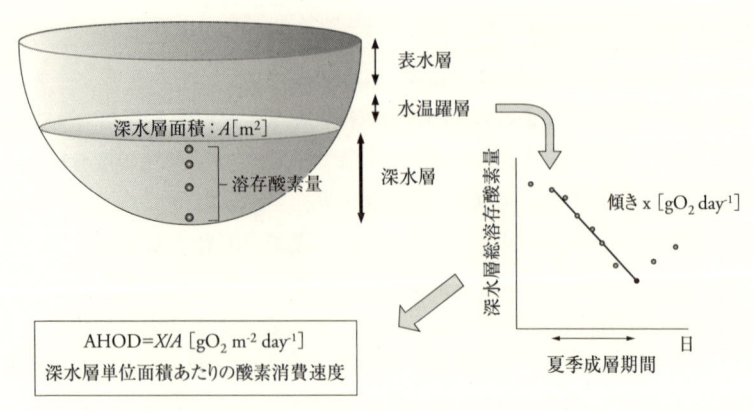

図3.3.3 深水層酸素欠損．AHOD の算出方法に関する概念図．

られる．AHOD は，得られた深水層酸素消費速度を深水層の最上部の面積，すなわち $A(Z_T)$ で割ることにより求められる（図3.3.3）．

AHOD は湖に応じて $0.05 \sim 2$ g O_2 m^{-2} day^{-1} ほどの値を示す．Cornett and Rigler (1979) はさまざまな湖で得られたデータから，AHOD は湖の一次生産や全リン量といった生産性の指標，細菌による生物活性に関わる水温，および深水層の平均深度といった湖の湖盆形態に依存することを見出した．

$$\text{AHOD} = -277 + 0.5\, R_P + 5.0\, T_H^{1.74} + 150 \ln Z_H \tag{4}$$

ここで R_P(mg P m^{-2} yr^{-1}) 湖単位面積あたり，年あたりのリン（P）として表された沈降量で，表水層から供給される有機物量に対応する．T_H（℃）成層期間中の深水層平均水温，Z_H(m) は深水層の平均深度（$= Z_B - Z_T$）である．この式は，湖における生産量の増加および水温の上昇とともに深水層における酸素消費は増加すること，すなわち富栄養化と温暖化双方によって深水層の貧酸素化が加速することを明確に示している．加えて，その加速の度合いは湖の湖盆形態に依存することを表している．

無酸素指標

AHOD は比較的計算が容易で，湖における深水層の状態を測る指標として湖沼間の比較を可能とした．その一方で，AHOD は酸素消費の速度を表す指標であるため，貧酸素水塊が出現する期間の長さや面積の広がりを表すことはできな

い．そこで Nürnberg（1995）は，湖の貧酸素化の度合いを表すもう一つの指標として無酸素指標（以下 AF）を考案した．AF は一年間に生じる貧酸素水塊の面積と期間を積算し，湖全体に相当する面積が貧酸素化する年あたりの日数に換算した値である．

　AF を計算するには，AHOD と同様に湖を代表する観測地点で得られた溶存酸素の鉛直分布と各深度における湖盆面積データが必要である．AHOD の計算と同様に深水層で溶存酸素濃度は水平方向に一様であると仮定する．加えて，無酸素水塊を溶存酸素濃度の閾値により定義する必要がある．一般的に 1～2 mg L^{-1} を閾値として用いるが，この値は保全の対象とする生物などに応じて決めることができる（3.5 節）．はじめに，各観測日における溶存酸素の鉛直分布から，溶存酸素濃度がこの閾値以下となる深度を推定する．なお，溶存酸素濃度は湖底近傍で急激に減少するため，湖底直上を含む数深度で溶存酸素濃度を測定する必要がある．次に溶存酸素濃度が閾値以下となる深度における湖盆面積を求める．各観測日 T に得られた貧酸素水塊の面積を (Z_A) とすると，AF は $A_x(T)$ を成層期間の開始（T_0）から終了（T_F）にかけて積分し，湖面積 A_0 で割ったものである．

$$AF = \frac{1}{A_0} \int_{T_0}^{T_F} A_x(T) dT \tag{5}$$

具体的な計算は，観測日に対して貧酸素水塊の面積をプロットし，その面積を台形近似により積算し，湖面積で割ることにより AF が求められる（図 3.3.4）．なお，年二回循環湖では夏季成層期 AF と冬季成層期 AF それぞれを別々に計算する．

　AF は貧酸素・無酸素水塊の広がりを具体的に定量化するため，底生生物のハビタットを適切に評価することができる．Nürnberg（1995）はカナダで栄養状態の異なるさまざまな年二回循環湖において AF を算出し，夏季成層期は 0～80 日，冬季成層期は 0～15 日の値を得た．そして環境要因との関係を評価した結果，AF は湖の全リン量，平均深度を湖面積の 1/2 乗で割った値と正の相関を持つことを見出した．一方で，AHOD と異なり，AF と深水層水温との関係はあまり見られない．これは，深水層水温の上昇が酸素消費速度を増加させる一方で，成層期間を短縮させるという，貧酸素水塊の形成に相反する作用を及ぼすためであると考えられる．すなわち，AF は貧酸素水塊の形成を定量的に表す指標であるが，温度上昇や成層強化が貧酸素水塊の形成に及ぼす影響を適切に評価することはできない．

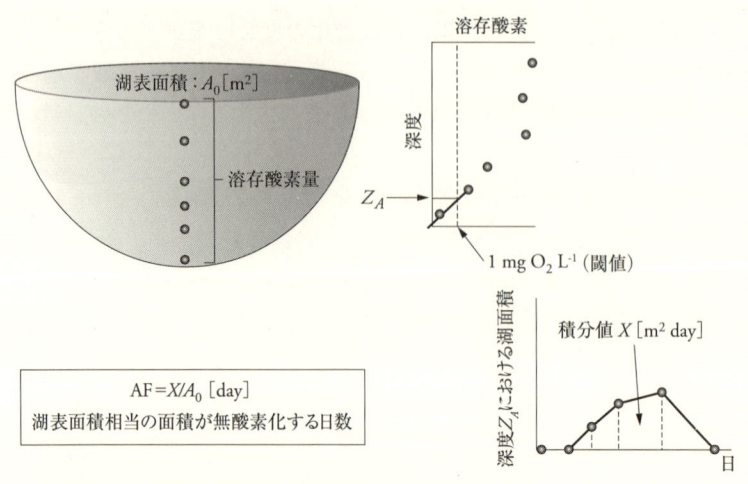

図 3.3.4　無酸素指標．AF の算出方法に関する概念図．

　以上，深水層における溶存酸素消費や貧酸素水塊の形成を定量的に評価する経験モデルを二つ紹介した．これらの指標はそれぞれ利点と欠点があるため，湖における深水層環境の評価には双方を組み合わせて用いることが望ましい．これらの指標を適用するには深水層で複数の深度において，溶存酸素量を計測する必要がある．しかし日本国内では，これらの指標を適用することが可能なモニタリングが行われているのは木崎湖などごく少数に限られている（山本ら 2004）のが現状である．

Livingstone and Imboden (1996) による深水層酸素消費モデル

　Livingstone and Imboden (1996) は，深水層における溶存酸素の動態を解析するにあたり，単純な仮定に基づく理論モデルを考案した．モデルは以下の仮定をおく：1) 水中および湖底における酸素消費速度は季節を通じて一定で，場所によらない，2) 深水層における光合成生産は無視できる，3) 深水層中での鉛直拡散による酸素の輸送は無視できる，4) 溶存酸素濃度は水平方向に均一である．これらの仮定をもとに，深水層の各深度 Z(m) における単位体積あたりの酸素消費速度は $J(Z)$ (g O_2 m^{-3} day^{-1}) は以下のように表される．

$$J(Z) = J_V + \alpha(Z) J_A \tag{6}$$

ここで J_V (g O$_2$ m^{-3}day^{-1}) は水中における単位体積あたりの酸素消費速度,J_A (g O$_2$ m^{-2}day^{-1}) は湖底単位面積あたりの酸素消費速度である.$\alpha(Z)$ (m^{-1}) は各層における湖底面積と湖水の体積の比で,各深度 Z における湖面積 $A(Z)$ から以下の式により計算できる.

$$\alpha(Z) = -\frac{1}{A(Z)}\frac{dA(Z)}{dz} \tag{7}$$

一般的に深度と共に $\alpha(Z)$ は増加する.式 (6) より $J(Z)$ と $\alpha(Z)$ は直線関係を示し,$\alpha(Z)$ を横軸に $J(Z)$ を縦軸にとった場合の傾きが J_A,切片が J_V となることがわかる.

具体的に J_A と J_V を求める場合,湖底近傍を含めて深水層で三深度以上,成層期間を通じて季節的に採水を行う必要がある.はじめに各深度における酸素消費速度 $J(Z)$ を採水日に対する直線回帰の傾きとして求める.つぎに $J(Z)$ の $\alpha(Z)$ に対する直線回帰式から J_A と J_V が得られる.

水中における酸素消費は,細菌などの生物による呼吸によるが,湖底における酸素消費は呼吸以外の地球化学的な酸化還元反応および湖底境界層の物理現象が関わる複雑な現象である.また水中における酸素消費は実際に採水して測定することが容易であるが,湖底における酸素消費を現場の条件を保ったまま測定することは非常に困難である.Livingstone-Imboden モデルの利点は,深水層における酸素消費に対する水中と湖底の寄与の割合を推定できることである.Rippey and McSorley (2009) はイギリスの湖沼群に対し Livingstone-Imboden モデルを適用し,水中・湖底酸素消費と環境要因の関係を解析した.その結果,水中酸素消費は湖の栄養状態に強く依存したが,湖底の酸素消費と環境要因の関連は明確に得られなかった.今後,深水層における溶存酸素濃度の変動を明らかにし,将来予測を行うためには,特に湖底における酸素消費に関する簡潔なモデルの構築が重要である.そのためには Livingstone-Imboden モデルに基づくデータの解析と実験による測定を組み合わせて湖底酸素消費に関するデータを集積する必要がある.

3.4 湖沼生態系に対する温暖化影響

(1) 温暖化と一次生産

　温暖化による気温の上昇は湖表層水温の上昇を促す．湖水は温まるとより軽くなるため，表層水温が上昇することによって温度躍層は浅くなり，湖水が成層している期間が長くなると予測されている（成層強化）．成層強化が沖合の一次生産に及ぼす影響は，湖の湖盆形態や栄養状態のほか，湖が存在する気候帯によって大きく異なることが考えられる．以下に，温暖化が湖の一次生産に及ぼす影響を，観測事実を基に評価した事例を整理したい．また，比較として，海洋外洋域における研究例も紹介する．

熱帯域の大型湖沼（タンガニーカ湖）
　一年中水温躍層が存在する熱帯域の大型湖では，植物プランクトンの一次生産は，深層から供給される栄養塩により強く制約される．したがって，成層強化により躍層以深からの栄養塩の供給が低下すると，植物プランクトンは栄養塩不足に陥り，一次生産が低下することが考えられる．アフリカにあるタンガニーカ湖では，過去100年間に温暖化による水温上昇と成層構造の強化によって植物プランクトン生産が低下する傾向にあると報告されている（O'Reilly et al. 2003; Verburg et al. 2009）．漁獲量についても，過去37年間のデータを解析すると，1.6%年$^{-1}$の割合で低下し続けており（van Zwieten et al. 2002），これが湖水の成層強化とそれによる植物プランクトン生産の減少に関連している可能性が指摘されている（O'Reilly et al. 2003）．

温帯域の浅い多回循環型湖沼（ミュッゲル湖での例）
　ドイツのミュッゲル湖（最大水深8 m）では，2003年と2006年の2度にわたってヨーロッパをおそった熱波による影響を調査することで，温暖化により一次生産が増大する方向に働く可能性が示唆された（Wilhelm and Adrian 2008）．温帯域にある浅い湖は風による鉛直循環が頻繁に生じる多回循環型（polymictic）である場合が多い．これらの湖でも温暖化による気温の上昇が成層期間の延長をまねく．ある程度以上に成層期間が長引くと湖底付近が還元状態となる期間が長くな

り，湖底堆積物中からの無機塩類の溶出量が多くなる．ひとたび成層構造が崩れると，溶出した栄養塩が有光層内へ供給され植物プランクトンの増殖に利用される．すなわち，成層期間が長くなるほど供給される栄養塩量は多くなり，植物プランクトン生産はより促進されることになる．

温帯域の深い湖（レマン湖での例）

　人口密集地にある温帯の大型湖の多くは，60～70年代にかけて富栄養化を経験してきた．またこれらの湖では，70～80年代に実施されたリン負荷量の制限によって富栄養化が改善されたという例も多く知られている．フランスとスイスの国境に位置するレマン湖でも，1960年以降に著しい富栄養化が進行し，全リン濃度（TP）は1970年代に50 μgL^{-1}を超えた．しかし，1972年にリンの排出規制を行った結果，水質は徐々に改善し，1982年以降はTPが22 μgL^{-1}（経済協力開発機構が富栄養湖と中栄養湖を分ける閾値としている値）を下回るようになった．一方，水温は，1970～2005年の期間を通して単調に上昇傾向を示した．興味深いことに，富栄養湖（1982年以前）と中栄養期（1982年以降）で，水温上昇が一次生産に与える影響が異なる可能性が示唆されている（Tadonleke 2010）．すなわち，富栄養期には，水温上昇に伴って一次生産が増加する傾向が見られたのに対して，中栄養期には，水温上昇に伴って一次生産が低下する傾向が認められたのである．そのメカニズムについてはまだ十分に明らかではないが，温暖化が一次生産に対して及ぼす影響が，同一の湖であっても，栄養度の変遷に伴って変化する可能性が指摘されている．

高緯度地域の湖

　高緯度地域にある湖は一年の大半が氷に被われ，氷が溶けて湖面が露出しているごく短い期間のみ一次生産が行われる．したがって，温暖化による気温の上昇は開氷期間を長くすることを通して，湖の生物生産を促進する傾向を示すと考えられる．これを確かめるため，北極圏にある6つの湖で湖底堆積物の柱状試料が採取され，そこに堆積した植物色素を指標に植物プランクトン現存量の変動と気温の変化の関係が解析された．それによると，過去100年間に植物プランクトン現存量は急激に増加しており，この増加が夏期の気温上昇と良い一致を示していることが明らかとなった（Michelutti et al. 2005）．

海洋外洋域

　海洋外洋域における一次生産に対する温暖化影響は，上でみた深い貧栄養湖における応答に似ていた．1899年からの膨大な海洋観測データと衛星からの観測データを分析した結果，多くの海域で植物プランクトン現存量がおよそ1% 年$^{-1}$の割合で減少傾向にあることが明らかとなり，この減少は海表面水温の上昇と良い一致を示していた（Boyce et al. 2010）．ここでも海表面水温の上昇が鉛直安定度の増加とそれによる深層からの栄養塩供給の低下を招くことによって一次生産を低下させたと説明された（Behrenfeld et al. 2006）．ただし，この一次生産に対する負の温暖化影響は緯度方向に変化し，低緯度海域でより強く，高緯度海域では逆に正の影響がみられることに注意しなければならない．高緯度海域は日照時間が短いために光制限に陥りやすい．鉛直安定度の増加は植物プランクトンが有光層に留まる時間を長くするので，温暖化影響はここでは正の効果を示すと考えられている（Doney 2006）（図3.4.1）．

(2) 温暖化と植物プランクトンの群集構造

　植物プランクトンの群集構造は各種の生理的要因と外部的要因（光，水温，栄養塩，捕食など）の相互作用により季節的に遷移し，その季節遷移は一般に，それぞれの水域において典型的な型（パターン）が存在する（コラム5参照）．たとえば，温帯域の湖沼における植物プランクトンの典型的な季節遷移としては，春季の大型珪藻ブルームに始まり，夏季には現存量は少ないものの渦鞭毛藻類が優占し，秋季から冬季には再び珪藻類が優占するというパターンが観察される（温帯の富栄養化した湖沼では緑藻や藍藻も加わる）．琵琶湖（北湖）においても1950年代までは上記と同様の規則的パターンが観察されている（根来 1981）．しかしその後の1960年代以降は，その季節的消長パターンが大きく変化し始め，現在では，季節ごとの優占種の予測が困難になってきている（一瀬ら 1999）．また，その種数も1990年以降減少し，約20年間で半減したことが報告されている（一瀬ら 2007）．このような琵琶湖における植物プランクトン群集構造の変化は，富栄養化や有害化学物質の流入による水質変化，温暖化による水温上昇などの要因が複雑に絡んで生じていると考えられるが，いまだその原因は明確には示されていない．

　温暖化による表層水温の上昇は，植物プランクトン群集構造を大きく変える要因の一つである．たとえば，シアノバクテリアの増殖に対する至適水温は他の藻

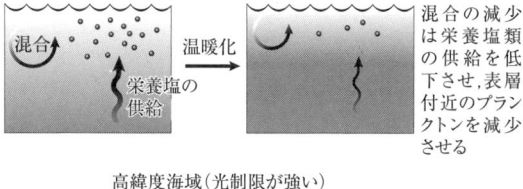

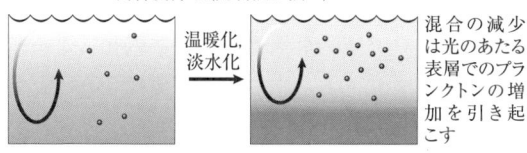

図 3.4.1. 成層強化に対する植物プランクトン一次生産の応答を示す模式図（Doney 2006 を一部改変）

栄養塩制限が強い熱帯および中緯度海域では，成層強化によって下層からの栄養塩類の供給が低下するため一次生産は低下する．一方，光制限の効果が強い高緯度海域では，成層強化によって光環境が向上するため一次生産は上昇する．

類グループ（珪藻，緑藻）のそれよりも一般に高いため，高温化はシアノバクテリアの増殖を直接的に刺激し，その優占水域を拡大させると考えられている（Reynodls 2006, Shatwell et al. 2008）．

水温上昇による植物プランクトン群集への間接的な影響としては，水温成層の強化・長期化にともなう深層から表層への栄養塩供給量の低下がある．表層の貧栄養化により，大型の植物プランクトングループ（主に珪藻）から貧栄養環境に適応可能なより小型のグループ（ピコシアノバクテリア，小型珪藻）あるいは運動性を有するグループ（渦鞭毛藻，クリプト藻）への遷移が起こると予測されている（Sommer and Lengfellner 2008; Wilhelm and Adrian 2008; Wagner and Adrian 2009; Winder et al. 2009）．これらの結果，全植物プランクトン量に対するピコ植物プランクトン量（0.2〜2 μm）の割合の増加やピークバイオマスの低下などが起こると考えられている（Sommer and Lengfellner 2008, Morán et al. 2010）．一般に，栄養塩が不足しがちな水域では細胞サイズの小さい植物プランクトンが増殖において有利になる．これは，細胞サイズが小さいほど表面積 / 体積（S/V）比が大きくなり，その結果として，栄養吸収能力が高まるためと考えられている．田中（2008）は，低濃度の栄養塩環境における植物プランクトン細胞（球体細胞）の最大比増殖速度と栄養塩とりこみの比親和力定数は細胞半径の 2 乗に比例して低下することをモデル式から説明し，栄養塩のとりこみ効率が細胞サイズに大きく依存することを

述べている．温暖化に起因する大型種から小型種への遷移は，転送効率の悪化を招き，魚類などの水産資源に影響を及ぼす恐れがある．また，細胞サイズが小さいほど，細胞重量に対する表面積の比が大きくなるため，水との摩擦抵抗が大きくなり，沈降しにくくなる．このような沈降速度の低下は生物ポンプの機能を弱め，表層から深層への物質輸送に大きな影響を及ぼすと考えられる（3.3節（1）項参照）．

しかしながら，植物プランクトン群集構造が，温暖化による直接的・間接的影響により，将来どのように変化するのかという予測はそれほど簡単ではない．これは，1）成層強化によって植物プランクトンの増殖に対する栄養環境は悪化するが，光・水温環境は良くなる，2）水温上昇は表層での栄養塩再生速度を高めるため，栄養環境は向上する，3）水深が比較的浅い水域では湖底の貧酸素化にともなう栄養塩溶出（3.3節（2）項参照）によって，栄養環境は向上する，といったさまざまな要因が複雑に関与するからである．また，時期や水域によって植物プランクトンの増殖に対する制限要因が変化することも考慮しなくてはならない．

以上のような複合要因を考慮しつつ，気候変動が植物プランクトンの動態に及ぼす影響を評価するうえでは，モデルを用いた研究が有効である．ここでは，欧州で起きた2003年の熱波襲来というイベントに着目し，有害シアノバクテリア（*Microcystis*）の大量発生のリスクが気候変動によって高まるかどうかを評価した，オランダの過栄養湖における研究例を紹介する（Jöhnk et al. 2008）．この研究では，湖水を人工的に鉛直混合（1～2週間周期）させることにより*Microcystis*の増殖を抑制する実験を行っている際に，上記の記録的な熱波が襲来し，鉛直混合を停止した数日後に*Microcystis*のブルームが発生することとなった．そこでこの研究グループでは，この現象を理解するため，気象学的データによって駆動される生物（植物プランクトン種間競合モデル）－物理（水力学的モデル）結合モデルを用いて，この気象学的イベントが植物プランクトンの種間競争にどのような影響を与えるのかを評価した（図3.4.2）．モデル解析の結果，気温の急上昇による水温の上昇は，*Microcystis*の増殖速度を直接的に増大させ，また，水温成層の強化や水の粘性の低下を引き起こすことが示された．さらに，風速と雲量の減少の影響が加わることにより，鉛直循環の停止後，数日のうちに*Microcystis*のブルームが引き起こされることが示された．このように，気温の変化のみでなく，雲量や風速などの効果を複合的に反映させたモデルを用いることにより，気候変動が植物プランクト

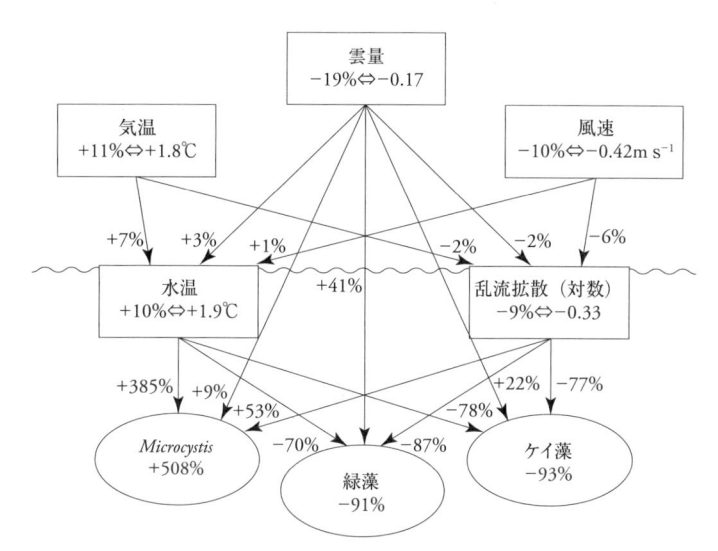

図3.4.2 モデルシミュレーションによる植物プランクトン現存量に対する熱波の影響
（Jöhnk et al. 2008 より引用）

気象学的パラメータ（気温，雲量，風速）が水温と乱流拡散（log-10 スケールで表現）に作用し，水温，雲量（つまり光量），乱流拡散が植物プランクトン現存量に影響を与える．各物理パラメータの□内の数字は，平均的な夏季の値に対する 2003 年熱波襲来時の相対・絶対値を示す．各生物パラメータの○内の数字は，平均的な夏季の値に対する 2003 年熱波襲来時の相対値を示す．矢印に沿った数値はパラメータ相互間における相対的寄与率を示し，たとえば，2003 年熱波襲来時の Microcystis 現存量は，平均的な夏と比較して，508％増加し，この増加率のうち 385％が水温（上昇）の影響によることを示す．

ンの動態に与える影響をより正確かつ詳細に評価できると考えられる．

(3) 動物プランクトンの代謝プロセスと水温

　一般に，温度は生物の生活に影響を与えるもっとも重要な要因の一つであるが，これは生体内における酵素活性が温度依存的に変化するためである．変温性である多くの水生無脊椎動物は温度の影響を強く受けるが（Schmidt-Nielsen 1991; Yurista 1999），動物プランクトンに関しても代謝や摂食，成長，再生産などの生活史特性に与える水温の影響が調べられ，それらが生息する分布範囲をよく説明することがわかっている（Chipps 1998; Hall and Burns 2001; Lee et al. 2003; Iguchi and Ikeda 2005）．一般的に，代謝速度は生物が通常体験する温度範囲内であれば，温度と共に指数関数的に増大することが知られており（Schmidt-Nielsen 1991），アレ

ニウス式（Ikeda et al. 2000 及び 3.4 (4) 項参照）でよく説明できる．寒帯から温帯に生息する動物プランクトンあるいはベントスの代謝速度の Q_{10} 値は 1〜4 の範囲内にある（神戸・伴 2007）．

　動物プランクトンの卵発生時間や孵化後の発育時間は温度に依存して指数関数的に短縮するが，これらはアレニウス式から若干ずれる．卵発生と孵化後の発育に要する時間（D）と生息水温（T, ℃）の関係については，以下の式が提案されている．

$$\ln D = \ln a + b\ln T + c(\ln T)^2 \tag{1}$$
$$\ln D = \ln a + T\ln b + T^2\ln c \tag{2}$$
$$D = a(T-\alpha)^{-b} \tag{3}$$

ここで，a, b, c, α はそれぞれ定数である．Bottrell et al. (1976) はさまざまな淡水産の枝角類とワムシ類について卵発生時間と水温の関係を調べ，式 (1) がもっとも適合するとした．Sarvala (1979) は底生性カイアシ類の発育時間については，式 (2) がよく適合するとした．McLaren (1965) は海産カイアシ類の卵発生と幼生発育時間について式 (3) を用いることを提案した．これは，式 (1)〜(2) とは異なって，低温側に漸近線（$x=\alpha$）を持つべき乗関数である．α は，対象生物の生息下限の水温の指標として用いることができ，生物学的ゼロ度とも呼ばれる．生息水温と α には正の相関関係がある（図 3.4.3）．すなわち，低水温の高緯度海域に生息するカイアシ類はより高水温の低緯度海域に生息するものより低い α を示す．いずれの式を用いても卵発生時間も発育時間も温度と共に短縮するため，結果として動物プランクトンの成長速度や生産速度も増加する．Huntley and Lopez (1992) は 33 種の海産カイアシ類について，水温が成長速度の変動の 90% 以上を説明すると報告している．

　一般的に，卵の発育は蓄えられた卵黄によって行われるため，卵発生時間の変動はほぼ水温のみで説明できる．しかし，孵化後の発育時間は水温だけでなく利用可能な餌量の影響を受ける（Ban 1994）．海洋や湖沼の動物プランクトンにおいて，しばしば餌不足による産卵数の低下や成長の抑制が報告されている（Lampert 1985）．琵琶湖でも，餌不足によるカイアシ類 *Eodiaptomus japonicus* の発育遅滞や死亡率の増加が報告されている（Kawabata 1989）．このため，水温のみで動物プランクトンの成長速度を見積もると過大評価する可能性がある．

　生物学的ゼロ度以下の水温に曝されても，生物は必ずしも死には至らない．そ

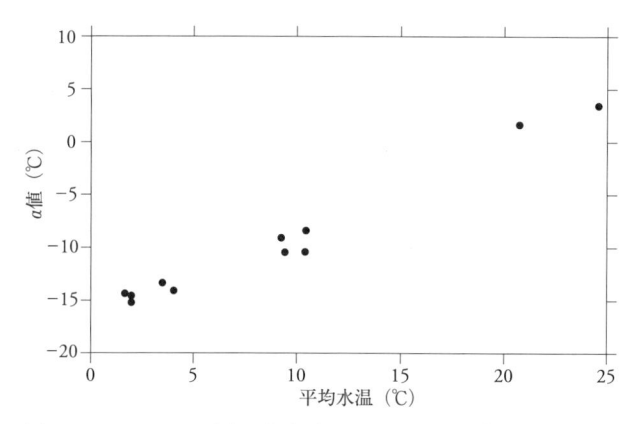

図 3.4.3　カイアシ類の生息水温と α の関係（McLaren et al. 1969 より引用）

れに対して，ある閾値以上の高温に曝されると，しばしば致命的な作用が見られる．琵琶湖に生息するアナンデールヨコエビ（*Jesogammarus annandalei*）は，氷河期の遺存種とされ，低温環境中（15℃以下）にのみ生息する．実験的に 20℃の環境中におくと，たとえ順化しながらゆっくりと水温を変えても，死亡率は 2 週間以内に 60％を超える（神戸・伴 2007）．実際，このヨコエビは成層期には深水層にのみ分布し，15℃以上の表水層には決して入って行こうとはしない（Ishikawa and Urabe 2005）．代謝の面からみても，20℃を超えると，アンモニウム塩の排出速度が水温と共に減少する．興味深いことに，呼吸速度について 25℃までは，アレニウス式に従って水温とともに上昇する．つまり，水温上昇に伴う代謝速度の変化が，アンモニウム塩排出速度の場合と呼吸速度の場合では異なる（神戸・伴 2007）．このメカニズムについてはまだ十分に明らかではないが，代謝活性に対して阻害的に作用する高水温閾値を検討するうえでは，複数の代謝速度（呼吸速度，アンモニウム塩排出速度等）の変化を調べる必要がある．

（4）生態系代謝バランスに対する温度上昇の影響

3.1 節（4）項および本節（3）項では，それぞれ光合成と動物プランクトンの代謝速度が水温上昇とともにどのように変化するのかについて解説した．ここで，微生物から動物プランクトンまでを含めた各種生物の代謝速度（光合成速度，呼吸速度，捕食速度，無機栄養塩の回帰速度など）の温度依存性を Q_{10} 値として整理す

表 3.4.1　水域生態系における各種代謝速度の温度依存性（Q_{10}）

代謝過程	Q_{10}
光合成（光飽和*）	1.8–2.6
呼吸（微細藻類）	2.6–5.2
呼吸（動物プランクトン）	1.8–3.0
細菌生産速度	1.2–4.0
アンモニア無機化速度	2.2–2.5

＊光制限下では一般に温度依存性は小さい
Lomas et al. (2002), Sommer and Lengfellner (2008) などを基に作成．データは，淡水および汽水域で得られたものを含む．また，培養実験で得られた値と，野外調査で得られた経験値の両方を含む．

ると，平均的にはおおむね2前後の値をとるものの，ばらつきも大きい（Q_{10} = 1～5）ことがわかる（表3.4.1）．代謝活性の温度依存性が，種間や機能群間，あるいは代謝変数間で異なるということは，温暖化の生態学的影響を評価するうえで重要なポイントとなる．この評価を行うためには，温度と代謝活性の関係を，生物特性と関連づけるための概念枠組みが必要になる．本項では，このような概念枠組みのひとつとして，体サイズの異なる各種生物の代謝活性の温度依存性を記述するモデルである「生態学的代謝理論」（Brown et al. 2004; Allen et al. 2005）とその適用例を紹介する．

　生物の単位体重あたりの代謝活性は，体サイズの増加とともに単調に減少することが知られている．たとえば，ネズミ（体重0.1 kg）は一日当たりに体重の50％に相当する食糧を摂取（代謝）しないと飢餓状態に陥るが，ヒト（体重60 kg）の場合はこの値は約2％である．興味深いことに，単細胞生物からゾウまでを含めた全生物界について見渡すと，体サイズ（体重M）と代謝活性（v）の間には，以下のようなべき乗則（アロメトリー）が成り立つ．

$$v = a \times M^{3/4} \tag{4}$$

　ここで，aは定数である．Brown et al. (2004) は，体サイズと代謝活性の関係を，生物体内における物質輸送の効率という観点から検討した．その結果，輸送ネットワークの幾何学的配置がフラクタルである時に，物質輸送の効率が最大化することを見出した（計算によれば，式（4）にある3/4という指数は，輸送効率を最大化する解として導くことができる）．次に，各代謝速度の温度依存性を定量的に評価するために，以下に示すアレニウス式（化学反応の温度依存性を表す式）を用いた．

$$v = b \times e^{-E/kT} \tag{5}$$

ここで，Eは活性化エネルギー (eV；この値が大きいほど温度依存性は強い)，k はボルツマン定数 (8.62×10^{-5} eV K^{-1})，T は絶対温度 (K)，b は定数である．

式 (4) と式 (5) を用いて，温度と体サイズを代謝速度に関係づけると，次式が得られる．

$$v = c \times M^{3/4} e^{-E/kT} \tag{6}$$

ここで，c は定数．式 (6) を用いることで，生態系の代謝過程や代謝バランス (異なる代謝活性の比) を，系を構成する生物の体サイズ組成と温度を説明変数として記述することが可能になる (生態学的代謝理論の一般的な解説としては Whitfield 2004 を参照)．

いま，すべての代謝過程について，温度依存性の度合が同一 (式 (6) のEが等しい) と仮定すると，どのような温度条件であっても，各代謝速度の比 (代謝バランス) は一定に保たれると考えられる．ところが，ある特定の代謝過程が，他の代謝過程に比べて系統的により強い (あるいはより弱い) 温度依存性を示す場合，温度上昇は，単に生態系代謝速度の全般的な上昇を引き起こすだけでなく，代謝バランスの系統的な変化も誘導すると予想される．ここでは，生態系代謝バランスの重要な指標である，呼吸速度と光合成速度の比に対する温度上昇の影響を，淡水生態系において評価した研究例を紹介する．

Yvon-Durocher et al. (2010) は，野外に 20 基の実験池 (容量 1 m^3) を設置し，その半数を外気温に暴露し (対照区)，残りの半数を加熱した (加熱区)．ただし，加熱区では，対照区に比較して常に 4℃ だけ水温が高くなるように調節をした．実験は 1 年間継続し，その間，1〜2 か月の間隔で，各実験池の水中における総光合成速度 (GPP)，純光合成速度 (NPP) および群集呼吸速度 (CR) を測定した．得られた結果の一部を図 3.4.4 に示す．各測定時において，加熱区における GPP と CR は，いずれも対照区におけるそれぞれの値よりも高い値を示した．また，その上昇の度合については，CR の上昇率が GPP の上昇率を上回った．従って，CR：GPP 比の年間平均値をみると，対照区では 1 より有意に低かったのに対し，加熱区では 1 と有意に異ならなかった．

次に，各代謝速度の温度依存性を定量的に評価するために，式 (5) を用いて解析をした．実験池で得られたデータから，活性化エネルギーは，NPP では

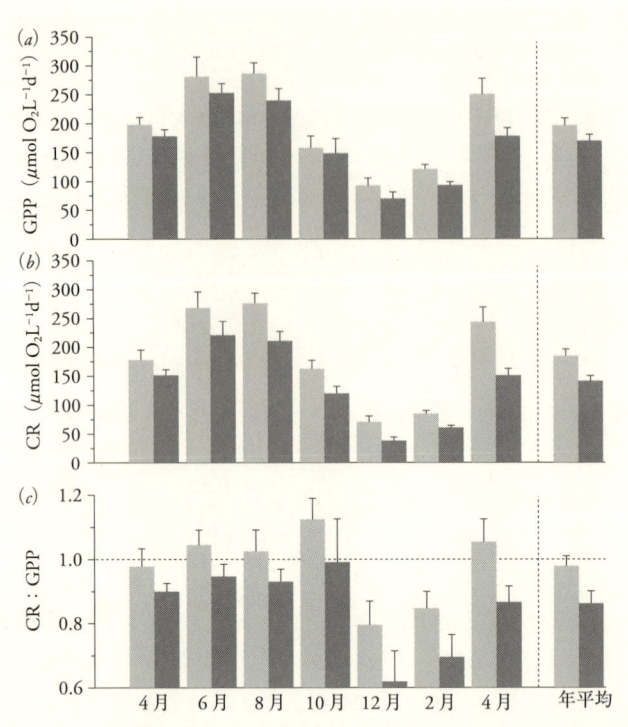

図3.4.4　加熱区（灰）と対照区（黒）におけるGPP, CRおよびCR：GPP比の季節変化と年平均値（Yvon-Durocher et al. 2010）

0.41eV，GPPでは0.45eV，CRでは0.62eVと見積もられた．これらの値は，海洋や陸域などで一般的に求められている値と整合的であった（表3.4.2）．以上のことから，温暖化の進行にともなう温度上昇は，光合成による一次生産に比べて，呼吸による有機物分解をより強く促進することが示された．つまり，温度上昇とともに，生態系の代謝バランスは，より独立栄養的な状態（CR：GPP比＜1）からより従属栄養的な状態（CR：GPP比＞1）へと系統的に推移する可能性が示唆された．このような推論（温度上昇によるCR：GPP比の系統的な増加）は，海洋における研究結果からも支持されている（Lopez-Urrutia et al. 2006）．

　以上のような評価結果にどの程度の一般性があるのかはまだ明らかではない．特に注意すべきなのは，温暖化影響が，温度による直接効果（代謝速度の上昇）だけではなく，水体の成層構造の変化にともなって変動する様々な環境条件の複合的な効果をもたらすという点である．Yvon-Durocher et al.（2010）の実験では，栄

表 3.4.2　各種代謝過程の活性化エネルギー（eV）

	光合成生物		従属栄養生物
	光合成	呼吸	呼吸
理論値（Allen et al. 2005）＊	0.32	0.32	0.65
海洋（Lopez-Urrutia et al. 2006）	0.29（純光合成）	0.33	0.56
淡水（Yvon-Durocher et al. 2010）	0.41（純光合成） 0.45（総光合成）		0.62

＊Allen et al. (2005) は，(1) 呼吸に関わる活性化エネルギーは，ATP 生成に関与する複合的な生化学反応に伴うものであり，この値は従属栄養生物において広く保存されていること（0.65 eV），また，(2) 光合成に関わる活性化エネルギーは，主にルビスコによるカルボキシル化に関わるものであり，多くの植物（C_3 植物）において広く保存されていること（0.32 eV）を主張した．なお，植物における呼吸は光合成生産の制約を受けるため，活性化エネルギーは光合成におけるそれに等しいと考えた．

養環境や光環境，また，水体の物理構造等の違いが，代謝過程や代謝バランスに対してどのような影響を及ぼすのかが十分に明らかにされていない．これについては，今後の検討が必要である．

(5)　食物網および生態系レベルでの温暖化影響に関する最近の研究動向

　本節前項まで（1～4）は，湖沼の沖合生態系の機能を支える個々の素過程として一次生産 (1)，動物プランクトンの代謝速度 (3)，および，光合成と呼吸速度のバランス (4) をとりあげ，それぞれが水温上昇や水体構造の変化にどのように応答するのかについて整理した．また，温暖化により植物プランクトン群集構造がどのように変化するのか (2) についても議論を行った．生態系の個々の素過程や群集組成に対する水温上昇の影響を明らかにすることは，温暖化が生態系に対して及ぼす影響を正しく評価するうえで基本的に重要かつ不可欠な課題である．

　しかし，これらの知見を基にして予測される素過程の応答の「単純な和」が，生態系全体の応答を正確に示すとは限らないという点に十分に注意する必要がある．その理由は，単に，素過程の振る舞いについての予測精度が十分でない，ということだけではない．個体から食物網に至る階層的な構造をもった生態系の原理的な特性として，その全体としての挙動が，「素過程」の応答からは予期できない規模や様相を呈することがありうるのである．生態系を通したエネルギーの流れや物質循環，生態系の生産性といった生態系機能，あるいは食物網などの生

態系構造は，階層システムから創発する性質であり，個体や個々の生物間相互作用のみから把握することは本質的に困難であるといってもよい．地球温暖化により引き起こされる個体レベルの生理や代謝，行動の変化も，生物間相互作用を通して生態系全体へと波及する．また，生態系は時間・空間的な広がりを持つため，局所的，あるいは単一の時空間スケールで得られた知見のみでシステム全体を把握することはできない．そのため，地球温暖化に対する生態系応答を評価し，変化を予測するためには，階層と時空間スケールに応じたさまざまな実験・観測アプローチと，新たな理論枠組みが必要となる．そこで本項では，水域生態系における温暖化の影響を取り扱った実験・観測と，理論枠組みの構築の試みに関して，最近の研究動向を紹介する．

実験と観測によるアプローチ

生物個体の代謝や行動が温度とともにどのように変化するかといった問題は古くから実験的にとりあげられてきたが，食物網や生態系レベルで温度上昇が及ぼす影響を把握するためには室内実験系から大規模な操作実験までさまざまな時空間スケールにおける実験を行う必要がある．

温暖化が生態系に及ぼす影響を調べた初期の重要な実験として，Petchey et al. (1999) による室内実験があげられる．Petchey らは一次生産者，とその植食者，捕食者およびバクテリアとバクテリア食者から構成される食物網を室内で培養し，水温を変化させて食物網の変化を調べた．その結果，水温の上昇と共に捕食者と植食者の絶滅が見られ，一次生産者，バクテリアとバクテリア食者が優占する食物網へと変化した．食物網の変化に応答して，一次生産や全生物量などの生態系機能・構造は水温上昇のみから予測される以上の増加を示した．このように，地球温暖化は食物網構造の変化といった不連続な事象を引き起こすため，その影響は単純に生物個体の代謝の増加のみでは予測することはできない．近年はメソコスム（中規模人工生態系）を用いた実験も行われている（図3.4.5, Liboriussen et al. 2005 より引用）．3.4 節 (4) 項で紹介したように，Yvon-Durocher et al. (2010) は温暖化とともに，一次生産よりも呼吸がより増大し，生態系の正味の二酸化炭素吸収量が低下することを野外操作実験により示した．

それではこれら実験により示された結果が実際の生態系にも適用できるのだろうか？　湖沼の水温を大規模に操作することは非常に困難であるが，温暖化が時を経て及ぼす影響を，水温の異なる一連のシステムを比較することで類推するこ

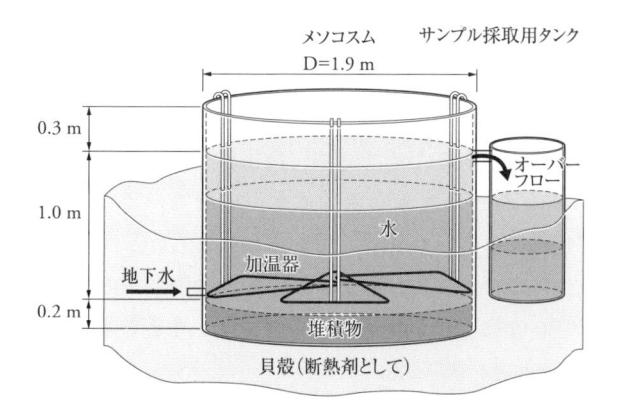

図 3.4.5　Liboriussen et al. (2005) が設計した野外操作実験系

とは可能である．たとえば地熱により水温の空間異質性が大きい (6～23℃) アイスランドの河川生態系の比較により，Friberg et al. (2009) は一次生産，物質循環，食物網構造に対する非常に大きな水温の効果を見出した．

　生態系に対する温暖化影響を調べるもう一つの有効な方法は，長期観測データを用いた生態系の変化と気温上昇の関係の解析である．温暖な気候帯の湖の場合，春のブルームが生態系の起点となり，明確なフェノロジーを示す (PEG モデル，コラム 5)．ところが近年，温暖化にともなう水温の上昇と，湖物理構造の変化にともない，湖のフェノロジーに変化が見られつつある．Winder and Schindler (2004a) はワシントン湖における長期観測データを用いて，湖の成層開始と春のブルームの時期が 40 年間で 27 日早期化しているのに対し，主要な植食者であ

る Daphnia（3.2 節 (1) 項参照）の出現時期はその間ほとんど変化していないことを示した．また，Daphnia の生物量は期間中に顕著に減少した．これは植物プランクトンと Daphnia の間で，温度上昇に対する応答の違いや，出現のタイミングを規定する要因の違いがあるためである．植物プランクトンの場合，春のブルームの時期を決めるもっとも大きな要因は水温成層である．一方，Daphnia の場合，卵からの孵化には日射量が影響していると考えられるが，日射量は温暖化により直接影響を受けない．温暖化の影響により，動物とその餌生物の間で出現のタイミングがずれ，食物網構造が変化する事例が，さまざまな生態系において報告されている（Durant et al. 2007）．

　もう一つのアプローチとして，堆積物の分析による過去復元があげられる．Smol et al. (2005) は北極域の湖沼群で得られた 55 の堆積物サンプルを分析した．その結果，1850 年以降，北極域の湖沼では気温上昇の度合いに対応して生物群集が変化し，多様性が増大していることを示した．

新たな理論枠組みの構築の必要性

　生態系において食物網は，一定の秩序を示す（Ings et al. 2009）．また，温暖化が引き起こす食物網の変化も，決してランダムではなく，選択的に働く（Petchey et al. 1999 の実験，上記参照）．温暖化が食物網にもたらす影響を理論的に評価するには，温度を含めたできるだけ数少ないパラメータで食物網全体を構成することができる理論枠組みを構築する必要がある．そのような理論は現時点ではまだ存在しないが，上述した生態学的代謝理論（3.4 節 (4) 項）と摂餌理論（Stephens and Krebs 1986）の二つの既存理論を組み合わせることで，有効な理論枠組みが構築できるという主張がある（Woodward et al. 2010）．すなわち，生態学的代謝理論では，生物個体のエネルギー代謝が体サイズの 3/4 乗とアレニウスの式による温度依存性で表される．一方，摂餌理論では，捕食の効率が餌の探索効率と処理効率の二つにより表される（3.2 節 (1) 項）．探索効率，処理効率ともに体サイズと温度に依存することから，捕食の効率も体サイズと温度の関数として表現できることが期待される．すなわち，生物の代謝と，生物間相互作用（捕食）がともに体サイズと温度の関数で近似的に表すことができる．

　それでは，生態学的代謝理論と摂餌理論から食物網は構成できるであろうか．Beckerman et al. (2006) は，摂餌理論を用いて理論的に構成された食物網が実際の食物網が持つ性質によく合致することを示した．引き続き Petchey et al. (2008)

は，摂餌理論に体サイズ依存性を導入し，得られた食物網の体サイズ構造が実際の食物網をうまく表すことを示した．今後，生態学的代謝理論がもたらす個体レベルでの制約と温度依存性を組み込み食物網を構築する理論が確立されれば，生態系に対する温暖化影響を評価する有効な理論となるであろう．

生態学的代謝理論はエネルギー代謝を扱うが，その一方で，生物のもう一つの重要な側面は生物を構成するストイキオメトリー（化学量論）である（3.2節（3）項）．多くの場合，生物の増殖や代謝はエネルギーだけでなく，窒素やリンといった物質により制限されている．そのため，温暖化とそれにともなう物質循環の変化が生態系にもたらす影響を評価するには，生態学的代謝理論と摂餌理論に加えて，ストイキオメトリー理論（Sterner and Elser 2002）を組み込む必要がある（Allen and Gillooly 2009）．この3つの理論の統一は，現代の生態学におけるもっとも大きな課題の一つであり，生態系に対する温暖化影響評価のうえでも大きな意義があると思われる．

3.5 魚類・底生動物に対する温暖化影響

IPCCの第4次報告書（IPCC 2007b）の編纂に先駆けて，数多くの生態学者が世界中のさまざまな生態系における生物の温暖化影響を評価する研究を精力的に実施した（Walther et al. 2002; Root et al. 2003; Thomas et al. 2004; Hickling et al. 2006）．これらの研究の多くが，温暖化による生物の地理的分布の変化やフェノロジーの変化，あるいは，生物群集組成の変化が顕在化していることを報告した．たとえば，Root et al. (2003) は，野生動植物694種を対象とした温暖化影響に関する143の研究事例について解析を行った．その結果，樹木種を除くほとんどの分類群で春季の生態学的イベント（開花，繁殖，羽化など）が早期化傾向にあり，特に，高緯度地域においてその傾向が顕著であると結論した．この解析には膨大な数の生物種が網羅されているにもかかわらず，魚類での早期化の報告はわずか2例しか含まれていなかった．これは魚類が温暖化影響に対して頑健であるというよりも，むしろ，水中観察の困難さによって長期あるいは広範にわたるデータが不足していることに起因する．近年，陸水学の分野で魚類や大型底生無脊椎動物の温暖化影響を予測する研究が増えつつあるものの（Ficke et al. 2007），温暖化影響のメカニズムやリスクについてはまだ不明の点が多い．

本節では，温暖化が魚類や底生動物に及ぼす生理影響について解説し，続いて，局所個体群の存続確率や生息分布変化を予測する研究の実例を紹介する．さらに，湖沼物理構造の変化が種間の相互作用を決定するメカニズムについて解説し，群集構造の改変を通じて生態系機能や生態系サービスにどのような影響が波及するかを概観する．なお，本書は湖沼生態系の温暖化影響に焦点を当てているが，移動能力の高い大型水生動物はその生活史を通じて湖沼と河川あるいは海洋を行き来する種も少なくない．そのため，本節では陸水生態系から沿岸生態系までを網羅した幅広い事例を扱う．また，温暖化に関連した気候変化，たとえば，グローバルな降雨パターンの変化によってもたらされる陸水の水理学的改変も広義の温暖化問題とみなす．

(1)　個体への生理的影響

　生物の生理活性に対する温度の影響は，主に酵素反応による生化学反応への影響と捉えることができる．すなわち，一般的な化学反応と同様に，温度の上昇と生理活性の上昇は一定の割合で進む．しかし，ある閾値を超えると酵素（タンパク質）の変性が起こり，急激に生理活性が失する．

　3.1 節で解説したように，生理学における温度の影響の概念として Q_{10} 値があるが，一般に，水棲生物の Q_{10} 値の値は 2～3 の範囲であるとされる．Q_{10} 値はその生物が生存できる温度範囲内では一定と扱われることが多い．生理活性と温度の関係は，化学反応と温度の関係を示したアレニウスの式によってモデル化される場合もある（3.4 節（4）項を参照）．

卵発生および初期減耗と水温の関係

　湖沼に生息する水生動物の大半は生活環に卵の段階をもっている．温度の変化は孵化に要する時間の変化に直接結びつきやすい．たとえば現在の水温で孵化に要する日数が 10 日で，Q_{10} 値が 2 と仮定すると，2℃の上昇では孵化に要する日数が 8.7 日となり，4℃の上昇では日数が 7.6 日となる．実際に，同じ卵を異なる水温で飼育した場合の孵化までの時間については，水産学的な視点で養殖魚での研究例が多い．

　なお，卵に含まれる栄養資源を母親がどれだけ与えるかは，母親の栄養状態などさまざまな要因で影響を受ける．魚類ではこの栄養資源は，卵の発生の時のみ

ではなく，仔魚期（卵黄を腹部にもち成長や生命維持に使う状態）にも使われる．温度によって，親が卵に与える栄養資源の量を変化させるならば，温度は間接的に卵発生に影響を与えるであろう．

魚類の個体群動態では，卵から仔魚という成長段階での生残率（初期減耗）が重要とされており，卵の孵化時間のみならず仔魚から稚魚への成長速度の増減などさまざまな形で水温変化の影響が現れる．

溶存酸素濃度の低下に対する生理的応答

湖水温上昇の間接的な影響として，湖底の溶存酸素濃度の低下が底生動物に与える影響について考える（温暖化による酸素環境の悪化については3.4 (2) 項を参照）．水生動物の中には溶存酸素濃度の著しい低下を短時間であれば耐えられる能力を持つものが存在する．たとえば，夜間に溶存酸素濃度がほぼゼロになるような環境である干潟に生息する魚類には，数時間の間であれば無酸素状態で生存できるものが知られている．しかし，無酸素状態が長期にわたって継続すればこのような種も死んでしまう．また，生活環の中で休眠状態をとることによって無酸素状態に耐える能力を持つものもいる．陸水域の代表的な生物であるワムシやミジンコなどの動物プランクトンや，底生生物であるプラナリア類には好適な環境になるまで孵化しない卵（耐久卵）をもつものが存在する．耐久卵には，溶存酸素濃度の低下のみならず，不適な温度や乾燥に対する耐性もある．

溶存酸素濃度の低下が水生動物の活動に与える影響には，回避，活動量の低下，代謝の低下などがある．魚などの移動能力の高い生物の場合，溶存酸素濃度の低下を感知し溶存酸素濃度の高い空間への移動が可能であれば，多くの個体が好適な場所へと移動し，結果として個体群の分布の変化が起こる．次項で貧酸素耐性の評価について述べるが，魚類の貧酸素耐性の実験を行うと，多くの魚で鼻上げ行動がみられる．これは，通常体の軸を水平にしている個体が，頭を水槽の上方に向けて体の軸を垂直にする行動であり，水面近くの高い溶存酸素濃度を利用しようとする行動と理解されている．ところが，さらに溶存酸素濃度が低下すると，魚は鼻上げ行動をやめ，水槽の中であまり動かなくなってしまう．これは活動量を支えるための酸素の獲得が困難になり，活動量が低下せざるを得ない状況である．さらに，溶存酸素濃度が低下すると代謝そのものの低下がみられる．そのような状況が続けば，やがてその生物は死に至る．

貧酸素耐性の評価方法

　生物の貧酸素耐性の評価方法としてよく使われるものとして，半数致死濃度 (Lc50)，鼻上げ行動をおこす濃度，臨界濃度 (Pc)，最大活動余力 (Ms) がある．それぞれ測定の仕方や数値が表す意味が異なっており，利点や欠点がある．

　半数致死濃度 (Lc50) は有害物質の試験などで使われている方法である．溶存酸素濃度を保った水槽に複数の個体を一定時間飼育し (暴露実験)，死亡率を記録する．この実験を複数の溶存酸素濃度で実施し，死亡率が 50% となる濃度を算出する．暴露実験の継続時間は，通常 24 時間であるが，48 時間の暴露を行う場合もある．当然，暴露実験の継続時間によって，死亡率は異なるため，半数致死濃度には暴露時間を記述した，$Lc50_{24}$，$Lc50_{48}$ といった表記が行われることもある．

　Pc は，呼吸速度が急激に減少する溶存酸素濃度である．通常，生物は生命の維持に必要な基礎代謝に加えて，運動を行うための運動代謝を必要とする．実験室で生物の呼吸を測定する場合は，日常的な運動に相当する運動代謝と基礎代謝の和が測定される．これを平常代謝と呼ぶ．溶存酸素濃度が低下した領域では，運動の強度や頻度が低下するが，ある溶存酸素濃度を迎えると，生物は平常代謝が極端に低下し，基礎代謝も制限するようになる．この溶存酸素濃度が Pc である．Pc 値を下回ると，基礎代謝が制限される状態であり，運動のための代謝の余力はないといえる．

　Ms とは，その溶存酸素濃度においてどれだけ負荷の高い運動を行うことができるかを示したものである．Lc50 や Pc とは異なり一つの値による指標ではない．測定は，基礎代謝にあたる呼吸量測定と，呼吸量の測定のチャンバーや水槽内に流速を与えるなど強制的に運動させた場合の呼吸量，すなわち高負荷時の運動代謝の測定を行う．基礎代謝の測定は，麻酔薬などを使い極力運動をしない状態で測定する．高負荷時の運動代謝は，負荷に対して呼吸量が上昇しなくなる値，すなわち最大量を求める．最大活動余力は溶存酸素濃度が高いほど大きいのが普通であり，溶存酸素濃度が低下すると徐々に小さくなる．最大活動余力がゼロになった溶存酸素濃度では，運動がまったくできない．Pc は，平常代謝が急減する溶存酸素濃度であり，最大活動余力がゼロになった溶存酸素濃度とは厳密には一致しない．原理上，Pc は Ms = 0 となる溶存酸素濃度よりも高い．Pc は，平常の活動が維持できなくなる溶存酸素濃度であり，Ms = 0 となる溶存酸素濃度は安静時の代謝にも危機が訪れる溶存酸素濃度と解釈できる．いずれにしろ，そのような溶存酸素濃度が長時間続くということは，餌を採ることや捕食者から逃れるこ

とができない状態が続き，生命の危険に対して対処できない状態であるといえる．

　これらの貧酸素耐性の評価指標は，数時間から数日（〜2日）の暴露試験で測定されるものである．すなわち，これらの指標は，短期影響（急性影響）を示す．ところが，実際には湖底での溶存酸素濃度の低下は数週間から数か月続くことがあり，生物への長期影響（慢性影響）も考慮する必要がある．上で述べた最大活動余力（Ms）は，個体の活動量の低下を呼吸量で示したものだが，長期的に活動量が増加した場合に個体の成長に与える影響や，個体の成長の低下が産卵数を通じて個体数の低下につながる影響も考える必要がある（Breitburg 2002）．

　しかし，貧酸素状態の長期影響の評価についての室内実験は，まだほとんど行われていない．その理由は複数考えられる．たとえば，長期をどのような時間と設定するか，何を評価の対象にするのか（成長量，抱卵量，生理状態など），また，長期間にわたって酸素以外の条件でストレスを与えずに個体を維持する手法をいかに確立するか，といった課題が十分に解決されていない．

　一方，貧酸素状態の長期影響を現地調査で評価する方法も考えられる．たとえば，貧酸素化した水域周辺での湖底の生物の分布を継続的に調査するといった手法である．また，貧酸素化した水域に生息する種の体サイズや抱卵数の変化を追跡していくというアプローチもある．調査計画が適切であれば，得られた情報から，個体数の変化や個体の成長・繁殖量の変化を解明することができるであろう．

　貧酸素化した水域周辺での調査で注意したいのは，"edge effect"（Levin 2003）である．これは，溶存酸素濃度が極端に低下した水域において，逃避に成功した生物が，その周辺水域に集中的に分布する現象である．このような場所のみを調査し，生物への影響を推察すると，誤った結論を導く可能性がある．このような問題を克服するためには，溶存酸素の低下を一つの観測点で捉えるのではなく，分布として把握し（つまり，湖底の面，あるいは立体として観測する），それに合わせて生物の調査をする必要がある．

　ただし，現地調査では対象とできる生物に限界があることも付け加えておく必要がある．たとえば，湖沼の底生生物の採集で用いられるエックマン・バージ型採泥器などでは，大型の甲殻類（たとえばスジエビ）を採集することは難しい．網の曳航などで採集する場合は，定量的な採集をするには相当の技術的な熟練が必要である．近年発展が目覚ましい水中撮影の技術により，湖沼において，従来の採集方法では定量化が難しかった生物の分布が明らかになってきており（たとえば水中ロボットによる撮影，熊谷ら 2009），これに関しては，今後のさらなる発展

が期待される．

(2) 環境を介した生物間相互作用への影響

　水温や酸素濃度が魚類や大型底生無脊椎動物の適応度に影響する生理的メカニズムを踏まえ，物理化学的な環境変化が局所個体群の存続確率や地理的分布に与える影響を予測するモデルは，「気候エンベロープ（包囲線図）」という概念に基づいている（図3.5.1）．すなわち，生態学的制約が課せられない状況下で生物が生息可能な気候条件の境界領域のみを考慮する．さまざまな温暖化シナリオから予測される気温や降水量の広域的な変化によって，局所水域の理化学的環境が決まり，そこで当該生物が生息できるか否かが判定されることになる．したがって，温暖化によって予測される生息分布域の変化は，気候予測モデルと当該種の生理特性によって決定論的に決まる．

　このようなアプローチに対する批判として，大域的な生息分布は非生物的な気候区分によって決まるが，局所域での存否は生物間の相互作用，生物の進化的応答，分散能力などの生態学的要因によって決まるとする見解がある（Pearson 2003）．この論拠は，相互作用する種の分布自体も気候変動によって変化すること（図3.5.1），あるいは，非生物的な環境勾配によって種間の相互作用の強さや方向性が変わりうることを報告するいくつかの実証研究例に基づいている（後述）．古くは，生物の分布を気候区分で説明しようとする気候学派と，生態学的プロセスを重視する生物学派が，論争を巻き起こしたのは有名なエピソードである．このような対極的アプローチのどちらが正しいかと問うよりも，むしろ，大域的な生息分布を気候エンベロープ・モデルによって予測し，局所スケールでの個体群存続可能性の予測を環境依存的な相互作用を考慮したモデルによってチューニングしていくというのがより正確な分布予測を行うための理想的なアプローチと言えるだろう．

　とは言え，このようなアプローチで温暖化影響を予測する研究は現在のところほとんど存在しない（Araújo and Luoto 2007）．1つの理由は，生物間相互作用の環境依存性について調査した実証データが圧倒的に不足しているためである．しかし，研究例は少ないものの，そうした研究は，このような視点が温暖化影響予測に不可欠であることを示唆する．以下に，これらの研究例を紹介する．

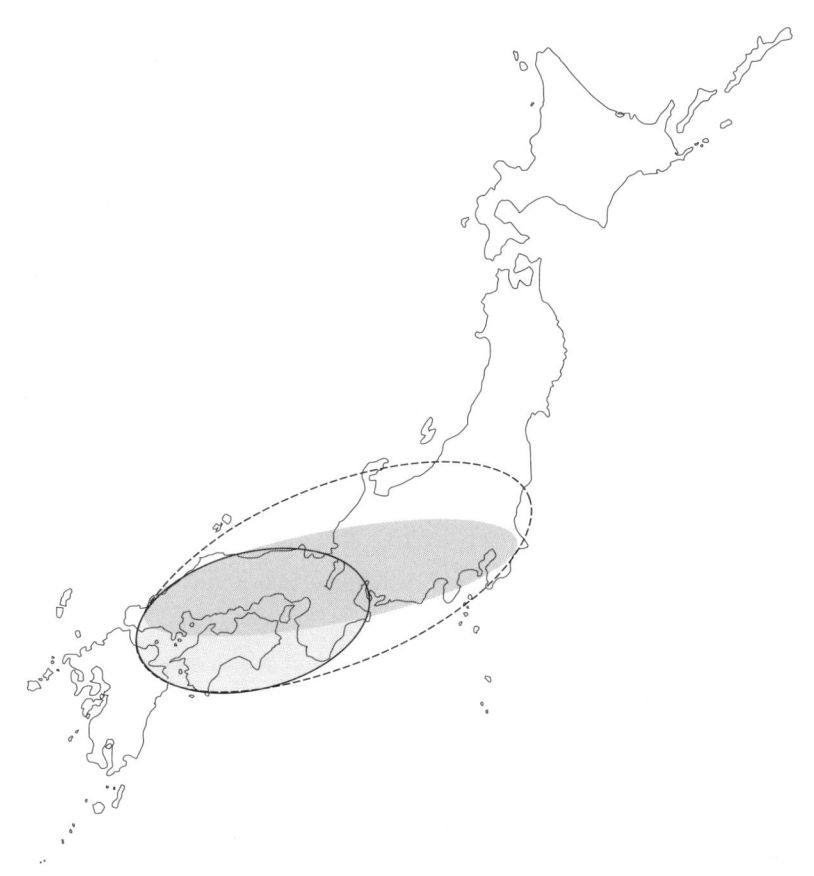

図 3.5.1　仮想的な生物種の気候エンベロープと温暖化に伴う分布シフト
気候条件によって規定される現在の分布域（実線で囲まれたエリア）と将来の気候変化から予測される分布域（点線で囲まれたエリア）．温暖化によって実現される分布（濃い網のエリア）は天敵・競争種の分布北上あるいは北限域にもともと生息する天敵・競争種との相互作用によって，気候エンベロープよりも狭い範囲に制限される．

水温を介した競争関係

　魚類は生息至適水温から大まかに3つの温度ギルド（冷水性魚類，準冷水性魚類，温水性魚類）に分類される（Magnuson et al. 1979）．これらのギルドは緩やかな重複が見られるものの緯度方向や高度方向に沿った帯状分布を示す．ほとんどの魚種で至適水温が実験的に測定されることはなく，たいていの場合，生息分布域の気候帯や高度から温度ギルドが推定されている．逆に，生理的に生息可能な水温環境が実験的に調べられている魚種の分布域を調べてみると，潜在的には生息が可

能なのに，実際には生息が確認されないということはよくある．これは，共存種との競争関係が水温依存的に決まるため，生理的には生息可能だが，ある環境条件で競争的に優位な種が他種を排除することによって起こる現象である．

ある地域における種の存否が非生物的環境によって規定されるのか，それとも，他種との相互作用によって決定されるのか，野外の分布調査のみから判断するのは難しい．多くの場合，双方の要因は相乗的に作用しているため，これらを分離するには野外操作実験や飼育環境下での実験的検証が必要となる．Reeves et al. (1987) は，北米の冷水性サケ科魚類と準冷水性コイ科魚類が同一河川内で異なる微生息場所を利用することに着目し，生息空間をめぐる種間競争の優劣が水温の高低によって逆転することを野外観察と飼育実験によって明らかにした．準冷水性種は競争者が存在しない条件では競争的に不利な水温環境下でも生産量を維持できるが，低水温条件で冷水性の競争者が存在すると生産量が低下した．Reeves et al. (1987) は，代謝効率などの生理パフォーマンスの水温依存性よりも，むしろ，両者の相互作用における水温依存性が資源利用効率に影響することで両種の競争の優劣が決まると結論した．

Taniguchi and Nakano (2000) は，冷水性サケ科魚類の近縁2種が野外の共存河川において水温勾配に沿った帯状分布を形成する生態学的メカニズムを解明するために，異なる水温環境下で両種の競争能力を比較する精緻な飼育実験を実施した．イワナ属の2種（オショロコマとアメマス）は，いずれも単独で生息する河川において上流から下流まで広く分布するのに対して，共存河川では上流の低水温域にオショロコマ，下流の高水温域にアメマスが分布することが知られている．Taniguchi and Nakano (2000) は，低水温 (6℃) と高水温 (12℃) で両種を単独もしくは混生飼育し，攻撃行動，採餌行動，成長率，生残率の比較を行った．

実験の結果，高水温条件では，アメマスが攻撃，採餌，成長および生残のすべての項目においてオショロコマに勝っていた．一方，低水温条件では，両種の攻撃行動，採餌量に有意差はみられなかったが，アメマスはオショロコマより高い成長率を示し，当初の予測に反する結果が得られた．一方，生残率に関してはオショロコマの方が高かった．この理由として，アメマスは種内競争が激しいため，競争能力では常に優位だが，干渉型競争の生理コストとして生残率の低下という代償を払わねばならないこと，逆に，オショロコマは餌獲得能力の低下する低水温条件でも飢餓耐性が高いため生残率が低下しないことなどがあげられた．これらの結果より，オショロコマ分布域の下流側境界線は，水温依存的な種間競争に

よりアメマスがオショロコマを排除することによって成立すると結論できる．しかし，いずれの水温条件においても，競争的に優位なアメマスの上流側分布境界は，一連の実験結果から完全に説明することができなかった．個体群の適応度を決める要素は，餌獲得能力だけでなく，干渉行動にともなうエネルギーの損失や飢餓耐性など生残率に影響する要因によっても左右される．この研究は，種の分布を決定する要因として，水温特異的な生理特性だけでなく，水温に依存した種間の競争関係の優劣を実験的に検証することの重要性を説き，競争能力の比較の際に適応度に影響する多元的な尺度を用いることを推奨した．

Taniguchi and Nakano (2000) が示したように，冷水性サケ科魚類は近縁種間で激しい資源競争を行うため，共存する山地渓流内で明瞭な帯状分布がしばしば観察される．河川性魚類は流速に抗って定位することに多大なエネルギーコストを支出するため，種の分布パターンを規定する環境要因として，水温だけでなく流速も重要であると考えられる．しかし，流程に沿った水温と流速の勾配には高い相関がみられるため，これらの要因のどちらが競争関係に影響するか調べるには，水温と流速の2要因を独立に操作した実験的アプローチが必要である．Gibson (1978) は，同一河川に生息する大西洋サケとカワマスを用いて，種間の生息場所利用や相互作用が水温だけでなく，流速によっても左右されることを実験的に示した．競争種間の帯状分布形成に及ぼす温暖化の影響を予測する際，水温と共分散構造を示す隠れた環境要因にも注意を払う必要があるだろう．

湖沼では，河川でみられる流程に沿った水温変異以上に急激で大きな水温の鉛直勾配が形成される．このような温度ニッチは同じ餌資源をめぐって争う2種間の湖内分布を規定する要因となりうるが，湖沼における魚類の生息水深調査が技術的に困難という理由もあり，その実態解明は進んでいない．トロール網を用いた魚類の深度別採集調査によると，コレゴヌス属のサケ科魚類近縁2種は季節的に異なる水深を利用することが報告されており，温暖化による水温構造の変化は餌となる動物プランクトンの鉛直分布変化と相俟って，これら2種間の競争関係に影響を及ぼす可能性が指摘されている (Helland et al. 2007)．

水温を介した捕食・被食関係

水温を介した生物間相互作用は，資源をめぐって争う種間関係ばかりでなく，捕食・被食関係にも大きな影響を与える．たとえば，Petersen and Kitchell (2001) は，北米コロンビア川に生息する太平洋サケの稚魚に対する肉食魚の捕食が気候

変動によってどの程度変化しうるか生物エネルギーモデルを用いて評価した．この川においてもっとも強力な捕食者であるノーザンパイクミノーは年間1600万尾（降海個体数の8％に相当）のサケ稚魚を捕食すると試算されている．捕食者の代謝速度や行動活性が水温とともに上昇すると仮定した生物エネルギーモデルを用いて，1933～1996年における捕食者1個体当たりのサケ稚魚捕食量を予測したところ，その値は低水温期に比べて高水温期に26～31％増加し，最高水温年では最低水温年に比べて68～96％も捕食量が増加するという推定結果が得られた．捕食は，資源競争に比べて，直接的で致命的な影響を被食者の適応度にもたらす．そのため，水温変化が被食者の個体群変動に及ぼすインパクトは資源競争より大きいかもしれない．野外生態系における水温変動環境下での捕食・被食関係の定量調査はほとんど行われておらず，今後，温暖化影響予測モデルの精度を向上する際に考慮すべき重要な要素の1つとなるだろう．

水温を介した寄生関係

魚類や底生無脊椎動物は，水中を自由遊泳する寄生虫や，水生動物種間の捕食・被食を通して複数の宿主を渡り歩く寄生虫の感染リスクに晒されている．これらの寄生虫は，時として，宿主に致命的な適応度の低下をもたらすことがある．とりわけ，寄生虫の感染率や宿主体内での増殖率は水温に敏感に反応する．Marcogliese (2008) は，宿主−寄生者（ウィルス，細菌，菌類，原生動物，後生動物など）の相互作用に及ぼす温暖化の影響を総説した．水温の上昇によって，宿主−寄生者の相互作用が変化するメカニズムはさまざまである．たとえば，宿主体内での成長や増殖の速度を変化させる，病原性を変化させるといった寄生虫側の応答．他方，宿主側の応答としては，食性，生息場所利用，寄生虫耐性を変化させるなどがあげられる．しかし，宿主−寄生者相互作用に対する温暖化影響は複雑であり，種によってはまったく変化しないものや寄生率が低下するものもある．複数の宿主を渡り歩く寄生虫では，水温上昇が中間宿主と終宿主に真逆の影響を与える場合さえある．

淡水域でもっとも有名な事例は，両生類の世界的な大量死をもたらしているツボカビによる感染症であろう．アメリカ大陸熱帯域原産の*Atelopus*属のカエルでは，110種の67％にあたる種がツボカビ感染により絶滅の危機に晒されており，Pounds et al. (2006) は広域的な温暖化がツボカビによる個体群消失を引き起こす主要因であると結論づけている．

寄生性微生物の場合と異なり，後生動物の寄生虫が宿主個体に致死的なダメージを与えることは滅多にない．有害性が低い寄生虫は宿主個体を強く抑圧しないかわりに，他個体への感染率を高めることによって宿主集団への蔓延や感染範囲の拡大をもたらす場合がある．たとえば，淡水域で軟体動物を中間宿主とする生活環をもつ吸虫類は，セルカリア幼生とよばれる感染段階に到達すると宿主体内から水中に放出される．水温が上昇すると，その放出量は多いもので 200 倍まで増加し，さまざまな種を含めると平均 8 倍ほど放出量が増加することが報告されている (Poulin 2006).

　水温の変化が宿主 – 寄生者相互作用を改変する要因となる一方，寄生虫の感染が宿主の生理パフォーマンスを変化させることによって，宿主に対する温暖化影響が現れる場合もある．Lutterschmidt et al. (2007) は，サンフィッシュ科魚類 2 種の個体当たりの寄生虫感染数が増すと宿主の高水温耐性が低下することを実験的に示した．

　一般に，宿主 – 寄生者相互作用に対する温暖化の影響を論ずる時，水温の上昇は寄生虫感染を増大させる要因と位置づけられることが多い．しかし，宿主と寄生者双方の至適水温の関係によってはまったく逆のパターンが見られることもある．たとえば，サケ科魚類に冷水病を引き起こす細菌の一種は高水温で発病しないことが知られている (Holt et al. 1989)．また，Ward and Lafferty (2004) は水温の長期変動パターンが低水温期から高水温期にシフトする 1970 年代から 2001 年までの文献情報に基づいて，さまざまな分類群の寄生虫症や病気の報告件数の長期トレンドを解析し，ある分類群では発症報告の顕著な増加傾向が見られるのに対し，別の分類群では有意な傾向は認められないという結論を得た．興味深いことに，魚病の発症報告件数は高水温期に入った近年減少しているようである．このように，温暖化が寄生関係に与える影響を評価する際には，宿主と寄生者のそれぞれについて水温変化に対する生理応答を精査する必要があり，とりわけ，複雑な生活環を有する寄生虫については水温変化に対して複雑な応答が起こりうることに注意を払わなければならない．

　また，温暖化は寄生者の側に負の影響を及ぼすことも予想される．栄養関係を通して複数の宿主を渡り歩く寄生虫にとって，温暖化による中間宿主や終宿主の個体群減少，あるいは，水温フェノロジーの変化による感染時期のミスマッチは寄生虫個体群の減少や絶滅を引き起こすかもしれない (Marcogliese 2001).

水温以外の環境を介した種間関係

　温暖化が湖沼環境に与える影響は単なる水温上昇の問題にとどまらない．温暖化による成層強化は，底層の溶存酸素濃度の低下を引き起こす（3.3節（2）項を参照）．本節の（1）でも述べたように，溶存酸素は生物の行動や生理パフォーマンスに影響する重要な環境要因であり，水温と同様に水生生物種間の相互作用の強さと方向性を予測する上で無視できない．

　捕食者と餌生物の酸素要求量の生理的な違いは，貧酸素環境における両者の捕食・被食関係を変化させるかもしれない．一般に，肉食魚は餌生物に比べて酸素要求量が大きいため，貧酸素環境では行動パフォーマンスがより抑制される．海洋での事例になるが，Breitburg et al. (1994) と Shoji et al. (2005) は，呼吸・循環器系のしくみが根本的に異なる脊椎動物（魚類）と無脊椎動物（クラゲ類）の捕食者を用いて，異なる溶存酸素濃度における餌仔魚の捕食量の変化を調べた．実験の結果，魚類による餌魚の捕食量は貧酸素環境下で低下するのに対し，クラゲ類による捕食量は貧酸素環境下でむしろ増加することがわかった．貧酸素環境では，捕食魚の行動活性が餌魚より強く抑制されるのに対し，クラゲの行動はほとんど変化しなかった．脊椎動物である餌魚もまた貧酸素環境下で捕食回避能力を減ずるため，クラゲによる餌捕獲効率が相対的に上昇したものと解釈できる．このように，温暖化にともなう貧酸素化は餌種に対する捕食圧を変化させるばかりでなく，捕食・被食の栄養経路自体も改変する．

　Yamanaka et al. (2007) は，琵琶湖に生息する在来コイ科魚類のニゴロブナと外来肉食魚のオオクチバスの貧酸素耐性を飼育環境下で測定し，成長にともなう貧酸素耐性の変化を種間で比較した．実験の結果，ニゴロブナは同じ体サイズのオオクチバスに比べて高い貧酸素耐性をもつことが示され，沿岸抽水植物帯のような貧酸素水域がオオクチバスによるニゴロブナ稚魚の捕食を回避する生理的レフュージア（避難場所）となりうると考察した．この例は，湖沼沿岸帯の局所スケールで見られる溶存酸素濃度の水平的な勾配に着目したものであるが，同様の議論は鉛直的な溶存酸素濃度勾配にもあてはまるだろう．遊泳能力のある魚類は，貧酸素水塊を能動的に回避することによって酸素の豊富な表層域に分布を集中させたり，鉛直的な帯状分布を形成するかもしれない (Ficke et al. 2007; Pollock et al. 2007)．溶存酸素濃度の観点から湖沼における魚類と餌生物の鉛直分布パターンを調べた実証研究はほとんど知られていないが，沿岸生態系ではいくつかの事例が報告されている (Eby et al. 2005)．

また，温暖化にともなう降水パターンの変化は汽水域や潟湖の塩分パターンの変化を引き起こすだろう．淡水域から汽水域まで幅広い環境に適応する北米原産のキリフィッシュの仲間は，同所的に生息する近縁種間で異なる塩分水域を利用する傾向を示す．飼育実験下で2種間の塩分耐性を比較し，各々の種にとって適した塩分環境で種間競争させたところ，両種の塩分耐性と競争能力の優劣には一致が見られた (Dunson and Travis 1991)．不適な塩分環境に曝された個体は，浸透圧調節を行うための生理的コストを支払わねばならず，このコストが体重の減少や死亡率の増加をもたらし競争の結果を左右すると推察された．

(3) 生物群集・生物多様性への影響

Walther et al. (2002) は，1976年以降に報告されたさまざまな生態系における生物の温暖化影響を整理し，温暖化が群集構造の変化を引き起こす駆動因となりうると結論した．このような群集構造の変化は，前節で述べたように，温暖化および温暖化を介した生物間相互作用によって，各々の種の生息分布域がシフトした結果として局所的に種が入れ替わったことを反映する．Root et al. (2003) が指摘するように，生物に対する温暖化影響の疑われる事例は陸上生物に関するものが圧倒的に多い．陸水生物の報告例数が少ないのは，水中観察の困難さが一因かもしれない．ただし，商業的に重要な漁業調査の一環として生物量の長期時系列データが収集されている海洋では，広域的な気候変動と群集動態の関連性が詳細に解析されている．このような解析により，温暖化が魚類の分布変化を通して群集構造を改変する実態が次第に明らかとなりつつある (Attrill 2002; Perry et al. 2005; Hsieh et al. 2009)．

本項では，温暖化が陸水生態系の生物群集構造や生物多様性に及ぼす影響を予測するシミュレーションモデル，および，それらの予測モデルの妥当性を担保する長期野外調査の観測結果を紹介する．また，陸水環境の改変によって付随的に生じる侵入種の分布拡大は，その生態的インパクトの大きさから無視できない課題であるため，温暖化によって副次的にもたらされる侵入種の影響の総説にも多くの紙面を割く．さらに，温暖化によって促進される魚類や底生動物の群集構造の変化は，栄養関係を通じて低次栄養段階の微生物にまで影響を波及させる可能性があることを指摘する．最後に，温暖化による湖沼の生物多様性消失に関する話題として，数多くの固有種を擁する古代湖の温暖化問題を紹介したい．

モデルに基づく将来予測

　本節 (2) 項で見たように，気候変動にともなう水界の理化学環境の改変は2種の生物間相互作用の強さや方向性に影響を及ぼす．このような2種間関係は，非生物的環境だけでなく第三者による間接的な相互作用によっても影響される．この相互作用系にさらにもう1種の生物が加わると，各生物種の個体群動態の理論的な予測は困難になる．したがって，多種からなる現実の生態系において，環境変化を介した生物間相互作用の帰結を論じることは現実的でない場合が多い．より実用的なアプローチは，生理的メカニズムに基づく環境決定論的なモデルを用いた群集動態予測である．すなわち，温度ギルドに基づいて各種の気候エンベロープを求め，それらのエンベロープをすべて重ね合わせることによって，ある地域の群集組成を予測する方法である．

　Mohseni et al. (2003) は，北米全域の河川に設置された764観測定点の水温データと近隣測候所の気温データを用いて，CO_2 濃度が上昇した場合の水温変動を予測し，57種の魚類の温度ギルドに基づく好適な生息地（予測された環境水温レンジが各魚種の最高・最低許容水温を超えない生息地と定義）の推定を行った．解析の結果，冷水種と準冷水種は CO_2 濃度2倍上昇シナリオの下で好適な生息地が現在に比べてそれぞれ36％と15％減少すると予測された．反対に，温水種は最低水温が許容水温を上回るエリアが拡大することにより好適な生息地が31％増加すると予測された．しかし，解析に用いた全魚種の温度ギルドが飼育環境下で測定されているわけではなく，たとえ水温が正確に予測できたとしても，各魚種の生息分布の予測には大きな推定誤差がともなうことを考慮しなければならない．同様に，Lehtonen (1996) は，ヨーロッパに生息する魚類を対象として温暖化影響予測を行い，16種の温水種の生息分布域が拡張し，11種の冷水種の生息分布域が縮小すると結論した．

　Stefan et al. (2001) は，北米全域の湖沼に生息する魚類を対象として，温暖化にともなう生息地改変の影響を試算した．彼らは，深度を考慮に入れた一次元モデルを用いて，CO_2 濃度2倍上昇シナリオにおける各湖沼の溶存酸素濃度の鉛直プロファイルを予測した．この予測値に基づいて，至適・致死水温および貧酸素耐性の異なる3つの温度ギルドに属する魚類の生息地ポテンシャルを評価した．解析の結果，冷水種と準冷水種の生息適地が温暖化によってそれぞれ45％と30％まで減少すると推定された．冷水種に対する温暖化影響は中間的な深さ（最大水深13 m）の湖で顕著となった．冷水種が中間的な深さの湖で生息できない理

由は，深い湖ほど温暖化の影響を被らない水温レフュージア（生息に不適な水温を回避できる至適温度の水塊）が深層方向に保持される反面，鉛直循環の弱体化によって深層が貧酸素化しやすくなり，表層と深層の両方向から生息可能深度が狭められてしまうためである．一方，温水種は，その貧酸素耐性の高さと相俟って，温暖化により生息分布域が全湖沼に拡大すると予測された．

　このような温暖化シナリオに基づく各魚種の生息地ポテンシャル推定は，いずれのモデルにおいても，冷水種の生息分布域が縮小し，温水種の生息分布域が拡大するという点で一致する．しかし，このような気候決定論的なモデルの予測は，どの気候区分の群集を対象とするかによってその結論が大きく異なる．Buisson et al. (2008) は，フランスの9河川655地点における30魚種の在・不在データを用いて，温暖化による将来の分布予測を実施した．他の予測モデルと同様，冷水種の生息域が大きく減少することを予測したが，局所的な種の多様性は温水種の生息域が拡大することによってむしろ増加すると推定した．地球温暖化が進行すると局所的な生物多様性は必ずしも減少するわけではないことに注意を払わねばならない．

長期観測に基づく検証

　上述の予測モデルには，2つの大きな問題点がある．1つは，対象種の生理的に生息可能な環境を実験的に調べた研究は限られており，ほとんどの種の水温ギルドが現在の生息分布や近縁種の水温ギルドから大雑把に推定されたものであること．もう1つは，環境を介した非線形な生物間相互作用の効果を考慮していないことである．したがって，気候決定論的なモデルの妥当性を検討するには，過去の気候変動から予測される生物群集の変化を長期的な観測データによって検証する作業が必要不可欠となる．近年の気候変動と関連付けて水生大型動物群集の長期変動を調べた調査は限られているものの，このような研究の多くで温暖化に起因すると思われる群集構造の変化が観察されている．

　たとえば，Hickling et al. (2006) は，ブリテン島に生息する15種の魚類の生息分布を過去25年間にわたり継続的に調査し，それらの分布域が平均33 km北方に，そして，平均9.0 m高所に移動したことを報告した．このような群集レベルで観察される分布シフトは，魚類に限らず，ブリテン島に生息する陸生および水生の脊椎動物・無脊椎動物で幅広く認められ，総計16分類群329種のうち，275種で分布域が高緯度に移動し，227種で生息高度が上昇した．

フランス・ローヌ川に生息する魚類と底生無脊椎動物の群集構造を20年間にわたり調査した例では，水温が高く流速が緩やかな年に生物個体数が増加する傾向が認められた（Daufresne et al. 2003）．さらに，温暖化傾向とともに，下流域に生息する広温性の底生無脊椎動物や南方系の魚類が北方系の冷水種や上流種に取って代わることが観察された．一方，生息地の物理的改変をもたらすダムや原子力発電所の建設が生物群集に与える顕著な影響は検出されなかった．この研究が示すように，河川動物群集の長期変動を解析する際には，気候変動以外の局所的な人為撹乱要因の影響も考慮に入れる必要があるだろう．さらに，Daufresne and Boet（2007）はフランス国内の複数の河川に対象を拡張して，魚類群集の温暖化影響を調査した．解析の結果，ここ15～25年の間に温水種あるいは南方種の割合および種多様性は増加する傾向が認められた．群集全体で見ても個体数は増加傾向を示し，温暖化が生物群集に与える明瞭な負の影響は認められなかった．

　対照的に，北ヨーロッパの河川や湖沼に生息する大型底生動物群集の種組成や多様性に及ぼす気候変動（北大西洋振動）や水温の影響を解析した事例では，両者の間に直線的な関係は見られなかった（Burgmer et al. 2007）．しかし，正準対応分析を用いると，気候変動に関連した要因が群集構造に与える有意な影響が検出された．ただし，気候要因は群集構造の全変動成分のたった1.7％しか説明せず，水質や生物間相互作用など考慮されていない要因による変動が大きいことも指摘された．

　上述の事例のように，水生動物群集の長期データに基づいて温暖化影響を評価する際には，気候変動以外の人為的要因の影響を考慮しなければならない．Massol et al.（2007）は，北西アルプスに点在する11の亜高山湖沼において1970～2000年の漁獲量データに基づき魚類群集構造の長期変動に及ぼす人為撹乱諸要因の影響を解析した．解析の結果，冬季平均水温は群集動態にほとんど影響を及ぼさなかったが，富栄養化は食物連鎖における各魚種の栄養段階に応じて種特異的に個体数を変化させた．ヨーロッパの湖沼では，1970年代以降，開発による富栄養化が急増した．本来，貧栄養で生産性の低い高山湖沼の魚類生産はリンに律速されることが多く，富栄養化による化学的環境改変は気候変動による物理的環境改変の規模をはるかに上回っていたと考えられる．

　湖沼生態系は，程度の差こそあれ，全世界的な富栄養化を経験している．そして，富栄養化と温暖化が同時的に進行している場合も多い（1.1節を参照）．そのため，野外湖沼において2つの要因の生物影響を分離するのはしばしば困難にな

る．このような問題を解決するには，人工的な湖沼生態系を用いた実験的な操作が効果的である．Feuchtmayr et al. (2007) は，湖沼の大型底生無脊椎動物群集に対する水温上昇と栄養塩負荷の影響をメソコスム（中規模人工生態系）実験により検証した．この実験では，魚類（トゲウオ）の有無を操作することによって，捕食者の効果も同時に検討している．2年にわたる実験の結果，ほとんどの分類群で水温上昇の影響は小さく，腹足類でのみ個体数の増加が観察された．水温上昇の効果よりもむしろ栄養塩負荷と魚類の効果の方が底生動物群集に大きく影響することが示された．野外湖沼の沿岸生物群集を対象とした2か月弱のエンクロージャー（囲い込み）実験においても，水温上昇の効果は底生藻類生産に有意な正の効果をもたらすが，底生動物群集への効果はほとんど検出されなかった（Baulch et al. 2005）．水温の影響は，致死的なレベルに到達しない限り短期的には顕著な個体数の増減を引き起こさない．通常，数℃の水温変化にともなう生理的コストの増減は個体の繁殖率や死亡率をわずかに変化させるのみである．このような適応度成分のわずかな変化が個体群動態に反映されるには数か月から数年程度の実験期間は十分でないかもしれない．

外来種の侵入リスク

　近年，人為的に移入された外来生物による生態系の撹乱は，生息地破壊，富栄養化，汚染などの物理・化学的撹乱と並んで，在来の生物群集や生物多様性に大きなインパクトを与える要因となっている（Secretariat of the Convention on Biological Diversity 2006）．人為的移入とは，人間活動により外来生物が本来の生息分布域を越えて意図的もしくは偶発的に持ち込まれるケースを指す．気候変動は外来生物の生息環境を改変することによって，その分散率や侵入先での定着率に影響を及ぼすと予想される．気候変動に付随した外来種の侵入は狭義の人為的移入とはみなさない．しかし，外来生物の侵入を促進するという点において，陸水の在来生物群集に与えるこのような温暖化の副次効果を看過することはできない．

　以降では，温暖化現象を広義の気候変動とみなして，外来生物の侵入に及ぼす影響を総説する．温暖化は，陸水の水温レジームを改変するばかりでなく，湖沼の結氷の減少，塩分の増加，水資源確保を目的とした人工構造物の建造を促進する．これらの環境改変は，外来種の分散・侵入・定着のプロセスや在来種との相互作用に影響するだろう（Rahel and Olden 2008）．以下に，それぞれの環境改変に着目して外来種侵入リスクを評価したいくつかの研究例を紹介する．

a) 水温レジームの変化

　我が国における侵略的外来種として，北米原産のオオクチバスやブルーギルは日本各地の湖沼で猛威をふるっているが，近年，同じく北米原産で河川性のコクチバスの侵入が各地で報告されている．コクチバスは河川を通じて移動分散が可能なため，侵入水系における分布拡大と在来生物への食害が懸念されている．原産地である北米の自然生息域においても，将来の水温上昇により分布が北上すると，冷水性魚類群集に大きなインパクトを与える恐れがある．温暖化シナリオに基づいて本種の将来の生息分布域を予測すると，その領域は次第に北方へと拡大し，2100年までに国土のかなりの部分を席巻すると推定されている (Sharma et al. 2007)．

　北米五大湖では，現在，下流側に位置するエリー湖で10種，オンタリオ湖で2種の温水性外来魚の侵入が報告されているが，湖沼水温のさらなる上昇によって温水性種の分布域が拡大すると懸念されている．Mandrak (1989) は，すでに侵入を果たした魚類の生態的特性に基づいて，今後，現存種が上流域の湖沼に侵入する可能性を評価した．解析に用いた58種のうち，19種はミシシッピー流域や大西洋沿岸流域から下流側湖沼（ミシガン湖，エリー湖，オンタリオ湖）に，8種は下流側湖沼から上流側湖沼（ヒューロン湖，スペリオール湖）に移入する可能性があると推定された．また，外来魚の侵入はそれらに寄生する生物の侵入を付随的に引き起こすかもしれない．たとえば，五大湖で侵入の恐れがある27種の外来魚のうち24種から，総計234種の寄生虫が記載されている．このうち32%にあたる74種は五大湖には見られない外来寄生虫である．これらの寄生虫に免疫を持たない在来魚でさまざまな寄生虫の感染が懸念されている (Marcogliese 2001)．

　全球的な水温上昇によって，温水性種や準冷水性種が自然分布を超えて北上・高度上昇する可能性が指摘される一方，本来の生物地理的には分布しないはずの人為的移入種が自然生態系へ定着する危険性も増加すると予想される．異なる気候帯から持ち込まれて商業的に飼育されている温水性養殖魚は，たとえ養殖池から逃げ出したとしても冬季水温が致死水温を下回るため自然繁殖の可能性が低いという理由によって認可されている場合が多い．しかし，現在の水温レジームではあまり脅威となっていない養殖魚も，温暖化によって周辺生態系で自生可能となり侵略的外来種となる恐れがある．実際に，Peterson et al. (2005) はミシシッピー流域南東部の養殖施設周辺の魚類相を調査して，熱帯原産の養殖種ナイルティラピアが冬季水温の高い水域で優占し，周年繁殖活動を営んでいることを報

告した.

　温水性魚類の分散・定着は，温暖化による水温上昇の影響だけでなく，環境変化に対する適応能力や生活史形質の急速な進化によっても促進されるだろう. Dembski et al. (2006) は，原子力発電施設の温排水池に移入されたサンフィッシュ科パンプキンシードの生活史形質が高水温の環境下で移入元の個体群から変化していることを報告した. それらの形質は，当歳魚の高い成長率，早熟化，短命化など，移入種の定着に有利な特徴を有していた.

　温水性種の分布北上や高度上昇の問題は，人為的移入種の防除や駆除に比べるとその対策が明確でない. 温暖化の進行とともに外来種の侵入が加速することを防ぐためには，外来種の移動を阻止する物理的障害物の設置や河畔林植生による被陰効果で河川や岸辺の水温を低下させて在来魚に対する温水性外来魚の生態影響を緩和させるなどの措置が有効かもしれない.

　温暖化による外来種の分布拡大問題では，しばしば温水性種がとりあげられがちだが，冷水性種が外来種となることもある. 南半球では，北半球にしか生息しないサケ科魚類がスポーツフィッシングを目的として人為的に移入されている. Aigo et al. (2008) は，パタゴニアに生息する魚類群集の1984〜1987年と現在の比較を行い，温帯性在来種の有意な増加と冷水性サケ科移入種の減少を観察した. この例が示すように，水温上昇は必ずしも外来種に有利に働くとは限らず，外来種の侵入・定着の成否はその温度ギルドに依存する.

b) 結氷の減少

　湖沼の温暖化は，結氷日数の減少や結氷面積の低下をもたらすと予測される (1.1節参照). 結氷頻度が減少すると冬季の貧酸素化が緩和されるので，貧酸素耐性の低い外来種が侵入する余地を生み出すかもしれない. 北米の浅い富栄養湖におけるゼブラ貝の侵入は，湖底の冬季貧酸素化によって制限されているため，温暖化による結氷の減少と湖面からの酸素供給量の増加は本種の侵入・定着率を増大させるかもしれない.

c) 塩分の増加

　温暖化による降水量の変化は，河川下流域や周辺湖沼の塩分パターンを変化させる. これらは塩分環境を介した生物間相互作用の帰結として，群集構造を変化させるかもしれない. サンフランシスコ湾における海産ハゼ科魚類の侵入は，旱

魃に伴って河口域塩分が増加した時期と一致する (Moyle and Marchetti 2006). 変動する塩分環境に応じて競争関係にある外来種が在来種と置き換わるのは，浸透圧調節に伴う生理的コストが適応度を変化させ，外来種に有利に働くためかもしれない (Dunson and Travis 1991).

d) 水資源開発の増加

温暖化による降雨パターンの変化に対して，現在，世界中の国々は水資源確保や治水などさまざまな適応策を講じている．水資源を供給するための運河や水路，増水を緩和するための暗渠や排水路，水資源を貯蔵する，あるいは，放水量を制御するためのダムや貯水池，などの人工構造物の建設は気候変動に対する手っ取り早い対策と言えよう．一般に，魚類や底生動物は河川や湖沼といった地理的に不連続に分布する生息地を自力で越えて分散する能力に乏しい．しかし，水路や運河の敷設のような生息地ネットワークの人為的改変は，生物地理的障壁を越えて外来種が分散することを可能にするだろう (Rahel 2007). ダムや貯水池などの止水環境が創出されると，流水環境に不適な外来種の定着が促進されるとともに，外来種に飛び石的な生息地を提供することによってその分布域を拡大させる危険性をはらんでいる (Havel et al. 2005; Moyle and Marchetti 2006).

栄養カスケード効果

水域生態系の高次消費者となる魚類や大型底生無脊椎動物は，その餌生物の個体数変動を介して，直接的な捕食・被食関係にない下位の栄養段階の生物群集の行動，時空間分布，バイオマス，種組成を変化させることがある (Eby et al. 2006). このような栄養関係を通じた間接効果を栄養カスケードと呼び，特に，上位の栄養段階の生物が下位の栄養段階の生物に影響を及ぼす場合をトップダウン型の栄養カスケードという (Paine 1980). 栄養カスケードは湖沼のように閉鎖性が高く，空間的に小さな生態系で起こりやすい (Shurin et al. 2002). したがって，温暖化にともなう魚類や底生動物の個体群崩壊あるいは絶滅は，湖沼生態系を構成する多くの生物種に波及効果をもたらすと予想される．湖沼におけるトップダウン栄養カスケードの報告は数多く，湖沼全体の魚類密度を操作する大規模野外実験によってもその効果が確かめられている (Hansson et al. 1998; Carpenter et al. 2001). しかし，湖沼の生物群集におけるトップダウン栄養カスケードを温暖化の文脈から論じた研究は多くない．温暖化による栄養カスケード効果を検出する

アプローチとして，数値解析，野外長期観測，室内実験などの方法が有効である．
　湖沼の温暖化は，魚類の個体数だけでなく湖沼内の鉛直的な生息分布にも影響するだろう．De Stasio et al.（1996）は，北米ウィスコンシン州の4つの温帯湖沼における冷水魚，準冷水魚，温水魚の鉛直的な生息可能水温分布を CO_2 濃度2倍の温暖化シナリオの下で予測した結果，いずれの温度ギルドにおいても好適な生息地が増加する傾向にあることを報告した（ただし，底層の貧酸素化に伴う生息地の劣化は考慮されていないことに注意）．また，水温躍層と魚類の生息地利用の交互作用の結果として，冷水性のプランクトン食魚が生息する北部の湖沼では，魚類と動物プランクトンが利用できる生息深度の重複が温暖化によって減少し，逆に，南部の湖沼では増加すると予測された．この例は，温暖化が捕食者となる魚類の鉛直分布の変化を介してプランクトンの空間分布に影響することを示唆する．いずれの気候シナリオでも温暖化に対する湖沼の物理的応答は基本的に変わらないが，生物群集の応答はその構成員の生理・生態的特性と複雑な生物間相互作用によってガラリと変わりうる．
　Mills et al.（2003）は，オンタリオ湖で1970年以降に記録された生物・非生物に関する膨大なアーカイブ資料を収集し，湖沼食物網の長期動態を解析した．リン負荷削減，外来種移入，乱獲などの人為的要因による魚類個体数の変化が動物プランクトンや大型底生無脊椎動物の組成や密度に大きなインパクトを与えることを明らかにしたが，たいていの場合，これらの人為撹乱は同時的に進行するため，他の要因に対する気候変動要因の相対的重要性を定量化するのは難しい．生態系の将来予測の精度を高めるには，長期生態研究を継続することが推奨される．

古代湖における固有種の絶滅リスク

　世界中には古代湖と呼ばれる数十万年以上の歴史をもつ湖沼が20ほど存在する．たいていの場合，古代湖には湖内環境に適応して独自の進化を遂げた数多くの固有種が生息する．タンガニーカ湖のシクリッド類，バイカル湖のヨコエビ類やカジカ類，琵琶湖のカワニナ類などがその一例である．古代湖の多くは，構造湖と呼ばれる地殻変動に起因して成立した深い湖である．この深いという構造特性は，温暖化による鉛直循環不全と湖底の貧酸素化を潜在的に促進するため，特に，沖合深層や湖底環境で進化した固有種に致命的なダメージを与えかねない．また，温暖化にともなう成層強化によって湖底からの栄養塩供給が減り，沖合の生物生産が低下する可能性も指摘されている（O'Reilly et al. 2003）．このような温

暖化による湖沼生態系の変化は,古代湖に固有な沖合性魚類や底生無脊椎動物にとって不適な生息環境をもたらすかもしれない.長い歳月をかけて適応進化した湖沼固有種は,そもそも湖沼外に分散する生活史をもたないものが多い.したがって,かれらの生息環境が温暖化によって損なわれ,個体群がマイナス成長を示すなら,長引く温暖化の影響は必然的に固有種を絶滅の淵に追いやることになるだろう.これは,陸水生物で一般に論じられている生息分布域の変化と根本的に異なる意味を持つ.たとえ生物が温暖化によってある地域から消失したとしても,別の地域に分布域を移しただけなら,地球上からその種が絶滅することはない.一方,古代湖の温暖化は固有種の大量絶滅の危険性を孕んでいる.温暖化に対する陸水生物の保全策に敢えて優先順位をつけるなら,湖沼固有種へのとりくみは可及的速やかに実施せねばならない.

(4) 生態系機能・サービスへの影響

河川や湖沼は,われわれにさまざまな生態系サービスを提供してくれる (Costanza et al. 1997).たとえば,地球上に存在する全水量の3%に満たない貴重な淡水資源の主要な供給源として河川や湖沼は重要である.また,陸域から水系に負荷された汚染物質を無毒化したり,栄養物質を系外に除去したりする物質浄化機能や病原生物の増殖を制御する調節機能も,安全・安心な水資源の利用に欠かせない.大気から溶け込んだCO_2を有機物に変換して水界の食物網を駆動し,水中に懸濁・溶存する有機物を分解して,再び大気中にCO_2を放出する物質循環機能は,地球規模の炭素収支に影響するばかりでなく,栄養転換された有機物の一部を水産資源としてわれわれに供給してくれる.また,水の持つ化学的特性,すなわち,高い比熱によって,周辺地域の寒暖を和らげる気候調節の機能も担っている.多様な生物あるいは固有の生物からなる生態系は,これらの生物資源を利用する地域の伝統文化や産業を育み,エコツーリズムなどの観光需要を創出する.ストレスの多い現代社会においては,レクリエーションなどの癒し効果も精神的サービスとして重要性を増している.湖沼や河川生態系から生み出されるこれらのサービスは,人類が幸福な生活を営む上で欠かすことができない.

このようなサービスの質および量は,生態系を構成する生物的要素によって規定される (Worm et al. 2006).しかし,サービスをつかさどる生態系機能と生物群集構造の関係についてのわれわれの理解はまだ十分とは言えない.したがって,

温暖化が生物群集の構造的変化を介して陸水生態系の機能やサービスに与える影響を網羅的かつ包括的に論じるのは時期尚早であろう．以下の項では，生態系サービスとして特に社会的重要性が高く，研究事例の多い魚介類に焦点を当て，それらが直接的・間接的に関与する3つの生態系機能（物質循環，漁業生産，病気の制御）に対する温暖化影響について検討する．

物質循環

　水系の物質循環を担う生物プロセスの主役は，細菌，微細藻類，原生動物といった微生物群集である．3.4節(5)項で触れたように微生物群集の栄養構造が水温上昇によって改変され，生産や分解などの生態系機能に影響を及ぼすことは実験的に確かめられている（Petchey et al. 1999）．一方，前項でも解説したように，これらの微生物プロセスはトップダウン栄養カスケードを通して高次消費者となる魚類の影響を間接的に受ける．湖沼の食物連鎖には「奇数ルール」があり，二次消費者（栄養段階3）となる動物プランクトン食魚の存在は，動物プランクトンの個体数を抑制することによって，間接的に植物プランクトンのバイオマスを増加させる効果をもつ（Brett and Goldman 1997）．三次消費者（栄養段階4）となる肉食魚が存在すると，逆に，植物プランクトンのバイオマスは減少する．魚類は糞尿の形でリンや窒素を排出し，植物プランクトンはそれらを吸収する．そのため，動物プランクトン食魚と植物プランクトンの双方が卓越する系とどちらも卓越しない系では，栄養塩のリサイクル率が大きく異なることになる（Vanni 2002）．

　植物プランクトンは湖沼の濁りの原因となるため，水質管理を目的としたプランクトン食魚の駆除や肉食魚の放流などが試みられている（Hansson et al. 1998; Carpenter et al. 2001）．このように，温暖化が魚類に及ぼす影響は間接的に湖沼の水質や物質循環にまで波及するだろう．ただし，現状では栄養カスケード効果を通じて，温暖化が湖沼生態系の物質循環に与える影響を実証的に示した研究は限られている．栄養カスケード効果のさらなる理解に向けて，今後の実証データの蓄積が待たれる．

　人類の食糧供給に直結する漁業生産は，一次生産だけでなく，食物網を通じた生産物の栄養転換効率に左右される．メソコスムを用いた植物プランクトン，動物プランクトン，プランクトン食魚の3栄養段階からなる実験系で，動物プランクトンの栄養転換効率に影響する要因を解析したところ，窒素・リンなどの栄養塩負荷によって栄養転換効率が上昇する一方，捕食者となる魚類が存在する条件

では逆に低下することが示された (Dickman et al. 2008). 興味深いことに, この3者系を強光条件下に置くと, 食物網全体の栄養転換効率が低下した. これは, 強光条件下で光合成が促進されることを考慮すると直感に反する結果と映るかもしれない. しかし, 植物プランクトン生産が過剰になると窒素やリンが枯渇するため, 植物プランクトンのC/N, C/P比が上昇する, すなわち, 動物プランクトンにとっての餌の質が低下することになる. この餌質の低下が動物プランクトンの栄養転換効率を低下させるため, 系全体での栄養転換効率が低くなるというわけだ. このように一次生産速度の増加によって栄養転換効率が低下するという実験結果は, CO_2濃度の上昇によっても得られる (Urabe et al. 2003). したがって, 温暖化はボトムアップとトップダウンの双方向から湖沼生態系内の物質循環に影響を及ぼしうる. 魚類が植物プランクトンの増殖を間接的に制御する効果は湖沼の水質だけでなく, 生態系全体の代謝, 言い換えると, CO_2のガス収支にまで影響が波及する. Schindler et al. (1997) と Cole and Pace (2000) は, プランクトン食魚が優占する湖沼と肉食魚が優占する湖沼における一次生産量とCO_2フラックスを野外で実測した. 両者を比較した結果, 肉食魚の優占する湖沼, 特に, 貧栄養湖でCO_2が大気に放出されていた. 湖沼生態系におけるガス収支は海洋全体に比べたら無視できるほど小さい. しかし, 魚類によるトップダウン栄養カスケードは海洋でも起こりうる (Frank et al. 2005). したがって, 温暖化が魚類に与える影響は, 水界と大気のガス交換に波及することによって, 地球規模のCO_2循環のフィードバック・ループを形成する.

漁業生産

気候変動にともなう水産資源量の低下や不安定供給は, 将来の食料保障上の懸念事項と認識されている (FAO 2008). これまでに数多くの研究が, 予測モデルを用いることで, 漁業生産に及ぼす温暖化影響の見積もりを行ってきたが, 全世界の水域生態系における一次生産プロセスおよび食物網を経由した生産物の栄養転換プロセスを記述するモデルには不確定性が大きい. そのため, 漁業生産量の将来予測の信頼性は, 現状では必ずしも高いとは言えない (Brander 2007). 地球規模で眺めると, 多くの魚種でみられる広域スケールの分布変化や生産量の長期変動には少なからずエルニーニョ・南方振動のような大域的に発生する気候・海洋の共役的振動現象が関わっているようである (McGowan et al. 1998). 海洋生態系においては, 温暖化が, 海洋物理プロセスの改変と, それに伴う栄養塩供給量

や一次生産の変化を通じて，漁獲量変動をもたらす可能性がある（3.4 節 (1) 項を参照）．この効果は植物プランクトン，動物プランクトン，そして，魚類生産へと複数の栄養段階にまたがって伝播する（Beaugrand and Reid 2003）．最近，Hsie et al. (2010) は琵琶湖の物理特性が北極振動と相関することを見出し，本湖の植物プランクトン相の長期変動が部分的に温暖化によって説明できることを報告した．このような低次生産過程における温暖化影響は食物網を通じて湖沼の漁業生産にまで波及するかもしれない．一方，変温動物である魚類の生産量は，餌の利用可能性だけでなく，水温依存的な代謝コストと関連した生理プロセスの影響を直接受けることも指摘されている（Pörtner and Knust 2007; 3.5 節 (1) 項も参照）．

　水産分野では，温暖化に警鐘を鳴らす研究報告が多い一方で，地域や魚種によっては，温暖化が漁業生産を増加させるとの報告も少なくない．海洋全体では，産業革命から 2050 年までの間に純生産量が 0.7〜8.1％増加するとの試算もある（ただし温暖化との因果関係については不明な点が多い）（Brander 2007）．

　海洋での例と同様，湖沼の漁業生産に及ぼす温暖化の影響を評価した研究の結論はやはり地域や魚種によってまちまちである．湖沼物理プロセスを介した一次生産者や魚類の応答には海洋と共通する部分が多い．たとえば，カナダ・ユーコン湖沼群のレイクトラウトは 6℃ の気温上昇で鉛直的な生息可能水温域が平均 40％以上減少し，漁獲量が 23％低下すると予測されている（Mackenzie-Grieve and Post 2006）．Jones et al. (2006) は，五大湖の 1 つ，エリー湖に生息するウォールアイの資源量に対する気候変動の影響を評価した．気温だけでなく降水量の変化も考慮することによって，本種の産卵生息場として重要な流入河川の流量や湖沼沿岸域の水位などが変化すると，水温単独の変化に基づいて予測された資源量と大きく異なる解析結果が得られることを指摘した．3.4 節 (1) 項でも触れたように，温暖化が一次生産の応答を介して漁業生産に影響することを報告した事例として，O'Reilly et al. (2003) は，タンガニーカ湖における沖合漁獲量が近年減少傾向にあることに着眼し，堆積物コアの炭素安定同位体分析を用いて過去の沖合一次生産と湖沼物理構造の関連を調べた．双方の時系列解析の結果，植物プランクトン生産量は長期的に減少しており，近年の温暖化にともなう成層強化と風力低下が鉛直混合による深層からの栄養塩供給を減少させたためであると結論した．この一次生産力の低下が，結果として，高次生産の低下につながったものと考えられる．

　淡水魚の中には，生活史の一部を海洋で過ごすため，その個体群動態が海洋で

の生活環境に強く影響される種も少なくない．陸水で生まれ，海洋に降り，再び，陸水に産卵遡上する遡河回遊型のサケ科魚類では，降海後の生育環境が稚魚の生残や成長に強く影響を及ぼす．実際に，カナダ西岸に生息するギンザケは，グローバルな気候レジームに関連した海況の年間変動によってその漁獲量が大きく左右される (Beamish et al. 1999)．また，サケ科魚類の漁獲量や成長量を長期的に調べた研究によると，その変動パターンは太平洋十年規模振動や北大西洋振動などの気候レジームに関連して，孵化後の淡水生息域や降海後の海洋生息域の水温変動と高い相関を示すことが報告されている (Friedland et al. 2003; Schindler et al. 2005)．また，Elliott (2000) によると，降海型ブラウントラウトの河川産卵場における稚魚出現日は北大西洋振動と高い相関を示すが，これは北大西洋振動と河川水温の相関によって説明できる．気候の周期振動が回遊魚の河川生育期に影響を及ぼすのか海洋生息期に影響を及ぼすのか，あるいはその双方に影響を及ぼすのか，その個体群変動の因果メカニズムはいまだ不明瞭な点が多いが，河川や湖沼などの局所スケールの環境変化だけでなく大域的な気候変動がこれらのサケ科魚類の初期生活史や生産量にインパクトを与えていることに疑いの余地はない (Beaugrand and Reid 2003)．漁業対象種は水産技術の発達によって強い漁獲圧に晒されている．近年の漁獲圧と温暖化は類似したトレンドを示すため，漁獲変動に影響を与えているこれら2つの要因を分離するのは容易でない．Finney et al. (2000) は，アラスカの湖沼堆積物の窒素安定同位体比がベニザケ相対密度の指標となることを利用して，過去300年間の堆積物コアの窒素安定同位体比分析からベニザケ密度の長期変動を解析することを試みた．調査湖沼で商業捕獲が開始された1882年以降に見られる窒素同位体比の長期的な低下（ベニザケ豊度の低下を反映）は乱獲によって引き起こされたものであるが，それ以前にも2度の窒素同位体比の低下が観察された．同様の傾向は，近隣の2地域4湖沼でも確認された．過去の海表面水温の変動パターンとベニザケ生産量を照らし合わせてみたところ，両者の間には正の相関が検出された．これらの結果から，乱獲のような人為撹乱とは無関係に気候要因が魚類生産に影響することを指摘した．また，この結果は，たとえ漁獲制限や種苗放流などの水産管理を実施したとしても，将来の漁業生産が温暖化によって左右される可能性を示唆している．

　本節 (3) 項で述べたように，温暖化は寄生者との水温依存的な相互作用を通じて宿主となる魚介類の生産量に多大な影響を及ぼしうる．海洋では，水温の上昇によって海産無脊椎動物の大量死が広域的に発生することが多数報告されている

(Harvell et al. 2002). 一例として，北米産カキの原虫症の発生は，海水温の上昇によって北方に向かって広域に拡大したことが知られている．北米五大湖では，温暖化にともなう外来魚の侵入が付随的に外来寄生虫の侵入を促しており，在来魚および漁業に対する寄生虫被害が懸念されている（Marcogliese 2001）．たとえば，サケ科魚類に旋回病を引き起こすヨーロッパ原産の粘液胞子虫は過去に北米に持ち込まれて深刻な水産被害をもたらした．この寄生虫の病原性は水温とともに増加することが知られており，温暖化が外来魚の侵入リスクと魚病の発症リスクを相乗的に増大させる恐れがある．

しかし，温暖化は必ずしも魚介類の病気のリスクを増加させるとは限らないことにも留意しなければならない．サケ科魚類に冷水病を引き起こし，世界的な感染拡大によって水産養殖に甚大な被害をもたらしている病原菌のサイトファーガは低水温で高い致死率を示すことが実験的に調べられている（Holt et al. 1989）．魚介類の病気の発症リスクに対する温暖化の影響は，宿主と寄生者の生理特性に強く依存する．

病気の制御

温暖化は水生生物に対する病気発症のリスクを増大させるばかりでなく，ヒトへの偶発的な感染を引き起こしたり，感染症の蔓延を促進したりすることによって，人間の健康や社会経済に多大な被害を与える恐れがある．一般に，寄生虫は宿主との共存によって個体群が維持されているため，宿主の適応度を極端に減じるような有害性をもたない場合が多い．しかし，この協調的な関係は，本来と異なる宿主に感染した場合に容易に崩壊する．たとえば，淡水産の軟体動物を中間宿主，哺乳類を終宿主として利用する吸虫類は，中間宿主の軟体動物からセルカリア幼生を水中に放出する．このセルカリア幼生が人間に偶発的に経皮感染すると，内臓や脳組織に巣食う恐ろしい住血吸虫症を引き起こす．セルカリア幼生の放出量は水温上昇によって最大200倍まで増加するため（Poulin 2006），温暖化は住血吸虫症の感染リスクを増大させる要因となる．

微生物性の寄生者は重篤な病気を引き起こすため社会経済に与える影響はさらに深刻である．人獣に甚大な被害をもたらす病原ウィルスであるリフトバレー熱は，エルニーニョ・南方振動と関連した多雨期に，媒介者となる蚊の生息地が増加することによって，東アフリカでしばしば大発生することが知られている．しかし，降雨量とリフトバレー熱の地域的発生パターンを，エルニーニョ・南方振

動の指標となる南方振動指数のみから正確に予測することは困難である。Linthicum et al.（1999）は，降雨量と強い相関を示す衛星画像データの植生指数を用いることで，本感染症の地域的発生予測精度を高められる準リアルタイム観測の導入を提案した。対照的に，ハマダラカが媒介し，熱帯域で深刻な原虫感染症を引き起こすマラリアは温暖化によって分布域を拡大する可能性が指摘されているが，最近の試算によると温暖化シナリオから予測される感染拡大の規模は疾病予防施策の導入や都市化にともなう感染範囲の縮小に比べてはるかに小さいことが報告されている（Gething et al. 2010）。感染症の温暖化影響は，従来考えられていたような単純な温度変化で説明できる代物ではどうやらなさそうだ。正確な影響予測には，病原生物－媒介者間の動態を左右する生物学的メカニズムの把握が求められている。

一般に，水界寄生虫は高い宿主特異性を示す。したがって，生物多様性の高い群集では，不適な宿主への偶発的な感染経路が増すため，特定の寄生虫だけが増え過ぎることはないと考えられている（Marcogliese 2008）。この仮説が正しいなら，生物多様性を保全する生態系管理施策は病原生物の感染リスクを低減する手段として有効かもしれない。

(5) 陸水生態学の知見を集積するために

本節では，陸水生態系の高次栄養段階に位置する魚類や大型底生無脊椎動物に対する温暖化影響について総説した。温暖化が陸水生物の分布北上や高度上昇，あるいは，個体群の縮小や絶滅を引き起こす危険性に警鐘を鳴らす報告例数が増加傾向にある一方，温暖化により分布を拡大したり個体数やバイオマスを増大させたりする生物がいることにも注意を払わねばならない。重要なのは，今後の全球的な温度分布の変化によって個々の種の分布や個体数が変化すると，生物間相互作用の帰結として局所群集の構造や生態系機能がどのように改変されるかという視点であろう。われわれ，生態学者に求められる課題のひとつは，温暖化によって変化しうる複雑で非線形な生態系の挙動を正確に予測することである。もし，温暖化に対する生態系の応答が生物多様性や生態系機能を低下させる方向に作用するものであったり，生態系から享受できるサービスを減ずるものであったりするなら，それを抑止するための然るべき対策を講じなければならない。湖沼生態系に対する温暖化影響の予測精度を向上するには，陸水の生態プロセスに関

する知見の集積が必要不可欠となろう．

現状では，陸水生物の温暖化影響に関する知見は陸上生物や海洋生物のそれに較べて圧倒的に不足している．これは，単に水中観察の困難さによるものだけでなく，陸水生物に対する社会的関心の低さが一因としてあげられる．たとえば，陸上昆虫や植物の広域的な生息分布変化を報告する研究は，自然愛好家やアマチュア研究者の活動によって下支えされている．陸水生態学者は，単に科学的データを収集・解析するだけでなく，その成果を一般市民に対してわかりやすく伝える努力を惜しまず，陸水生物や陸水生態系への関心を促すべきである．2008年6月，わが国では生物多様性基本法が施行された．この法律は，地方自治体が主体となって地域の生物多様性の保全活動にとりくみ，国民はこれに協力すべきことを理念として謳っている．この活動ユニットは，河川や湖沼のような景観スケールの対象を扱うのに適している．大学，地方公共機関，地域住民が連携して，河川や湖沼のモニタリングを行うネットワーク組織を整備することがいま必要とされている．

不可避的に迫り来る温暖化に対峙して，われわれは身近な水辺環境をどのように守っていったらよいのだろう？　その答えを導くために，われわれ一人一人が生物の温暖化影響に対する理解と関心をより一層深めてゆかねばならない．

Column 2

一次生産の測定

　植物プランクトンの一次生産速度は，二酸化炭素の同化量あるいは酸素の発生量で評価することが一般的である．酸素の発生量に基づく一次生産速度の測定は一般に明暗瓶法が用いられる．本法は試水を明瓶と暗瓶に満たして，一定時間培養した後，培養前後の各瓶における酸素量の差から一次生産速度を算出する．ある一定以上の光を照射した明瓶では植物プランクトンの光合成によって酸素量が増加する．一方，暗瓶では植物プランクトンや動物プランクトン，バクテリアなどによる呼吸のため酸素量は減少する．暗瓶での呼吸による酸素消費は明瓶でも起こっているので，明瓶の酸素の増加量に暗瓶の減少量を加えると培養時間内の酸素の総発生量を評価できる．しかしながら，植物プランクトンの暗呼吸が暗所よりも明所で高い場合や二次的な酸素消費（光呼吸*，メーラー反応**）が起こった場合は，本法において総酸素発生量を過小評価することになる．また，この方法は下記のトレーサー法と比較して感度が低いため，植物プランクトン現存量が少ない貧栄養水域などで用いるには不適である．一方，二酸化炭素の同化量で一次生産速度を測定する場合は放射性同位元素 ^{14}C あるいは安定同位元素 ^{13}C で標識した重炭酸塩によるトレーサー培養法が用いられる．この方法では，培養開始時に試水を満たした瓶内にトレーサーを加え，一定時間培養後，植物プランクトンによって生産された標識有機炭素量を測定する．この方法で問題となるのは，植物プランクトンの細胞外に分泌された溶存有機炭素（EDOC）の測定である．^{14}C を使用した場合の ^{14}C-EDOC の測定は比較的容易に行えるが，^{13}C を使用した場合は，^{14}C と比較してその検出感度が低いため，試水の濃縮・脱塩処理が必要となり，^{13}C-EDOC の測定にはより多くの労力と時間を要する．また，細胞外に分泌される溶存有機炭素は瓶内のバクテ

＊光呼吸：光照射下のグリコール酸回路における O_2 の吸収と CO_2 の発生をともなう現象で，強光・低 CO_2 下において特に顕著となる．

＊＊メーラー反応：飽和光下の光化学系Ⅰにおいて，酸素分子が光還元により消費（水に還元される）される現象で，過剰な光エネルギーによる障害を防ぐための機能と考えられている．

Column 2

写真1 生化学分析用の湖水を水深別に採取するのに用いられる採水器（General.Oceanic社製 Niskin-X 採水器）（左）と，船上において湖水サンプルを酸素瓶に採取している様子（右）．
酸素瓶は，サンプルへの酸素混入を防ぐための工夫がなされたガラス製の容器であり，溶存酸素濃度の測定や，酸素法による光合成の測定に広く用いられる．

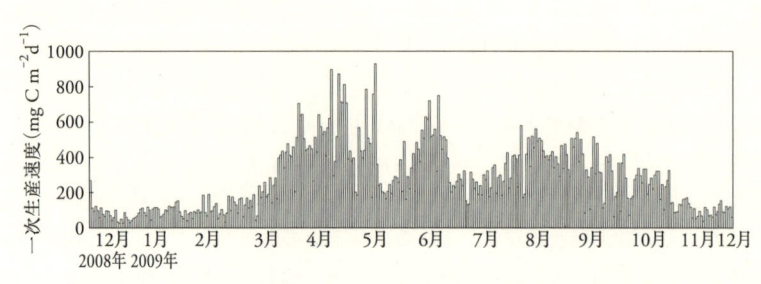

図1 クロロフィル励起蛍光法から得られたデータに基づいて算出された琵琶湖北湖における植物プランクトンの一次生産速度の季節変動（2008年12月〜2009年12月）

リアによってすみやかにとりこまれ，呼吸により一部無機化されてしまうため，抗生物質等を用いてバクテリアによる溶存有機炭素の消費を阻害する必要がある．このように，上記の2つのボトル培養法は時間を要する煩雑な分析が必要であり，また，試水を瓶内に閉じこめて長時間培養するため，"ボトル効果"の影響も問題視されている．

　そこで近年では，上記の伝統的方法に変わって，植物プランクトンのクロロフィル蛍光を利用した励起蛍光法が植物プランクトンの一次生産の研究に使用されるようになってきた．励起蛍光法の中でも PAM (Pulse Amplitude Modulation) 法は現在もっとも普及している方法の1つである．この方法は，光合成に有効なパルス変調された励起光を藻類細胞へ照射することによって，光合成の電子伝達系における光化学系 II の電子受容体

一次生産の測定　　　　　　　　　　　　　　　　　　　　　　　　　| Column 2

写真2　湖水中の物理・化学・生物的な変数を連続的に測定するために，各種センサーを搭載したプロファイラーの開発が進んでいる．
写真に示したのは，SeaBird社製の多項目水質プロファイラー．近年，植物プランクトンの光合成活性を測定するためのセンサーとして，コラム中で紹介されているPAM蛍光光度計の他，高速フラッシュ励起蛍光光度計などの機器の利用が広まりつつある．

を酸化した状態へ変化させていき，その時発生する生体内クロロフィル蛍光の強度変化から，藻類の光合成に関わる生理状態を評価するものである．PAM法では，光化学系IIにおける最大量子収率（Fv/Fm）や電子伝達速度（ETR）などが短時間かつ容易に測定でき，これら光合成に関わる蛍光パラメータに基づいて植物プランクトンの生理状態や光合成速度が推定できる．Fv/Fmは植物プランクトンの潜在的な光合成能や光阻害の程度，栄養塩制限などの指標として有効で広く利用されている．しかし，Fv/Fmはさまざまな要因（光，栄養塩，種組成）によって影響されるため，得られた結果の解釈には注意を要する．また，ETRと一次生産速度（総生産速度）との間には，最適光強度レベルより低い放射照度において，高い正の相関関係があることが知られており，この関係性に基づいてETRから一次生産速度を推定することが可能となっている．このようなクロロフィル蛍光を利用した一次生産の測定法は近年急速に発展・普及してきおり，今後の水圏生態系の一次生産に関する理解を飛躍的に高める手法として期待されている．

　上記のクロロフィル励起蛍光法を用いた一次生産速度の琵琶湖北湖沖域（水深約90 m）での連続観測例を以下に簡単に紹介する．植物プランクトンの一次生産速度（純生産量）は，PAM法により求めた光合成−光曲線（電子伝達速度から炭素固定速度への変換係数，総生産量から純生産量への変換係数は事前に室内・現場実験によって決定）および各水深のクロロフィル a 濃度と水中放射照度から算出した．その結果，一次生産速度は $25 \sim 930$ mg C m^{-2} d^{-1} の範囲を変動しており，過去に琵琶湖で報告されている酸素法やトレーサー法による実測値とほぼ同じ範囲にあった（図1）．また，この一次生産速度の結果は，同時に測定した他のパラメータ（セジメントトラップによる有機炭素鉛直フラックス，粒状態有機物の炭素安定同位体比）とも整合性がとれていることから，一次生産速度の測定においてクロロフィル励起蛍光法は有効に活用できるものと考えられる．

Column 3

安定同位体比を用いた高次生産者の栄養段階の推定

　本文でも述べられているように，湖沼の沖合生態系における食物連鎖は，生食連鎖と微生物ループから構成されている．一方，沿岸生態系においては底生藻類を起点とする食物連鎖も存在する．湖沼全体として考えた場合，これらさまざまな生物群集の「食う－食われる関係」は複雑であり，現在では「食物連鎖 (food chain)」よりも「食物網 (food web)」という言葉がよく使われている．しかしながら，食物網という言葉が示す複雑な関係を研究するのは簡単ではない．捕食行動を直接観察し続けることは理想的だが，潜水等で調査が可能な生物はごくわずかである．捕獲して胃内容物を解析する方法もあるが，胃や消化管の中に未消化で判別可能な餌が含まれていた場合にしか適用できない．また，胃内容物がすべて同化されるとは限らないため，定量的な解析は困難である．

　そこで，近年注目されているのが生物体を構成する元素の安定同位体比を測定する方法である．生物の体は炭素・窒素といった元素で構成されているが，これらの元素は餌の中に含まれていた元素を同化することによって得たものである．自然界における炭素原子は，6個の陽子と6個の中性子を持った質量数12のものがほとんどを占めている (98.9%) が，6個の陽子と7個の中性子を持った質量数13のものもわずかながら存在する (1.1%)．同様に，窒素原子では大多数の質量数14の原子 (99.63%) に比べて質量数15のものがわずかに (0.37%) 存在する．安定同位体比は，試料中の同位体の比を，標準物質の同位体の比に対する千分率偏差で表す．すなわち，

$$\delta^{13}\text{C} = ([^{13}\text{C}/^{12}\text{C}]_{試料}/[^{13}\text{C}/^{12}\text{C}]_{標準物質} - 1) \times 1000\ (‰) \tag{1a}$$

$$\delta^{15}\text{N} = ([^{15}\text{N}/^{14}\text{N}]_{試料}/[^{15}\text{N}/^{14}\text{N}]_{標準物質} - 1) \times 1000\ (‰) \tag{1b}$$

となる．標準物質は炭素に対しては VPDB (ベレムナイト化石を基にしたもの)，窒素に関しては空中窒素である (Coplen et al. 2002)．

　動物の体の安定同位体比は，餌生物に対して炭素同位体比 (δ^{13}C) に関してはあまり変わらない (0.4±1.3‰) のに対し，窒素同位体比 (δ^{15}N) では上昇する (3.4±1.0‰) こ

安定同位体比を用いた高次生産者の栄養段階の推定

Column 3

写真1 安定同位体比の測定に用いられる質量分析装置（Thermo Electron 社製 Delta plus XP）

とが示されている（Post 2002）．これらの関係から，炭素同位体比は食物源の指標，窒素同位体比は栄養段階の指標として用いることができる．つまり，複雑な食物網を解きほぐし，食物網構造を研究することができる．この手法の利点としては，同化した元素を用いていること，胃内容物などと違って長期の餌の履歴を平均化した情報が得られることなどがあげられる．

「食う－食われる関係」で窒素同位体比が約3.4‰上昇することを用いると，ある生物の栄養段階（TL）は $1+(\delta^{15}N_{生物} - \delta^{15}N_{一次生産者})/3.4$ で表すことができる．ただし，沖帯における一次生産者である植物プランクトンはしばしば安定同位体比の変動が大きいことが知られている．そのため，Post（2002）は比較的長期に生きているろ過食者である二枚貝を沖帯の栄養段階2の基準として用い，$TL = 2+(\delta^{15}N_{生物} - \delta^{15}N_{二枚貝})/3.4$ とするのがよいとしている．同様な理由で，沿岸帯においては巻き貝をTL＝2の基準として用いることが推奨されている．

異なる生態系には異なる食物網が存在するが，個々に生息する生物の違いを超えて生態系における食物網の構造を比較できるところに同位体手法のメリットがある．たとえば，「食物連鎖の長さ」は食物網を規定する一つの要素であり，どのような生態系で食物連鎖が長くなるのかについては長年の疑問であった．Post et al.（2000）は上記の式を用いて食物連鎖の長さを多数の湖で比較し，食物連鎖の長さは湖の生産力ではなく，湖の大きさ，すなわち生態系のサイズに依存することを示した．

Column 4

自生性有機物と他生性有機物

　一般に，湖沼沖合生態系は，湖沼内部の光合成生産に由来する有機物（自生性有機炭素）と集水域から供給される有機物（他生性有機物）という二つの炭素源を有する．他生性有機物のうち，土壌由来の腐植質が大量に流入する湖沼は，腐植湖とよばれ，湖水の色が褐色をおびていることが特徴である．近年，北米において，^{13}C-標識溶存無機炭素を湖沼に添加し，沖合生態系内での炭素の流れを追跡する大規模なトレーサー実験が実施された．その結果，小型の腐植湖では，動物プランクトンを構成する炭素の22〜50％が他生性有機炭素に由来していることが示され，湖外から流入した有機物を基盤とした食物網が発達していることが明らかになった（Pace et al. 2004）．一方，湖水中の腐植質含有量の低い中型の湖沼では，動物プランクトンの炭素に対する他生性有機物の寄与は小さかった（<10％）（Pace et al. 2007）．大型の調和型湖沼（腐植質含有量の低い湖沼）である琵琶湖では，植物プランクトンの一次生産による年間炭素固定量が 2.2×10^{10} mole C であるのに対し，河川からの有機炭素の年間供給量は 3.3×10^{8} mole C と推定されており，内部生産は外部供給の約70倍に相当する（Maki et al. 2010）．したがって，湖内の物質代謝を考えるうえでは，沖合生態系の一次生産を基盤とした食物網や物質循環の解析が第一義的に重要であると考えられる．しかし，湖水中に蓄積する難分解性溶存有機物の起源として，陸由来の有機物が重要な寄与をしている可能性もあるため（Maki et al. 2010），他生性有機物の流入量や生化学的特性についても十分な検討が必要である．また，近年，気候変動にともなう土壌温度や表流水の流出量や流出パターンの変化，また，大気由来の酸性物質（硫酸）や海塩起源のイオン（塩素イオン）の沈着量の変化が，河川や湖沼への他生性溶存有機物の負荷量の急激な変化に結びついているという議論も行われている．今後，集水域の土地利用の変化とあわせ，気象条件や汚染物質の広域輸送の変動が，集水域から琵琶湖への有機物の流入にどのような影響を及ぼすのかについて研究を進める必要がある．

Column 5

PEG モデル，湖沼における季節性のテンプレート

　プランクトン群集を中心として湖沼生態系の季節遷移は，位置する気候帯や栄養状態に依存するが，多くの場合，規則的なパターンを示す．Sommer et al. (1986) はプランクトン群集の季節遷移パターンを「PEG モデル」(Plankton-Ecology-Group Model, Sommer et al. 1986) として 24 項目にまとめた．PEG モデルの要点は以下のようにまとめることができる．

(冬季～春季)
1. 冬期鉛直混合により深水層から供給された栄養塩と，光条件の向上により，冬の終わりから春にかけて増殖速度の早い藻類 (小型の珪藻など) が「春のブルーム」を起こす．植物プランクトンの増殖にともない，表水層の栄養塩は枯渇する．
2. 春のブルームに応答して，植食性動物プランクトン量の増加が始まる．はじめに増殖速度の早い動物プランクトン種，次第に増殖速度の遅い種が現れる．
3. 動物プランクトンによる捕食により，植物プランクトンの生物量が減少する．その結果，表水層の透明度が改善する (クリアウォーター期，3.2 節 (1) 項参照)．表水層で栄養塩は回帰され，枯渇状態は緩和される．次第に捕食耐性のある植物プランクトン種が出現し，クリアウォーター期は終焉する．

(夏季)
4. 稚魚の成長にともなう捕食圧の増加と，餌である植物プランクトンの減少により，動物プランクトンの個体数が減少する．魚による捕食圧の影響で動物プランクトン群集は小型種へと遷移する．
5. 動物プランクトンの減少と，栄養塩の回復により，さまざまな植物プランクトン群集が多様化する．クリプト藻や群体を形成する緑藻が出現し，表水層のリン酸は枯渇する．その結果，リンを巡る競争に強い珪藻種が出現する．その後，ケイ酸が枯渇し，渦鞭毛藻や藍藻が出現する．窒素が枯渇する場合，窒素固定を行う藍藻が出

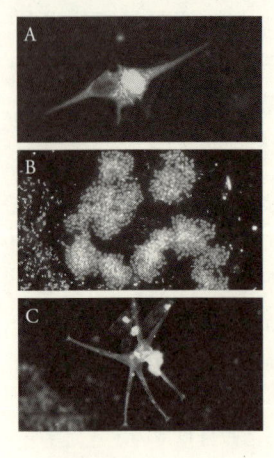

写真1 湖に出現するさまざまな植物プランクトン．A 渦鞭毛藻，B 藍藻（シアノバクテリア），C 緑藻

現する．
6. 魚による捕食の影響を受けにくい小型の甲殻類やワムシといった動物プランクトンが優占する．植物プランクトン群集の多様性に応じて植食性動物プランクトン群集の多様性も高く保たれる．

（秋季～冬季）
7. 水温躍層の沈下にともない，深水層から表水層へと栄養塩が供給される．それにともない，大型の緑藻や珪藻が発生し「秋のブルーム」を引き起こす．
8. 秋のブルームと水温の低下にともなう魚による捕食圧の低下により，動物プランクトンの生物量が増加する．特に大型の動物プランクトンが出現する．
9. 水温と光量の低下により，植物プランクトン生物量は減少する．
10. 水温の低下と餌となる植物プランクトン量の減少にともない，動物プランクトンの生長は低下し，一部の種は休眠卵を作る．

　現在，さまざまな生態系で地球温暖化にともなう季節性（フェノロジー）のずれが報告されている．たとえば陸上生態系では，特に開花や渡り鳥の移動，芽吹きなどの春のイベントの早期化が報告されている．湖沼生態系における季節遷移は，水温の変化にともなう生理活性の変化，日射量の変化と，水温成層の発達にともなう鉛直混合の変化により駆動されている．これらの条件が地球温暖化により変化すれば，季節遷移パターンが大きく変化する可能性がある（3.4 節（5）項参照）．

第4章
温暖化を踏まえた湖沼管理にむけて

　前章までにみてきたように，温暖化は，湖沼の物理的構造や生態系のさまざまな素過程に影響を及ぼし，それらの影響の複雑な波及やフィードバックによって湖沼全体の特性に変化が生ずる．具体的には，第2章と第3章では，気温上昇を中心とした気候変動が，まず水温，鉛直成層，湖流といった湖の物理特性に変化を与え，これが，物質輸送や生息環境の改変を通じて，湖の水質や生態系に影響を及ぼす過程を論じた．また，水温上昇にともなう生物活性の変化が，種あるいは機能群に特異的な代謝応答を引き起こし，その結果として，生物群集構造や生態系特性（代謝バランス）の大きな変化につながりうることも指摘した．しかし，以上のさまざまな温暖化影響の現れ方や規模は，気候帯，栄養度，湖盆形態，水文条件，集水域の植生や土地利用，といった各湖の個別性に強く依存するため，湖沼管理の現場においては，それぞれの湖沼の個別性を踏まえて温暖化影響評価を行うことが課題となる．

　本章では，さまざまな素過程の効果を総合的に評価し，素過程間の関連やフィードバックをふまえた温暖化影響を評価するための手法として，流れ場－生態系結合型の数値モデルを用いるアプローチを紹介する．流れ場－生態系結合モデルとは，環流，沿岸流，密度流，内部波といったダイナミックな物理現象を再現する三次元物理モデルに，生態系における物質循環モデルを組み込んだモデルのことであるが，従来の陸水学の教科書においては，これらの数値モデルに関する記述が誠に乏しい．そこで本章では湖沼生態系の数値モデルの基本概念や利用

にあたっての注意点を，琵琶湖や池田湖の具体例をもとに解説する．このようなモデルの強みとしては，各素過程の変化が全体としてどの程度の生態系特性（生物量，生産量，物質フラックス）の変化をもたらすかを定量的に評価できること，また，境界条件の変化にともなうこれらの特性の変化を数値実験によって調べることで，将来予測に利用できるという点があげられる．

　一方，さまざまな地域に存在する大小の湖のそれぞれについて，高精度な三次元数値モデルを構築し，温暖化影響を評価することは，モデルの構築に必要な情報の不足や経費の面から難点も多い．そこで，温暖化影響の現れ方の法則を一般的な枠組みとして類型的に抽出し，湖沼群全体としての変化の方向を把握するアプローチも必要になる．序論で述べたように，富栄養化問題の対策立案に際しては，湖の滞留時間や栄養物質の負荷量といった少数の変数とパラメータからなる経験モデルが効果的に活用されたが（序章参照），温暖化対策を考えるうえでも，機構論的な理解を踏まえたうえで，汎用モデルを開発することが課題となる．このような試みはまだ始まったばかりなので，課題に対する答えは十分ではないが，本章の後半では，温暖化の影響評価の汎用的な指標となる変数とその変数間の関係を整理することで，今後の研究の展開の一助としたい．

4.1　数値モデルによる影響評価

　ここでは，数値モデルを用いて湖沼の水質変動を把握，予測する方法を紹介する．第2章，第3章に述べたように，湖沼ではさまざまな物理学的，化学的，生物学的現象が複雑に絡み合っている．湖沼全体の水質変動を把握し，将来の水質変動を予測するためには，個々の現象を詳細に解析するのではなく，各分野の基本的な現象を網羅的に組み上げた数値モデルが有効である．本節では，数値モデルの意義と使用例について述べた後，物理学的な現象を解析する流れ場モデルと，化学的，生物学的な現象を解析する生態系モデルとを結合した流れ場－生態系結合数値モデルを概説し，最後に，琵琶湖と池田湖を対象として実施した数値シミュレーションの結果を紹介する．

(1) 数値モデルの意義と使用例

　数値モデルは，対象とする現象を記述する方程式群が事前に決められていることを前提とする（堀江 1980）．すなわち，数値モデルは，これまで全く起こったことのない現象を予測することはできず，方程式群の解を得るためのものである．数値モデルの再現性は，方程式群や境界条件，また数値計算手法の正確性に依存している．したがって，方程式群やパラメータ値，境界条件の妥当性，格子解像度，離散化手法等の前提条件を明らかにした上で，湖沼内の基本的な現象を理解し，予測する必要がある．

　数値モデルによる数値シミュレーションでは，まず現象を記述する微分方程式群を離散化し，C言語，Fortran言語等を用いてコーディングを行う．次に，プログラムをコンパイルして，数値シミュレーションを実行する．数値計算プログラムには，無料で公開されているものもある（ROMS；https://www.myroms.org/）．数値シミュレーションの実施にあたっては，まず，観測データを再現できるように，各フラックスのモデル式に含まれるパラメータ値を調節する．この作業をチューニング，あるいはキャリブレーションと呼ぶ．現在までに得られた観測データをもとに，パラメータ値をチューニングまたはキャリブレーションしたモデルで，時空間変動を把握したり，将来予測を行ったりするのが，数値モデルの一般的な使用方法である．また，ある期間の観測データを用いてチューニング，キャリブレーションを行い，別の期間の観測データの再現性を検証することもある．この作業をヴァリデーションと呼んでいる．ただし，実際に数式を離散化し，コンピュータで解く場合は，同じ数式やパラメータ値を用いても，離散化の方法や格子解像度などによって結果が異なる場合がある．また，プログラミングの方法によって結果が異なることもある．同じ数値モデルを用いて，離散化やプログラミングの方法が異なる計算結果を比較し，結果が一致するかどうかを確認する作業をヴェリフィケーションという．

　数値モデルのヴァリデーションが終わると，数値モデルを利用できる状態となる．数値モデルの使い方として，まず観測等によって離散的に得られている情報を時空間的に補間することにより，現象の理解を深めることがあげられる．さらに，数値モデルがもっとも効力を発揮するのは，水質や底質の将来予測や改善方法に関する意思決定を行う上で必要となる情報を提供するときである．将来予測の精度は，時々刻々の水質，底質変動を予測するリアルタイムシミュレーション

の技術や，得られた観測データを予測精度の向上に逐次役立てるデータ同化技術を組み合わせることにより，今後も向上し続けると期待される．また，水質や底質の改善方法に関しては，いくつかのシナリオに基づく改善効果が可視化されることにより，施策のイメージが湧きやすい．ただし，数値実験は自然現象を完全に再現できるものでないことには常に注意を払うべきである．現実の自然現象と予測結果とのギャップを十分に認識し，次々と起こる新たな現象に応じて地道にモデルの改良を重ねていくことが重要である．

これまでの湖沼における数値シミュレーションによる将来予測では，主に鉛直一次元モデルが用いられてきた．鉛直一次元モデルでは，最深部など湖沼の1地点を代表として捉え，その鉛直分布を再現する．ここで，実際に湖沼に対して使用された数値モデルの結果例を見てみよう．Matzinger et al.（2007）は，オフリド湖を対象として，鉛直一次元の流れ場−生態系結合数値モデルを用いて，長期間の水質予測シミュレーションを行った．その結果，今後，気候変動により気温が上昇した場合は，底層の溶存酸素濃度が低下することを示した．Trolle et al.（2008）は，デンマークのラブン湖を対象として，鉛直一次元モデル DYRESM-CAEDYM を用いて，リンの外部負荷が生態系に及ぼす影響に関する数値シミュレーションを行った．7年間のデータセットを用いて数値モデルのキャリブレーションを行い，5年間のデータセットを用いてヴァリデーションを行った結果，水温と溶存酸素濃度の鉛直分布の変化をおおむね再現することができた．しかし，鉛直一次元モデルでは，三次元的な流れの影響を考慮することが難しい（Perroud 2009）．これまでは計算時間等の関係から長期計算に三次元モデルが用いられることは少なかったが，計算機の発展にともない今後主流となると考えられる．

(2) 生態系モデル

流れ場モデルについては，2.2節で紹介したため，ここでは生態系モデルについて述べる．生態系とは，ある地域内に生息する複数の生物群集と，その生活基盤となる非生物環境とを組み合わせた一つのシステムを指す．生態系モデルは，生態系を模型化したものであり，多くの場合，個々の生物の動態や生物種の違いは捨象され，主に炭素，窒素，酸素などの物質循環の予測に重点を置く．特に，低次生態系モデルは，一次生産をベースとして水質，底質を予測するモデルであり，生態系モデルの中でも定量的な取り扱いが比較的容易である．

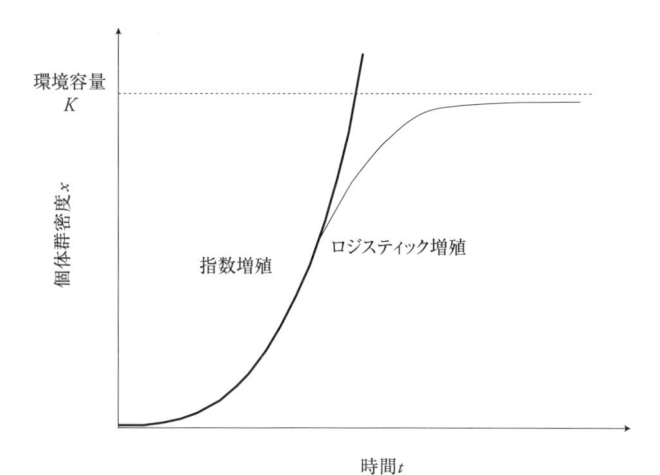

第4章 温暖化を踏まえた湖沼管理にむけて

図 4.1.1 指数増殖曲線とロジスティック増殖曲線

表 4.1.1 個体群変動を表す微分方程式

成長モデル	微分方程式*
指数増殖（マルサス増殖）	$\frac{dx}{dt} = rx \rightarrow x = x_0 \cdot e^{rt}$
ロジスティック増殖	$\frac{dx}{dt} = rx\left(1 - \frac{x}{K}\right) \rightarrow x = \frac{Kx_0}{x_0 - \{x_0 - K\}e^{-rt}}$
ロトカ・ヴォルテラモデル	$\frac{dx}{dt} = ax - bxy,\quad \frac{dy}{dt} = -cy + dxy$

* x, y：個体群密度（個体 m^{-3}），r：成長速度（day^{-1}），
 x_0：個体群密度の初期値（個体 m^{-3}），K：環境容量（個体 m^{-3}），
 a：成長速度（day^{-1}），b：被食速度（m^3 個体$^{-1}$ day^{-1}），
 c：代謝速度（day^{-1}），d：捕食速度（m^3 個体$^{-1}$ day^{-1}）

　生態系モデルは，伝統的な数理生態学をベースとして，近年急速に発達している．数理生態学については，数多くの教科書が出版されているので（寺本 1997; 厳佐 1998; Hofbaner and Sigmund 1988），これらを参照されたい．数理生態学では，個体群の成長は，マルサスの人口論に代表される指数増殖モデルや，ロジスティック増殖モデルにより記述される（図 4.1.1）．これらの増殖モデルは，個体群密度の時間変化が連続的であると仮定できる場合は，微分方程式で記述される（表4.1.1）．指数増殖モデルは，ある個体群密度の時間変化は，そのときの個体群密度に比例すると仮定したものであり，植物プランクトンの生長や動物プランクトンの成長のモデルに用いられる．植物プランクトンや動物プランクトンの代謝，

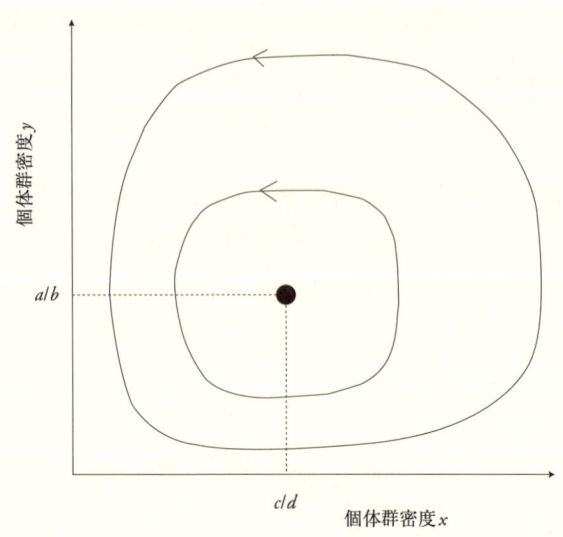

図 4.1.2　ロトカ・ヴォルテラモデルの解のイメージ

　呼吸や，有機物の分解においても，比例係数が負となるが，指数増殖モデルと同じ形式の数式が用いられる．ロジスティック増殖モデルでは，環境容量の概念が導入され，指数増殖に個体群密度の 2 乗に比例した個体群減少の項が加えられる．植物プランクトンや動物プランクトンの死亡に対しては，個体群密度に比例する式か，ロジスティック増殖モデルのように個体群密度の 2 乗に比例する式が用いられるが，一般に個体群密度の 2 乗に比例する式を用いた方が解が安定する．一方，種間の競争，食う-食われる等の関係を表現するものとして，ロトカ・ヴォルテラモデルがある．食う-食われる関係を表す古典的なロトカ・ヴォルテラモデル（表 4.1.1）では，捕食者と被食者の生物量が，個体密度の初期値に応じた振幅のもと周期的に位相差をもって振動する（図 4.1.2）．特別の場合として，個体密度の初期値が定常点であるとき（個体群密度 x と y が，それぞれ c/d, a/b となる場合），2 種の個体密度は定常点にとどまり変化しない．
　生態系モデルを構築する上で，実践者は考慮する変数の数や明示的にとりいれるメカニズムなど，さまざまな度合いの複雑さを持つモデルを選択できる．しかし，モデルが複雑になり，変数とパラメータの数が増えると，モデルの挙動を把握することは困難になるため，より少ない数式，パラメータを用いて現実に近い結果を得ることが重要である．生態系モデルは，植物プランクトン，栄養塩濃度，

溶存酸素濃度など予測するパラメータである状態変数と，光合成，呼吸など状態変数間を結ぶプロセス（フラックスと呼ぶ）とから構成される．すなわち，モデルを構築する上で，状態変数とフラックスを厳選することに注意を払う必要がある．計算機が発達する前は，1つのボックスにおいていくつかの状態変数，フラックスから構成される簡易化されたモデルが多用された．たとえば，栄養塩，植物プランクトン，動物プランクトンを状態変数とするNPZモデルでは，植物プランクトンと動物プランクトンとの関係をロトカ・ヴォルテラの式で記述し，これらのプランクトンの代謝物を栄養塩濃度に加算し，植物プランクトンの光合成による栄養塩濃度の低下を表現する．

では，湖沼における生態系モデルを見てみよう．すでに述べたように生態系モデルを構築する上で，状態変数とフラックスの選び方が重要である．たとえば琵琶湖では，特に地球温暖化に応じた湖底での溶存酸素濃度の変動を予測することが大きな目的の一つであるため（3.3節参照），そのために必要な状態変数を選ぶ必要がある．また，検証しうる観測データが存在することも，状態変数の選び方の基準となる．図4.1.3に，琵琶湖を対象とした低次生態系モデルの例を示す．四角で囲まれている変数は湖沼生態系の状態変数であり，ここでは，植物プランクトン，リンのセルクオタ（細胞内に含まれるリン量），窒素のセルクオタ（細胞内に含まれる窒素量），動物プランクトン，懸濁態有機物，溶存態有機物，無機態リン，無機態窒素，溶存酸素を状態変数としている．それぞれの状態変数の現存量は，単位湖水体積あたりの炭素，リン，窒素，酸素の諸量に換算された値で表される．

ここでは，状態変数の選び方として以下の基準を採用した．動植物プランクトンの種構成については，実際には琵琶湖では多くの種が交替しながら出現するが，一次生産量を把握することに重点を置き，それぞれ一つの状態変数で代表させることとした．ただし，植物プランクトン種によって沈降速度が異なり，湖底での酸素消費速度に影響を及ぼす場合は（3.3節(1)項参照），いくつかの種に分類して解く必要がある．有機物としては，酸素消費速度に影響を及ぼす懸濁態有機物（動植物プランクトンを除く）と溶存態有機物を考慮した．ここでは，微生物群集（細菌，原生生物，ウィルス）は状態変数として含めていないが，微生物群集の代謝活動にともなう栄養塩の放出や，酸素消費の機構（3.2節(2)項参照）は，懸濁態有機物や溶存態有機物の分解過程に組み込まれている．また，動物プランクトンよりも上位の栄養段階に属する生物も考慮されていないが，その動植物プ

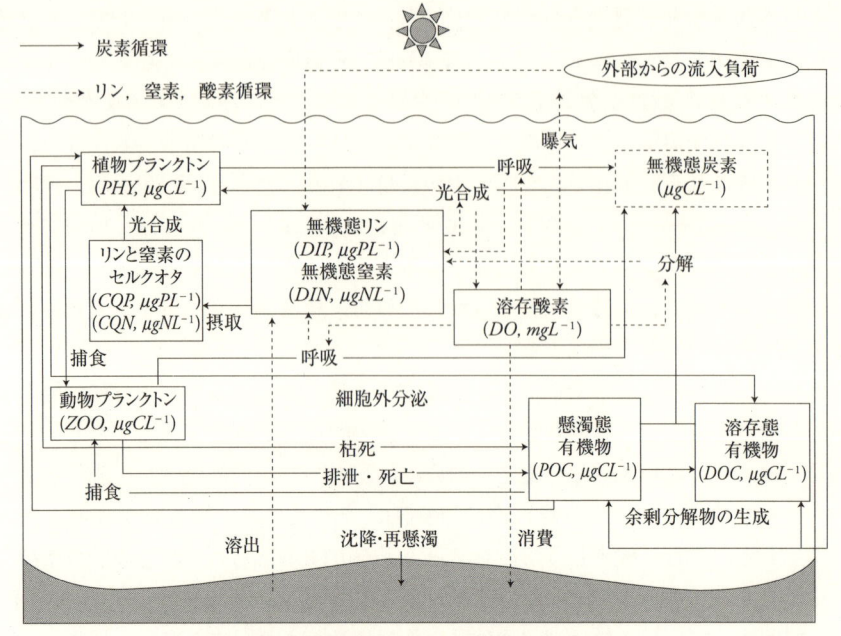

図4.1.3　湖沼における生態系のモデル化

ランクトンの捕食効果は，動植物プランクトンの死亡速度に含められている．また，無機物としては，植物プランクトンの光合成を制限しやすい元素として，無機態リンと無機態窒素を考慮してある．光合成に用いられる無機態炭素，珪藻の生長・増殖に用いられるケイ酸態珪素，及び必須微量金属類は十分に存在しているものと仮定し，ここでは状態変数に含めない．また，植物プランクトンによる光合成は，細胞内に蓄積されたリン・窒素により制限されると仮定したため，リンと窒素のセルクオタを考慮に入れた．

図4.1.3の状態変数間の矢印は，物質の移動（フラックス）を表しており，フラックスは単位時間当たりの炭素，リン，窒素，酸素の移動量で与えられる．図4.1.3に従って，各状態変数の時間変化を記述すると表4.1.2のようになる．各過程の定義は表4.1.3に示すとおりである．なお，無機態リン，無機態窒素，溶存酸素の時間変化の式中で，炭素量で計算されているフラックスはそれぞれリン量，窒素量，酸素量に換算される．これらの各フラックスの定式化は一見複雑に見えるが，用いられる式はいくつかの型に分類される．以下では，それぞれの型に分類し，定式化を解説する．

第4章 温暖化を踏まえた湖沼管理にむけて

表 4.1.2 化学的・生物学的過程による各状態変数の時間変化項の定式化

状態変数	各状態変数の時間変化項の定式化
植物プランクトン	$q_{PHY} = P_{gph} - P_{rph} - P_{eph} - P_{mph} - P_{sph} - P_{gzp} + P_{bph}$
リンのセルクオタ	$q_{CQP} = P_{cqp} - cp_{PHY} \cdot P_{gph} - (P_{mph} + P_{gzp}) \cdot \dfrac{CQP}{PHY}$
窒素のセルクオタ	$q_{CQN} = P_{cqn} - cn_{PHY} \cdot P_{gph} - (P_{mph} + P_{gzp}) \dfrac{CQN}{PHY}$
動物プランクトン	$q_{ZOO} = P_{gzp} + P_{gzc} - P_{rzo} - P_{ezo} - P_{mzo}$
懸濁態有機物	$q_{POC} = P_{mph} - P_{gzc} + P_{ezo} + P_{mzo} - P_{rpc} - P_{epc} - P_{spc} + P_{bpc}$
溶存態有機物	$q_{DOC} = P_{eph} + P_{epc} - P_{rdc}$
無機態リン	$q_{DIP} = -P_{cqp} + cp_{PHY} \cdot P_{rph} + (cp_{PHY} - cp_{DOC})P_{eph} + (cp_{PHY} - cp_{POC})P_{mph}$ $+ (cp_{PHY} - cp_{ZOO})P_{gzp} + (cp_{POC} - cp_{ZOO})P_{gzc} + cp_{ZOO} \cdot P_{rzo}$ $+ (cp_{ZOO} - cp_{POC})(P_{ezo} - P_{mzo}) + cp_{POC} \cdot P_{rpc} + (cp_{POC} - cp_{DOC})P_{epc}$ $+ cp_{DOC} \cdot P_{rdc} + (P_{mph} - P_{gzp})\dfrac{CQP}{PHY} + P_{rdp}$
無機態窒素	$q_{DIN} = -P_{cqn} + cn_{PHY} \cdot P_{rph} + (cn_{PHY} - cn_{DOC})P_{eph} + (cn_{PHY} - cn_{POC})P_{mph}$ $+ (cn_{PHY} - cn_{ZOO})P_{gzp} + (cn_{POC} - cn_{ZOO})P_{gzc} + cn_{ZOO} \cdot P_{rzo}$ $+ (cn_{ZOO} - cn_{POC})(P_{ezo} - P_{mzo}) + cn_{POC} \cdot P_{rpc} + (cn_{POC} - cn_{DOC})P_{epc}$ $+ cn_{DOC} \cdot P_{rdc} + (P_{mph} + P_{gzp})\dfrac{CQN}{PHY} + P_{rdn}$
溶存酸素	$q_{DO} = co_{PHY}(P_{gph} - P_{rph}) - co_{ZOO} \cdot P_{rzo} - co_{POC} \cdot P_{rpc} - co_{DOC} \cdot P_{rdc}$ $+ P_{ado} - P_{cdo}$

各過程の定義は表 4.1.3 を参照．各パラメータの定義，値は表 4.1.5 を参照．

指数増殖型のモデル化

　植物プランクトンの光合成，呼吸，動物プランクトンの捕食，呼吸，懸濁態有機物と溶存態有機物の分解の諸過程では，指数増殖型の定式化が用いられている．すなわち，状態変数の時間変化は，その時点での状態変数の値に比例するとした定式化である．ただし，その比例定数には，周辺環境の変化による影響が考慮されている．

　たとえば，植物プランクトンの光合成の場合は，周辺環境の変化として水温，光量，栄養塩濃度が考慮される．水温変化に関しては，ある水温での増殖速度を与えた上で，水温依存性を含む関数で補正する．水温依存性を表す式としては，指数関数やべき乗関数が用いられるが，いずれの場合も水温が10℃上昇すると活性が2倍程度となる（このことを，$Q_{10}=2$ と表す）ように定式化されている（3.1節(4)，3.4節(4)項参照）．また，光量に関しては，太陽から湖面に入射する全光量の半分が光合成に利用可能な光であると仮定する．水中の光量は吸収－散乱に

表 4.1.3　各化学的・生物学的過程の定義

記号	定義	記号	定義
P_{gph}	植物プランクトンの光合成	P_{ezo}	動物プランクトンの排泄
P_{rph}	植物プランクトンの呼吸	P_{mzo}	動物プランクトンの死亡
P_{eph}	植物プランクトンの細胞外分泌	P_{rpc}	懸濁態有機物の分解
P_{mph}	植物プランクトンの枯死	P_{epc}	懸濁態有機物の分解余剰物生成
P_{sph}	植物プランクトンの沈降	P_{spc}	懸濁態有機物の沈降
P_{bph}	植物プランクトンの再懸濁(底層のみ)	P_{bpc}	懸濁態有機物の再懸濁(底層のみ)
P_{cqp}	植物プランクトンのリンの摂取	P_{rdc}	溶存態有機物の分解
P_{cqn}	植物プランクトンの窒素の摂取	P_{rdp}	無機態リンの底泥からの溶出(底層のみ)
P_{gzp}	植物プランクトンの捕食	P_{rdn}	無機態窒素の底泥からの溶出(底層のみ)
P_{gzc}	懸濁態有機物の捕食	P_{ado}	水面における曝気(表層のみ)
P_{rzo}	動物プランクトンの呼吸	P_{cdo}	底泥での酸素消費(表層のみ)

各過程の定式化は表 4.1.4 を参照.

より深度とともに指数関数的に減衰する (3.1 節 (2) 項参照). 光量に対する光合成の式は，ここでは最適光量を持つ Steele (1962) による式を用いる．栄養塩濃度による光合成の制限に関しては，光合成速度が水中の栄養塩濃度に依存すると仮定するモデルと，光合成速度がリンや窒素のセルクオタに依存すると仮定し，水中から細胞内への栄養塩の摂取過程と細胞内での有機物生成過程とを別途定式化したモデル (Droop 1974) とがある (3.1 節 (3) 項参照). 光合成速度が水中の栄養塩濃度に依存するとした場合の方が簡易的であり，その場合は栄養塩濃度が高い場合には光合成速度が飽和状態となるような飽和型の式が用いられる．また，リービッヒの最小律に基づき，光合成速度がリンと窒素のうち制限の強い方に依存するものと仮定する．しかし，環境中の栄養塩濃度が低いが，それに比して一次生産が高い場合は，植物プランクトンが効率的に栄養塩を摂取して，体内に蓄積しているものと考えられるため，セルクオタを考慮した方が適切である．

　動物プランクトンの捕食に関しては，植物プランクトンの生物量と動物プランクトンの生物量の両方に比例するロトカ・ヴォルテラ型のモデルを用いる場合もあるが，餌（植物プランクトンと懸濁態有機物）の影響を別の関数で表す方法も用いられる (3.2 節 (1) 項参照). たとえば，イブレフの式と呼ばれるモデル化では，動物プランクトンの捕食が，餌が少ない場合には捕食制限を受け，餌が豊富に存

在するときには，捕食が飽和状態となる様子を表現している．

　動植物プランクトンの呼吸速度，懸濁態有機物，溶存態有機物の分解速度には，通常水温補正のみが加えられている（3.4節（3），3.4節（4）項参照）．なお，懸濁態有機物と溶存態有機物には，易分解性のものから難分解性のものまでさまざまな物質が含まれている（コラム 4 参照）．したがって，分解速度を一意に与えるのは難しいが，通常は懸濁態有機物や溶存態有機物の濃度を再現するためのチューニング・パラメータとして，キャリブレーションにより値が与えられる．水温補正の方法は，植物プランクトンの光合成に対する水温補正の方法と同様である．地球温暖化による水温変化はこれらの項に直接的に作用する（3.4節（4）項参照）．

活動にともなう代謝過程の定式化

　植物プランクトンによる溶存態有機物の細胞外分泌（P_{eph}），動物プランクトンによる懸濁態有機物の排泄（P_{ezo}），懸濁態有機物の分解にともなう溶存態有機物の生成（P_{edc}）は，それぞれ一次生産，動物プランクトンの捕食活動，微生物群集による懸濁態有機物の分解の活発化にともなって増加するため（3.1節（1），3.2節（2）項参照），それぞれ光合成による増殖，動物プランクトンの捕食，懸濁態有機物の分解に比例した速度を与える．いずれの場合も，比例係数として一定値を与える場合が多い．ただし，植物プランクトンの細胞外分泌のように，体内のクロロフィル a 量に依存した補正を加えたモデルもある．なお，光合成による増殖，動物プランクトンの捕食，懸濁態有機物の分解は上述のように指数増殖型の定式化がなされている．

環境容量に基づくモデル化

　植物プランクトンの枯死（P_{dph}）と動物プランクトンの死亡には，それぞれの状態変数の値の 2 乗に比例する速度が与えられている．生態系モデルでは，状態変数の値に比例する指数増殖型の定式化を用いる場合もあるが，2 乗に比例する速度を与える場合の方が数値計算の安定性が高い．また，枯死速度や死亡速度のパラメータは，高次の栄養段階の生物による捕食にともなう死亡など，さまざまな過程を含める．したがって，植物プランクトンや動物プランクトンの現存量を再現できるようにキャリブレーションを行う場合，チューニング・パラメータとする場合が多い．

表 4.1.4　各化学的・生物学的過程の定式化

状態変数	各過程の定式化
植物プランクトン	$P_{gph} = G_P \cdot \theta_P^{(T-20)} \cdot \dfrac{0.5 \cdot Q_s \cdot \exp(-kz)}{Q_P} \exp\left\{1 - \dfrac{0.5 \cdot Q_s \cdot \exp(-kz)}{Q_P}\right\}$ $\cdot \min\left(\dfrac{CQP}{CQP + cp_{PHY} \cdot PHY}, \dfrac{CQN}{CQN + cn_{PHY} \cdot PHY}\right) \cdot PHY$ $k = k_b + k_s \cdot chlac \cdot PHY$ $P_{rph} = R_P \cdot \theta_P^{(T-20)} \cdot PHY$ $P_{eph} = E_P \cdot \exp(\gamma_P \cdot chlac \cdot PHY) \cdot P_{gph}$ $P_{mph} = M_P \cdot PHY^2$ $P_{sph} = \dfrac{\partial(w_P \cdot PHY)}{\partial z}$ $P_{bph} = \dfrac{sus \cdot w_P \cdot PHY}{h_b}$
リンのセルクオタ	$P_{cqp} = UP_{\max} \cdot \dfrac{DIP}{K_{DIP} + DIP} \cdot \dfrac{\left(CQP_{\max} - \dfrac{cp_{PHY} \cdot PHY + CQP}{cp_{PHY} \cdot PHY}\right)}{CQP_{\max} - 1} \cdot cp_{PHY} \cdot PHY$
窒素のセルクオタ	$P_{cqn} = UN_{\max} \cdot \dfrac{DIN}{K_{DIN} + DIN} \cdot \dfrac{\left(CQN_{\max} - \dfrac{cn_{PHY} \cdot PHY + CQN}{cn_{PHY} \cdot PHY}\right)}{CQN_{\max} - 1} \cdot cp_{PHY} \cdot PHY$
動物プランクトン	$P_{gzp} = \dfrac{PHY}{PHY + POC} \cdot G_Z \cdot \theta_Z^{(T-20)} \cdot [1 - \exp\{\eta(K_{TH} - PHY - POC)\}] \cdot ZOO$ $P_{gzc} = \dfrac{POC}{PHY + POC} \cdot G_Z \cdot \theta_Z^{(T-20)} \cdot [1 - \exp\{\eta(K_{TH} - PHY - POC)\}] \cdot ZOO$ $P_{rzo} = R_Z \cdot \theta_Z^{(T-20)} \cdot ZOO$ $P_{ezo} = (1 - a_Z) \cdot (P_{gzp} + P_{gzc})$ $P_{mzo} = M_Z \cdot ZOO^2$
懸濁態有機物	$P_{rpc} = R_O \cdot \theta_O^{(T-20)} \cdot POC$ $P_{epc} = \kappa \cdot P_{rpc}$ $P_{spc} = \dfrac{\partial(w_O \cdot POC)}{\partial z}$ $P_{bpc} = \dfrac{sus \cdot w_O \cdot POC}{h_b}$
溶存態有機物	$P_{rdc} = R_D \cdot \theta_D^{(T-20)} \cdot DOC$
無機態リン	$P_{rdp} = \dfrac{R_{DIP} \cdot \theta_{DIP}^{(T-20)}}{h_b (4 \cdot DO + 1)}$
無機態窒素	$P_{rdn} = \dfrac{R_{NH4} \cdot \theta_{DIN}^{(T-20)}}{h_b (4 \cdot DO + 1)} - \dfrac{R_{NO3} \cdot \theta_{DIN}^{(T-20)}}{2 h_b (DO + 2)}$

溶存酸素	$P_{ado} = \dfrac{K_{DO}(DO_s - DO)}{h_b}$ $DO_s = \dfrac{32 \cdot O_2}{22.4(1 + T/273)}$ $\ln O_2 = -173.4292 + 249.6339 \left(\dfrac{100}{T+273}\right) + 143.3483 \ln\left(\dfrac{T+273}{100}\right)$ $\qquad - 21.8492\left(\dfrac{T+273}{100}\right)$ $P_{cdo} = \dfrac{co_{PHY} \cdot P_{sph} + co_{POC} \cdot P_{spc} + R_{DO} \cdot \theta_{DO}^{(T-20)}}{h_b}$

沈降のモデル

植物プランクトンの沈降 (P_{sph})，懸濁態有機物の沈降 (P_{spc}) は，鉛直方向の移流項に沈降速度を加える形式で与えられる．沈降速度は粒子の大きさ，密度，形によってさまざまであり，鉛直的にも水の密度に応じて変化するが，一般的には実験・観測で得られる平均的な値が定数として用いられる (3.3 節 (1) 項参照).

以上のようにして，各過程を定式化したものを表 4.1.4 に，式に含まれるパラメータの定義と値を表 4.1.5 に示す．

(3) 流れ場－生態系結合数値モデル

本節 (2) 項で示した生態系モデルは，流れ場や成層構造による影響が考慮されていないものの，富栄養化問題など多くの問題に対してきわめて有効なモデルである．一般に，流れ場や成層構造などの変動が，水質・生態系へ及ぼす影響が小さい場合は，生態系モデルを用いるのみで十分であり，湖全体の平均的な水質や生態系の変化について議論すればよい．しかしながら，流れ場や成層構造の変化による影響を無視できない場合や，湖内での局所的な水質，生態系の悪化が問題となる場合は，流れ場－生態系結合数値モデルを用いる必要がある．本書のように，地球温暖化が湖の生態系に及ぼす影響を議論する場合は，地球温暖化にともなう流れ場や成層構造の変化が，湖底近傍の溶存酸素濃度や，栄養塩濃度，一次生産速度に及ぼす影響を予測する必要があるため，三次元の流れ場－生態系結合数値モデルの利用が有効である．

初期の流れ場－生態系結合数値モデルは，閉鎖水域である湖よりも，潮汐等による流れが大きく，より物理現象の影響を大きく受ける海域を対象として発達してきた．たとえば，Walsh (1975) や Wroblewski (1977) は，岸沖方向と深さ方向

表 4.1.5 定式化に含まれるパラメータの定義と値

記号	定義	値	単位
G_P	植物プランクトンの最大成長速度	2.5	day^{-1}
θ_P	植物プランクトンの温度依存係数	1.05	——
Q_P	光合成の最適光量(熱量で表示)	50	$\text{J m}^{-2}\text{s}^{-1}$
Q_S	水面での熱フラックス	境界条件	$\text{J m}^{-2}\text{s}^{-1}$
K	光の減衰係数	定式化	m^{-1}
k_b	湖に依存する光の減衰係数	0.3	m^{-1}
k_s	減衰係数のクロロフィル a 濃度依存性係数	0.02	$(\mu\text{g L}^{-1})^{-1}\text{m}^{-1}$
R_P	植物プランクトンの呼吸速度	0.01	day^{-1}
E_P	植物プランクトンの細胞外分泌の割合	0.13	——
γ_P	細胞外分泌のクロロフィル a 濃度依存性係数	-8.44×10^{-4}	$(\mu\text{g L}^{-1})^{-1}$
M_P	植物プランクトンの枯死速度	0.002	$(\mu\text{gC L}^{-1})^{-1}\text{day}^{-1}$
w_P	植物プランクトンの沈降速度	0.2	m day^{-1}
UP_{max}	植物プランクトンの最大リン摂取速度	4	day^{-1}
UN_{max}	植物プランクトンの最大窒素摂取速度	1.8	day^{-1}
K_{DIP}	植物プランクトンのリン摂取の半飽和定数	1	$\mu\text{gP L}^{-1}$
K_{DIN}	植物プランクトンの窒素摂取の半飽和定数	25	$\mu\text{gN L}^{-1}$
CQP_{max}	植物プランクトンのリンの最小セルクオタに対する最大セルクオタの比	16	——
CQN_{max}	植物プランクトンの窒素の最小セルクオタに対する最大セルクオタの比	8	——
cp_{PHY}	植物プランクトンの最小リン・炭素比	0.007	$\mu\text{gP}(\mu\text{gC})^{-1}$
cn_{PHY}	植物プランクトンの最小窒素・炭素比	0.1	$\mu\text{gN}(\mu\text{gC})^{-1}$
co_{PHY}	植物プランクトンの酸素・炭素比	0.00349	$\mu\text{gO}(\text{mgC})^{-1}$
$Chlac$	植物プランクトンのクロロフィル a・炭素比	0.05	$(\mu\text{g L}^{-1})(\mu\text{gC L}^{-1})^{-1}$
G_Z	動物プランクトンの捕食速度	0.65	day^{-1}
η	イブレフ定数	0.007	——
K_{TH}	動物プランクトンの捕食の閾値	0	$\mu\text{gC L}^{-1}$
θ_Z	動物プランクトンの温度依存係数	1.05	——
R_Z	動物プランクトンの呼吸速度	0.15	day^{-1}
a_Z	動物プランクトンの同化係数	0.6	——

M_Z	動物プランクトンの死亡速度	0.01	$(\mu gC\, L^{-1})^{-1}\, day^{-1}$
cp_{ZOO}	動物プランクトンのリン・炭素比	0.012	$\mu gP\,(\mu gC)^{-1}$
cn_{ZOO}	動物プランクトンの窒素・炭素比	0.15	$\mu gN\,(\mu gC)^{-1}$
co_{ZOO}	動物プランクトンの酸素・炭素比	0.00349	$\mu gO\,(mgC)^{-1}$
R_O	懸濁態有機物の分解速度	0.01	day^{-1}
θ_O	懸濁態有機物分解の温度依存係数	1.05	——
κ	懸濁態有機物分解の余剰生成物の割合	0.15	——
w_O	懸濁態有機物の沈降速度	0.75	$m\, day^{-1}$
sus	植物プランクトン・懸濁態有機物再懸濁の割合	0.05	
cp_{POC}	懸濁態有機物のリン・炭素比	0.012	$\mu gP\,(\mu gC)^{-1}$
cn_{POC}	懸濁態有機物の窒素・炭素比	0.15	$\mu gN\,(\mu gC)^{-1}$
co_{POC}	懸濁態有機物の酸素・炭素比	0.00349	$\mu gO\,(mgC)^{-1}$
R_D	溶存態有機物の分解速度	0.001	day^{-1}
θ_D	溶存態有機物分解の温度依存係数	1.05	——
cp_{DOC}	溶存態有機物のリン・炭素比	0.0013	$\mu gP\,(\mu gC)^{-1}$
cn_{DOC}	溶存態有機物の窒素・炭素比	0.09	$\mu gN\,(\mu gC)^{-1}$
co_{DOC}	溶存態有機物の酸素・炭素比	0.00349	$\mu gO\,(mgC)^{-1}$
h_b	湖底上格子の厚さ	2.5	m
R_{DIP}	底泥からのリンの溶出速度	5	$mgP\, m^{-2}\, day^{-1}$
θ_{DIP}	底泥からのリン溶出の温度依存係数	1.1	——
R_{NH4}	底泥からのアンモニア態窒素の溶出速度	10	$mgN\, m^{-2}\, day^{-1}$
R_{NO3}	底泥での硝酸態窒素の脱窒速度	5	$mgN\, m^{-2}\, day^{-1}$
θ_{DIN}	底泥の窒素溶出, 脱窒の温度依存係数	1.1	——
K_{DO}	曝気速度	3	day^{-1}
R_{DO}	化学的過程による底泥での酸素消費速度	800	$mgO\, m^{-2}\, day^{-1}$
θ_{DO}	底泥での酸素消費の温度依存係数	1.1	

の鉛直二次元の流れ場−生態系結合数値モデルを構築し,沿岸湧昇が一次生産に及ぼす影響を検討した.また,Kishi et al. (1981) は,二次元の流れ場−生態系結合数値モデルを作成し,三河湾を対象として感度解析を行った.

　その後,多くの三次元の流れ場−生態系結合数値モデルが構築されるようになり (中田ら 2006),琵琶湖でも,Taguchi and Nakata (2009) が流れ場モデルの結果

を利用して沖帯と沿岸帯からなる生態系モデルを構築した．また，学術論文として発表されていないが，地方自治体等で水質管理用に開発されている結合数値モデルも数多くある．現状では，三次元流れ場－生態系結合数値モデルは，計算時間コストが高いため水質や生態系の季節変動の再現にとどまっている．地球温暖化問題のように，長期的な水質，生態系の変化を論じる場合は，細田・細見（2002）らのように，鉛直一次元の流れ場－生態系結合数値モデルを用いた例が多い．

　流れ場モデルと生態系モデルを結合する場合，湖内の化学物質や動植物プランクトンなど低次栄養段階に属する生物の挙動は周辺の流れ場に依存するものと仮定する．実際には，動植物プランクトンの中には鉛直方向に移動できる種もあるが，その影響は軽微であると仮定し無視するか，別途移動速度を与えることにより対応する（3.2節 (1) 項参照）．ネクトンに分類される生物（魚等）は，遊泳能力を有しているため，上記の仮定はあてはまらない．別途，ネクトンの行動を考慮した高次生態系モデルが必要となる．

　以上の仮定に基づき，湖内の化学物質や動植物プランクトンなどの各状態変数（C）の時間変化は次に示す移流・拡散方程式で表される．

$$\frac{\partial C}{\partial t} + \frac{\partial (uC)}{\partial x} + \frac{\partial (vC)}{\partial y} + \frac{\partial (wC)}{\partial z} = \frac{\partial}{\partial x}\left(A_H \frac{\partial C}{\partial x}\right) + \frac{\partial}{\partial y}\left(A_H \frac{\partial C}{\partial y}\right) \\ + \frac{\partial}{\partial z}\left(K_H \frac{\partial C}{\partial z}\right) + R_C + q_C \quad (1)$$

ここで，R_C は河川流入の影響を表す項，q_C は化学，生物学的過程による各状態変数の時間変化項であり，4.1 (2) 項で述べたとおりである．

(4) 計算の流れ

　2.1節と本節の (2) 項，(3) 項に示した方程式を用いて，実際に数値計算を行う場合の流れを図4.1.4に示す．まず，境界条件として地形データ，気象データ，河川データ等を整備するとともに，計算期間等の計算条件を入力する．その後，基礎方程式を計算終了時刻まで数値計算を繰り返して実施する．繰り返し計算の中では，まず湖面変位の計算を行う．すなわち，湖底から湖面に向かって連続の式を用いて鉛直方向の流速を求めていき，湖面での鉛直方向流速にタイムステップを乗じると湖面の変位が計算される．次に，圧力は，鉛直方向の運動方程式を湖面での力学的条件のもとで湖面から積分することにより求まる．つまり，ある

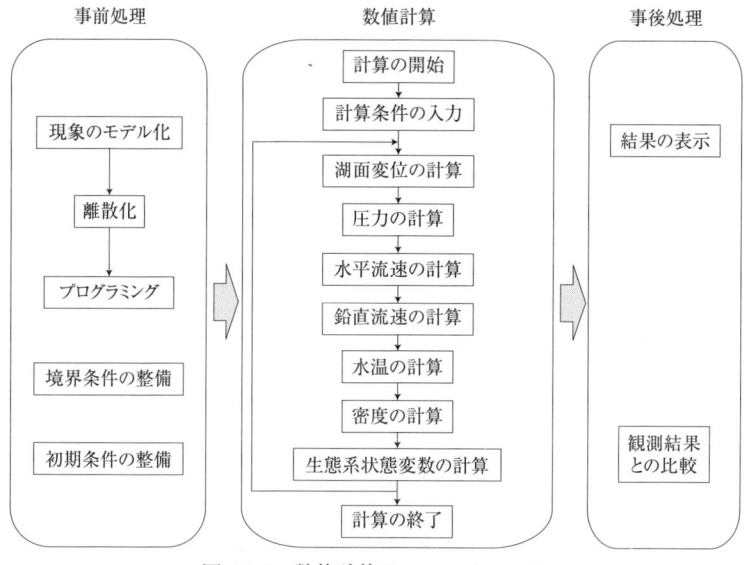

第4章 温暖化を踏まえた湖沼管理にむけて

図4.1.4 数値計算のフローチャート

地点，ある深度での圧力は，その上の水の圧力と大気圧により計算される．次に，水平流速，鉛直流速，水温をそれぞれ運動方程式，連続の式，水温の移流・拡散方程式を用いて解く．さらに，生態系モデルの各フラックスを計算した後，各状態変数を移流・拡散方程式を用いて解く．

(5) 離散化

数値モデルは空間・時間に関して連続の式で与えられるが，実際に数値計算を行う場合，時間を一定のタイムステップに，空間を格子に分割し，微分方程式を離散化しなければならない．数値計算法の詳細については他書に譲るが，ここでは，琵琶湖を対象として数値計算を行う場合に，構造格子を用いて基礎方程式を有限差分法で離散化した例を示す．

図4.1.5に，琵琶湖の格子分割方法を示す．ここでは，水平方向に1,000 m，鉛直方向に2.5 mの格子で分割する．基本的には，現象が空間的に大きく変動する水域は，細かな格子で分割する必要がある．たとえば，2.1節(3)項で示したように，水平方向の水温差を再現することが重要な場合は，水平方向に細かな格

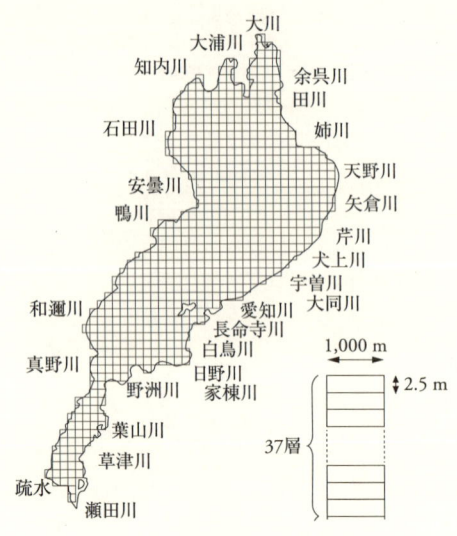

図 4.1.5　琵琶湖の格子分割方法

子で分割する必要があるし，成層構造を精度良く再現したい場合は，鉛直方向に細かな格子で分割する必要がある．格子が細かければ細かいほど精度の良い数値計算結果が得られるが，計算時間も多くかかる．実際には，求める精度と計算時間の兼ね合いによって格子分割方法が決まる．

　各格子においては，流速と圧力，水温，生態系の状態変数の評価点を互い違いに配置する．水平方向の運動方程式と水温の移流・拡散方程式の解法としては，移流項に対して三次精度上流差分法である QUICK (Quadratic Upstream Interpolation for Convective Kinematics)，渦粘性および渦拡散の項に対して2次の中央差分法を適用した後，時間発展の項をオイラー法により陽的に解く．これらの微分方程式の離散化手法については，堀江（1980）等を参照されたい．次に，湖水の状態方程式と水温から密度を解く．最後に，生態系状態変数の時間変化を解く．タイムステップは20秒とし，これら一連の過程を計算終了時刻まで繰り返す．

(6)　季節変動の再現計算例

　ここでは，琵琶湖水質の季節変動を再現してみる．計算対象期間としては，

2007 年 4 月 1 日から 2008 年 3 月 31 日とする．ただし，計算開始時（2007 年 4 月 1 日）の初期条件を与える必要があるため，2004 年 4 月 1 日から 2007 年 3 月 31 日までの数値計算を行い，2007 年 3 月 31 日の計算結果を初期条件として与えた．なお，2004 年 4 月 1 日の初期条件としては，水位，流速を 0 とし，2004 年 3 月に観測された水質の値を湖内で一様に与えた．

湖面での熱フラックスを推定するために，彦根気象台で 1 時間ごとに計測された気温，大気圧，全天日射量，雲量，相対湿度，降水量，風速，風向のデータを与えた．また，流入河川としては，代表的な 25 河川を考慮し，流出河川としては瀬田川と疏水を考慮した．淡水の年間総流出入量を 50 億 t と仮定し，すべて河川を通じて流入するものとした．各河川の流入量を流域面積に応じて与え，流入量の季節変動は降水量の季節変動に応じて与えた．河川水の水温は観測結果に基づいて与えた．全有機炭素，全リン，全窒素の負荷量は，それぞれ 14,600 t year^{-1}，6,200 t year^{-1}，360 t year^{-1} と仮定した（滋賀県 2004）．河川水の溶存酸素濃度は，飽和しているものと仮定した．

計算結果の例として，図 4.1.6（口絵 3）に，今津沖の水質鉛直分布の季節変動を示す．水温変動が一致するように，風速値を彦根気象台の値の 1.35 倍とした．これは，通常，湖上と陸上とでは風速は異なり，湖上の風速の方が大きい傾向にあるためである．クロロフィル a 濃度は，冬季は鉛直方向に一様であるが，春季と秋季に表層でピークが見られる．これは，中層からの栄養塩供給と光量が比較的多く，水温も十分高いためである．数値モデルでは，複数種の植物プランクトンを考慮していないが，植物プランクトン量の指標であるクロロフィル a 濃度はおおむね再現されている．懸濁態有機物と溶存態有機物は，クロロフィル a 濃度との関連が強い．明確な 2 つのピークは見られないものの，成層期に表層で高くなる様子がわかる．無機態リンと無機態窒素は，冬季に鉛直方向に一様となる．春季になると，一次生産が活発化するため，栄養塩濃度は減少していく．特に無機態リン濃度の減少は顕著であり，夏季の一次生産を制限している．溶存酸素濃度は，冬季に鉛直方向に一様となり，かつ低水温のため溶解度が高く，年間で最大の値となる．春季から夏季にかけて，表層では水温の上昇とともに溶解度が低くなり，それに応じて溶存酸素濃度は低くなる．また，底層では，沈降してきた有機物の分解にともなって酸素が消費されるため，溶存酸素濃度が低下する．したがって，中層で溶存酸素濃度が高くなる分布となる．夏季を過ぎると，表層の溶存酸素濃度は，水温の低下とともに上昇していくが，底層の溶存酸素濃度は低

(a) 水温(℃) 観測結果 / 計算結果

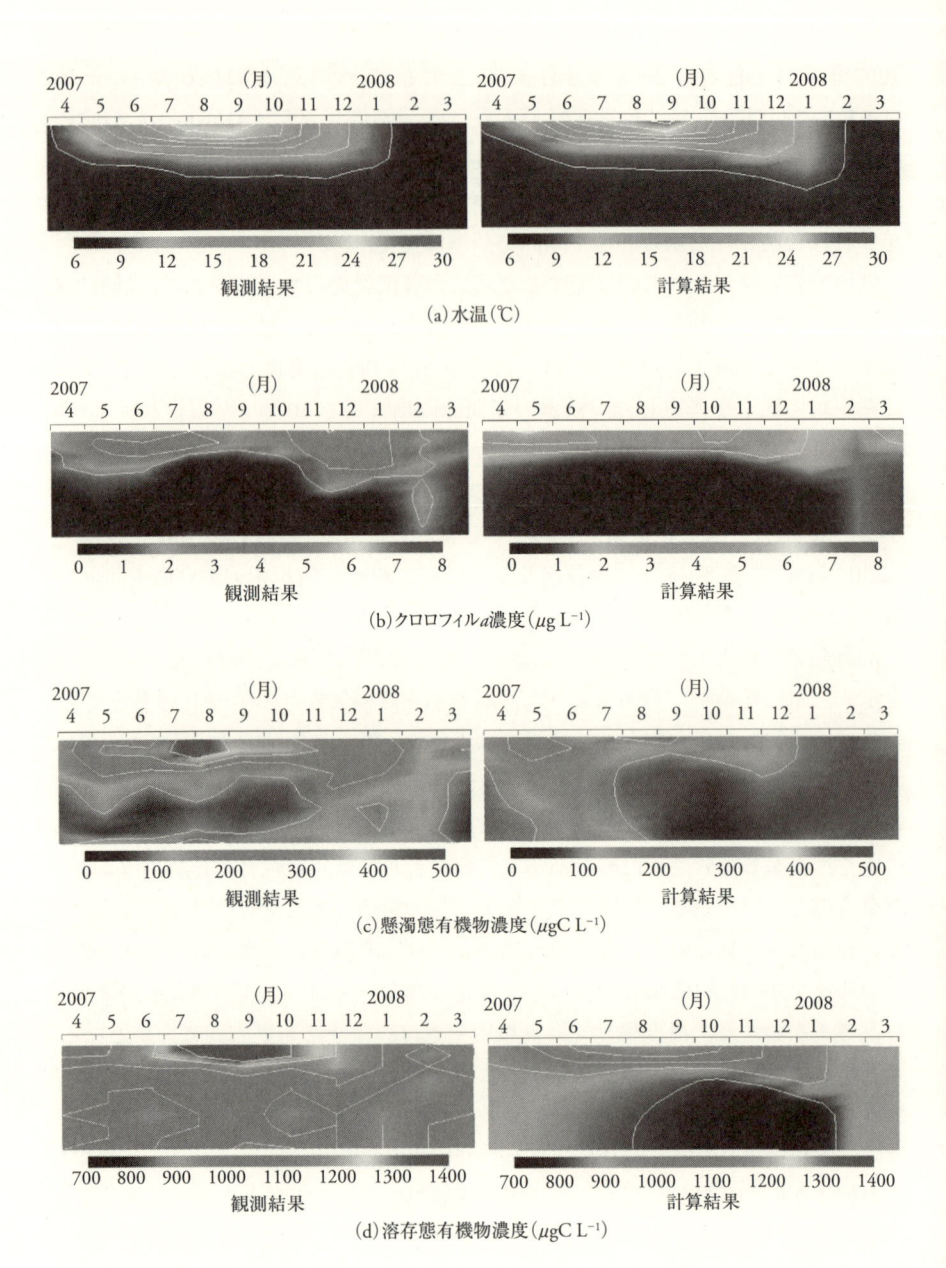

(b) クロロフィルa濃度(μg L^{-1}) 観測結果 / 計算結果

(c) 懸濁態有機物濃度(μgC L^{-1}) 観測結果 / 計算結果

(d) 溶存態有機物濃度(μgC L^{-1}) 観測結果 / 計算結果

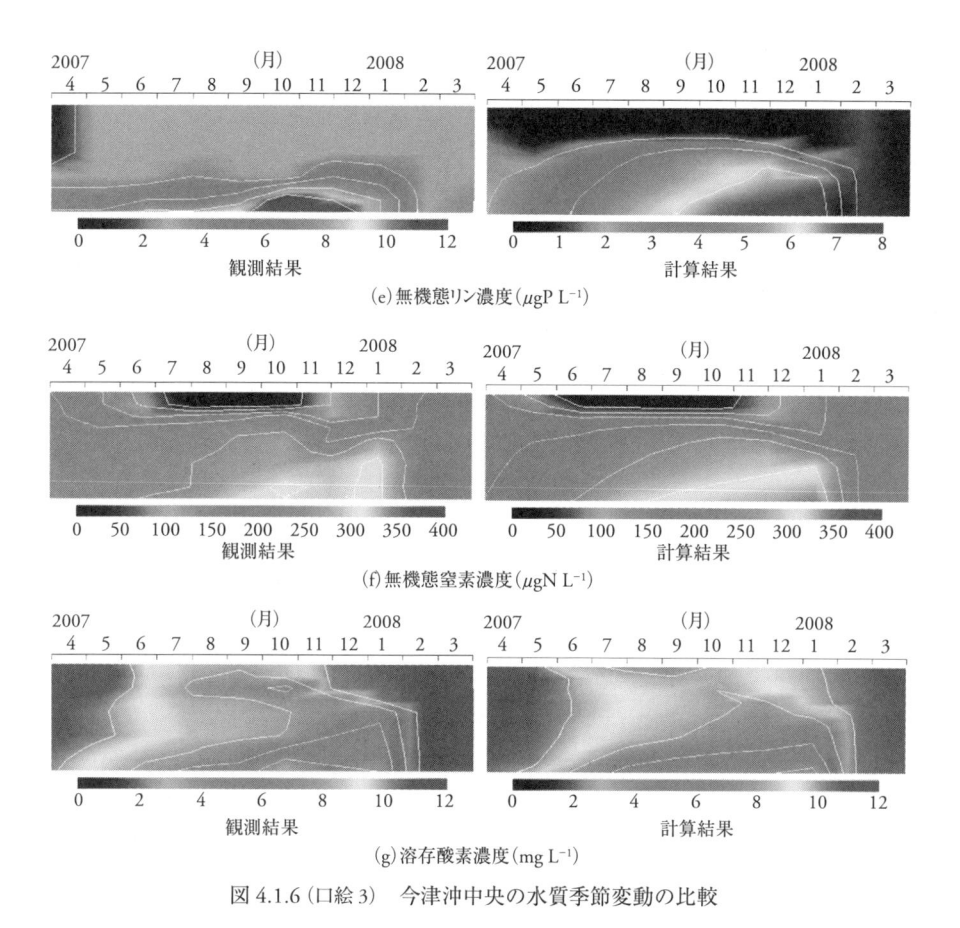

第4章 温暖化を踏まえた湖沼管理にむけて

(e) 無機態リン濃度 (μgP L^{-1})

(f) 無機態窒素濃度 (μgN L^{-1})

(g) 溶存酸素濃度 (mg L^{-1})

図 4.1.6 (口絵 3) 今津沖中央の水質季節変動の比較

下し続ける．年間の最低溶存酸素濃度は，4 mg L^{-1} を下回るが，冬季の鉛直循環によって溶存酸素濃度は飽和濃度のレベルまで回復する．

(7) 経年変動の再現計算例

経年変動の再現計算例として，琵琶湖と池田湖で1982〜1991年の水質変動を再現した結果を示す．琵琶湖は2,000 mの格子，池田湖は1,000 mの格子で分割して計算を行った（図4.1.7）．琵琶湖の計算条件は本節 (6) 項に示した通りである．池田湖の計算条件として，気象データは，枕崎気象台と指宿のアメダスによる計測データを用いた．河川流入負荷については，淡水収支を年間0.38億tと

235

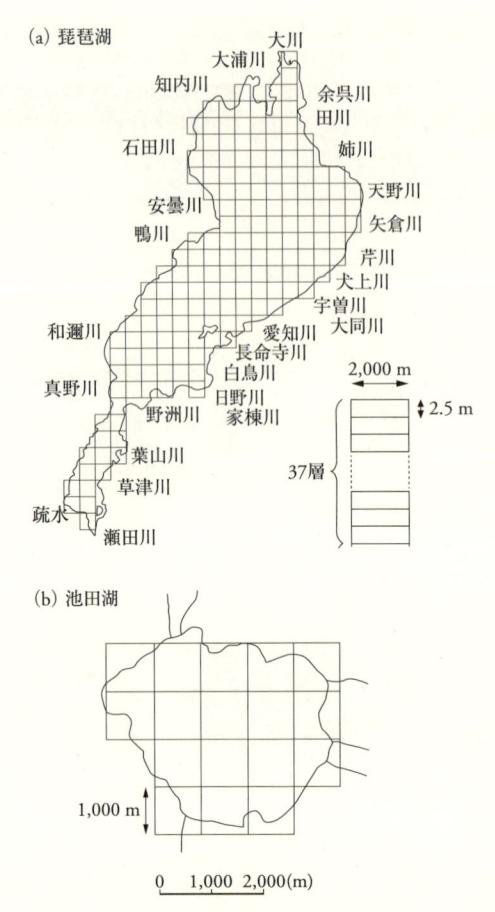

図 4.1.7　経年変動再現における琵琶湖と池田湖の格子分割方法

し，COD，T-N，T-P の負荷量をそれぞれ年間 125 t，550 t，3.8 t とした．これらの値から懸濁態有機物，溶存態有機物，無機態リン，無機態窒素の濃度を算出した．

　最深地点近傍の水温変動を見てみると（図 4.1.8），琵琶湖では毎年全循環が起こったのに対し，池田湖では 1986 年以降全循環が停止した様子が再現された．琵琶湖では，年平均では表層の水温上昇率が底層の水温上昇率より高いものの，底層の水温が成層期に上昇し，循環期に下降する季節変動を示し，この成層期の底層の季節的水温上昇率が，表層の長期的な年平均水温の上昇率より高い．このため冬期に表層と底層が等温になり全循環が起こった．一方，池田湖では，底層

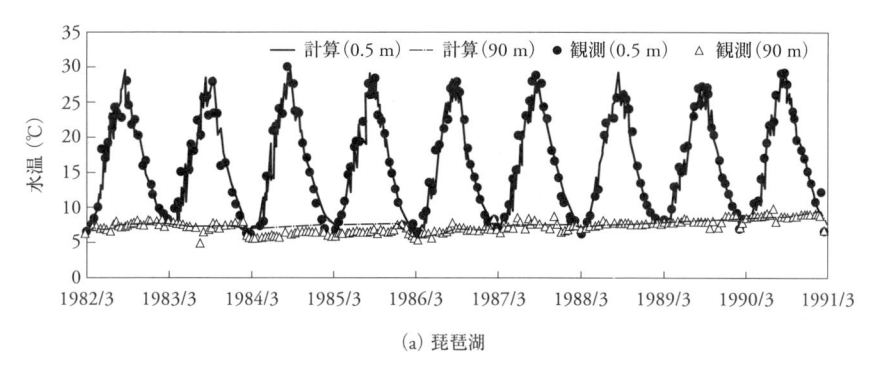

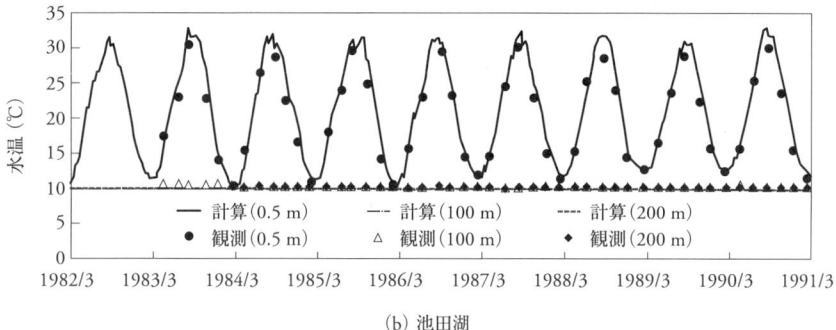

図4.1.8 1982〜1991年の表層（0.5 m）と底層（琵琶湖90 m，池田湖100 mおよび200 m）の水温変動の比較

の水温が単調に上昇し（顕著な季節変動を示さず），表層の水温上昇率が底層の水温上昇率よりも高かったため，常に表層水温が深層水温より高温となり全循環が停止した．

次に，最深地点近傍の溶存酸素濃度を見てみると（図4.1.9），琵琶湖では全循環が毎年発生し，底層の溶存酸素濃度が表層とほぼ同じ濃度に回復する様子が再現されている．一方，池田湖では，1986年以降全循環が停止し，水面下100 m，200 mの溶存酸素濃度が低下した様子が再現されている．

このように，同様の素過程から構築された流れ場 – 生態系結合数値モデルを用いても，湖盆形態や境界条件の違いから，数値計算によって得られる結果は顕著に異なる場合がある．

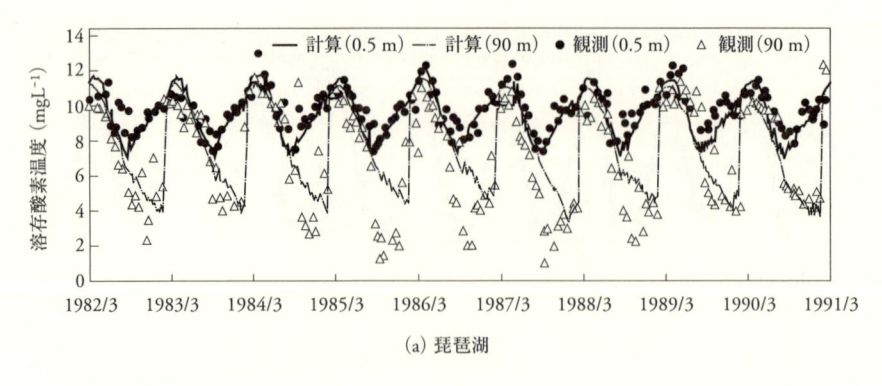

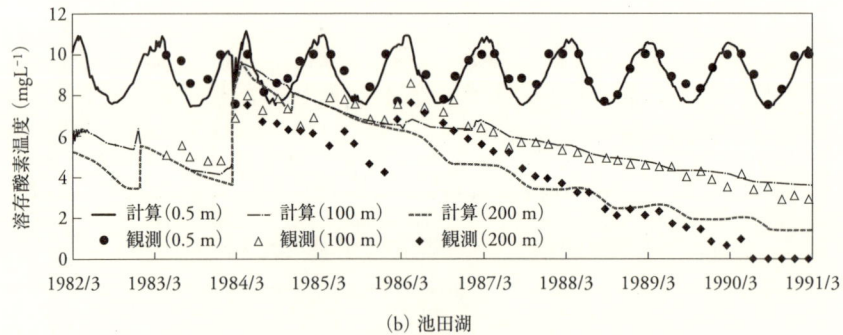

図 4.1.9　表層と底層における溶存酸素濃度の観測結果と計算結果の比較

(8) 数値モデルを用いた温暖化影響評価

ここでは，2000 m の格子を用いて，2010 年 3 月〜2110 年 2 月までの琵琶湖の将来予測計算を行った事例を示す．初期条件を得るために，2005 年 3 月〜2010 年 2 月までの助走計算を行った．気象データについては，経年変化を考慮するため，1990 年 3 月から 2010 年 2 月までの 1 時間ごとの気象計測結果を 1 データセット（20 年間）として，データセットを 5 回繰り返して用いた（20 年間×5＝100 年間）．将来予測計算の気候変動シナリオとして，気温の上昇を想定し，100 年間で気温が変化しない場合（Case 0），線形に 2.5℃上昇する場合（Case 1），線形に 5℃上昇する場合（Cases 2）を想定した（図 4.1.10）．

今津沖における今後 100 年間の水温予測結果によると（図 4.1.11），Case 0 では，年平均表層水温は 15〜17℃の範囲で変動し，年平均底層水温は 7〜9℃の範囲で変動した．気候の経年変動にともなう水温の経年変動は見られたが，長期的な水

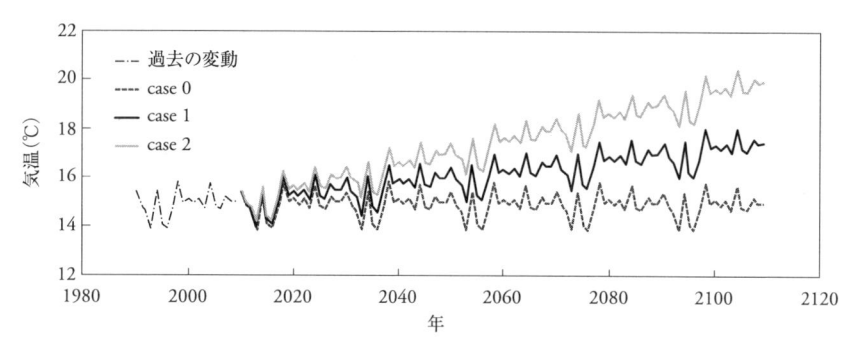

第4章 温暖化を踏まえた湖沼管理にむけて

図 4.1.10 琵琶湖における気温上昇シナリオ

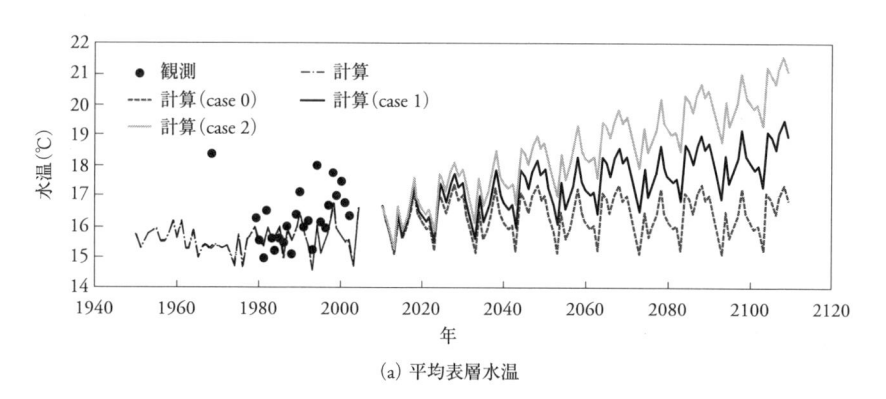

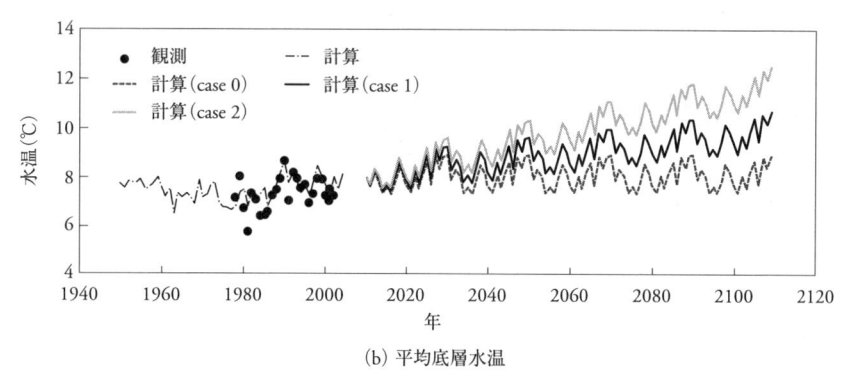

(a) 平均表層水温

(b) 平均底層水温

図 4.1.11 琵琶湖今津沖の水温の将来予測（2010 年〜 2110 年）

温上昇,下降は認められなかった.一方,Case 1 では,気温の上昇にあわせて,年平均表層水温,年平均底層水温が経年変動しながら 2〜3℃ 上昇した.また,Case 2 では,年平均表層水温,年平均底層水温ともに,経年変動しながら,100 年間に 4〜5℃ 上昇した.Case 2 において,水温の年平均値の変動を最小二乗法により線形近似すると,表層と底層の水温上昇率は,それぞれ 0.045℃ year^{-1},0.038℃ year^{-1} であった.しかし,底層の水温上昇率は見かけの値であり,実際には成層期に 0.4〜1.1℃ year^{-1} で上昇し,冷却期に低下する季節変動を示した.すなわち,成層期の底層の季節的水温上昇率が表層の経年的水温上昇率よりも大きいため,全循環が毎年発生した.

次に,水温の上昇が水質に及ぼす影響を予測した.今津沖底層の年最低溶存酸素濃度を見ると(図 4.1.12 (a),ただし,2010 年以前のデータは,琵琶湖の観測点 2 の水面下 80m 地点のデータ),Case 0 では,年最低底層溶存酸素濃度は 2.5〜5 mg L^{-1} の範囲で変動し,長期的な上昇,下降は見られなかった.Case 1 および Case 2 では,年最低底層溶存酸素濃度が低下し,Case 2 では無酸素状態となる年も出現した.底層の溶存酸素濃度は,循環期の溶存酸素濃度,水中,湖底での酸素消費速度,表層から底層への溶存酸素の供給量,成層の期間に依存する.水温が上昇すると,酸素の飽和溶解度が減少するため,循環期の溶存酸素濃度が低下する.循環期の溶存酸素濃度が低下すると,水中,湖底での酸素消費速度,表層から底層への溶存酸素の供給量,成層の期間に変化がなければ,年最低溶存酸素濃度が低くなる.しかし,年最低溶存酸素濃度の低下幅は,飽和溶存酸素濃度の低下幅よりも大きくなった.

この原因としては,溶存酸素濃度の低下にともなうリン内部負荷の促進が考えられる(3.3 節 (2) 項参照).Case 0〜Case 2 で,無機態リン濃度の予測結果を比較してみると(図 4.1.12 (b)),Case 1 と Case 2 では,底層の無機態リン濃度が徐々に上昇している様子がわかる.琵琶湖では,無機態リンが植物プランクトンの成長を制限しているため,無機態リン濃度の上昇は,植物プランクトンの成長速度の増大に直結する.Case 0〜Case 2 で,植物プランクトン量の指標であるクロロフィル a 濃度の予測結果を比較してみると(図 4.1.12 (c)),Case 0 に比して Case 1 と Case 2 では,クロロフィル a 濃度が 5〜15% 程度上昇した様子がわかる.すなわち,底層の溶存酸素濃度の低下にともなって,無機態リンが溶出し,一次生産量が上昇した結果,湖底への有機沈降物量が増大した.その結果,底泥の酸素消費速度が増大し,さらなる溶存酸素濃度の低下を招いた.

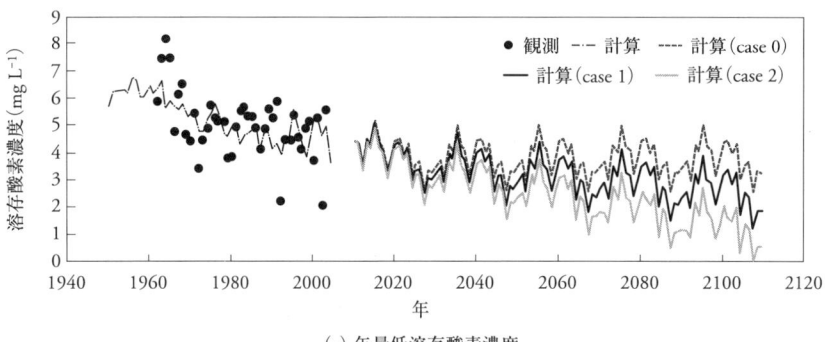

第 4 章　温暖化を踏まえた湖沼管理にむけて

(a) 年最低溶存酸素濃度

(b) 年平均底層無機態リン濃度

(c) 年平均表層クロロフィル a 濃度

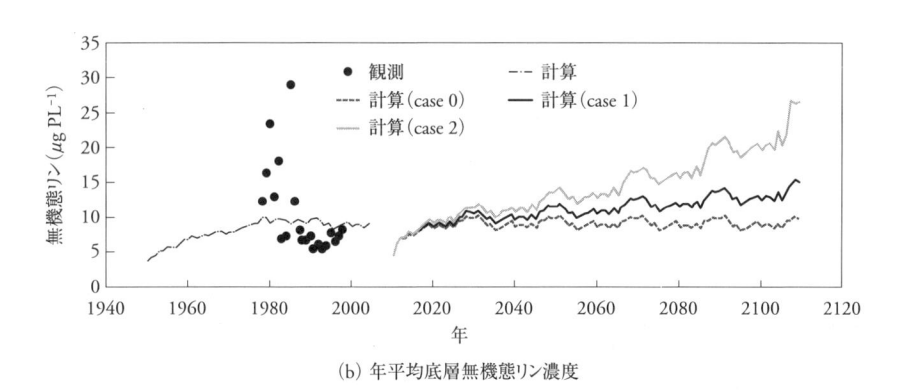

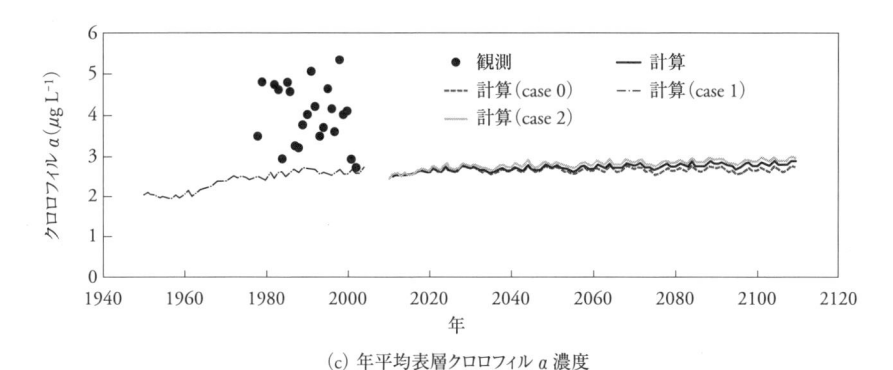

図 4.1.12　琵琶湖今津沖における水質の長期変動予測

241

以上，本節では流れ場－生態系結合数値モデルとその計算方法，琵琶湖と池田湖における数値モデルの適用例を解説した．琵琶湖と池田湖の比較では，温暖化に対する応答が湖盆形態や境界条件の違いにより大きく左右される可能性を示唆した．琵琶湖における温暖化影響を考慮した100年間長期予測では，貧酸素化－リン内部負荷の間のフィードバックメカニズムにより深水層貧酸素化が促進される可能性を示唆した．今後は計算機の発達にともない三次元数値モデルによる中・長期予測が普及し，より精度の高い将来予測が得られることが期待される．

4.2 温暖化影響評価の汎用的な指標

　温暖化の進行にともなう湖の状態の変化を監視し，対策の必要性を判断するとともに，また，対策を実施した場合にその効果を評価するうえでは，湖が示す諸特性を，温暖化と関連付けて解釈するための枠組みが必要である．表4.2.1には，このような枠組みを作る試みの第一歩として，湖の物理的特性や水質・生態系の状態を示す変数のうち，気候変動にともなう諸条件（気温，風速，風向，湿度，降水量）の変化に対して，直接的あるいは間接的な応答を示すと考えられるものを，温暖化影響の一般的な指標として整理した．なお，表の作成にあたってはAdrian et al. (2009) を参考にした．

　図4.2.1には，指標間の関係を模式図的にまとめた．水質や生態系の状態を表す指標は，水温や物理構造の変化を通して気候変動の影響を受ける．水温の変化はすべての生物の生理活性に直接作用する（3.3節）．水温以外の物理特性に関する項目が直接作用すると考えられるのは深水層溶存酸素と植物プランクトンに関する項目である（表4.2.1, 図4.2.1）．深水層溶存酸素量は，鉛直成層の期間の長さ，乱流による酸素の鉛直輸送，湖底境界層の構造に大きく左右される（後述）．また，植物プランクトンによる一次生産，春のブルームなどの季節性，種組成も鉛直成層の開始時期，水温躍層の深度，全循環の時期などに大きく左右される（3.1節, 3.4節）．これら物理構造の影響は，さまざまな相互作用を通じて水質と生態系へと波及する（図4.2.1）．

　指標の解釈や利用にあたっての一般的留意事項と課題は以下のとおりである．

1. 指標値は目的に応じて使い分ける必要がある．表水層水温や結氷期間といっ

第4章 温暖化を踏まえた湖沼管理にむけて

表4.2.1 湖沼において地球温暖化の影響を受けて変化すると考えられる項目(指標)とその間の因果関係および生態系サービスへの影響

	項目(指標)		方法	メカニズム	関係する気候要因	他の項目からの影響	応答の方向	他のストレスの影響	指標としての重要性と問題点	生態系サービスとの関連
	水位		・基準水位からの増減	2.1節	降水/気温/風/雲量/湿度	—	—	—	・測定が容易であるが、多くの湖では制御されており温暖化との関連は不明瞭	・生物多様性(沿岸域) ・水産資源
	水温	表水層	—	2.1節	気温/風/雲量/湿度	・結氷・透明度	上昇	—	・測定が容易である	・生物多様性(表水層) ・レクリエーション
		深水層	・水温鉛直分布を用いた重み付け平均		気温/風/雲量/湿度			—	・測定が容易であるが、様々な要因が関与し、解釈は困難である	・生物多様性(深水層)
物理	鉛直成層強度	期間 開始時期	・多項目鉛直プロファイラーによる高頻度観測	2.4節 2.5節			延長 早期化		・湖の水質、生態系プロセスと密接に重要であるが、高頻度、高解像度の測定が必要である	
		全循環					遅延			
		乱流	・ターボマップ(2.4節)等を用いた観測			・水温(表水層と深水層の温度差)	強化	—	・水温躍層を通した物質輸送を見積もる上で最も適しているが、高度な測定機器が必要である	・物質循環(深水層)
		強度	・多項目鉛直プロファイラーにより得られたデータより計算	2.4節	気温/風/雲量/湿度		強化	—	・測定、計算、解析を全体を総合させるのに必要な仕事量が容易である	
		水温躍層深度					—		・測定・計算は容易だが、定義が統一されていない	

(表 4.2.1 の続き)

項目 (指標)		方法	メカニズム	関係する気候要因	他の項目からの影響	応答の方向	他のストレスの影響	指標としての重要性と問題点	生態系サービスとの関連
物理	湖底境界層 層の厚さ 乱流	・ADCP、サーミスターチェイン等係留系を用いた連続観測	2.6節	気温/風/降水	—	—	—	湖底における物質フラックスを見積もる上で必要だが、未解明の部分が多い	・物質循環（湖底境界層）
理	結氷 期間 開始時期 開氷時期	—	1.1節	気温/降水（降雪）/雲量	・水温（表水層）	短縮～消失 遅延 早期化	—	数多くの湖で歴史的長期データが蓄積しており、温暖化の記録として最も重要である	・生物多様性（冬季における魚の大量死）
	透明度	・セッキ板深度 ・鉛直プロファイルを用いたクロロフィル減衰計数の計算 ・濁度計	3.1節	—	・溶存有機物量 ・植物プランクトン（春のブルーム、次生産） ・動物プランクトン（クリアウォーター期）	—	—	測定が容易であり、長期データが豊富である	・レクリエーション
水質	深水層溶存酸素	・溶存酸素プロファイラーによる観測 ・ウインクラー法による測定	3.3節	—	・水温（深水層） ・鉛直成層（期間、乱流、強度） ・湖底境界層 ・植物プランクトン（春のブルーム、次生産） ・溶存有機物量 ・沈降フラックス	減少	—	溶存酸素センサーを用いた現場測定が可能だが、実験室でのウインクラー法を用いたキャリブレーションが必要	・生物多様性（底生生物） ・水産資源 ・物質循環（湖底） ・レクリエーション（有害化学物質の溶出） ・栄養塩バッファー
	全リン量	・化学分析	—	—	・深水層溶存酸素	—	栄養塩負荷	実験室での化学分析が必要	・物質循環

第4章 温暖化を踏まえた湖沼管理にむけて

分類	項目		測定方法	指標	温暖化に伴う変化	温暖化影響	関連節	温暖化研究への意義	特記事項
水質	沈降フラックス		・セディメントトラップを用いた計測	・植物プランクトン（春のブルーム、一次生産）・動物プランクトン（クリアウォーター期）	—	—	3.3節	・物質循環（深水層）・生物多様性（深水層）	測定には専用の機器（セディメントトラップ）が必要であり、長期に係留する場合、用途に応じて適切な固定剤を添加し分解による消失を防ぐ必要がある
水質	溶存有機物量		・化学分析	・植物プランクトン（春のブルーム、一次生産）	—	湖沼酸性化	—	物質循環	実験室での化学分析が必要
生態系	植物プランクトン	春のブルーム	・冬季〜春季におけるクロロフィル量の頻度観測	・水温（表水層）・鉛直成層、強度・結氷（開水時期）・透明度・全リン量	早期化	雲量	3.1節 3.4節	・生物多様性（季節性のずれ）・水産資源	春のブルームは短い期間で見られる場合もあるため、冬季から春季の間の高頻度の観測が必要
生態系	植物プランクトン	一次生産	・明暗法・同位体法	・水温（開水時期）・透明度	減少/増加	湖沼酸性化			湖の生産性を示す最も適切な指標であるが、測定には労力を要する
生態系	植物プランクトン	種組成	・顕微鏡による計数	—	藍藻類の増加	—			顕微鏡を用いた計数には多大な労力を要する
生態系	動物プランクトン	クリアウォーター期	・春季〜夏季におけるクロロフィル量、透明度の観測	・水温（表水層）・深水層溶存酸素・植物プランクトン	—	湖沼酸性化	3.2節	・水産資源	透明度のモニタリングから比較的容易に検知することができる
生態系	動物プランクトン	種組成	・顕微鏡による計数	—	—	—			顕微鏡を用いた計数には多大な労力を要する

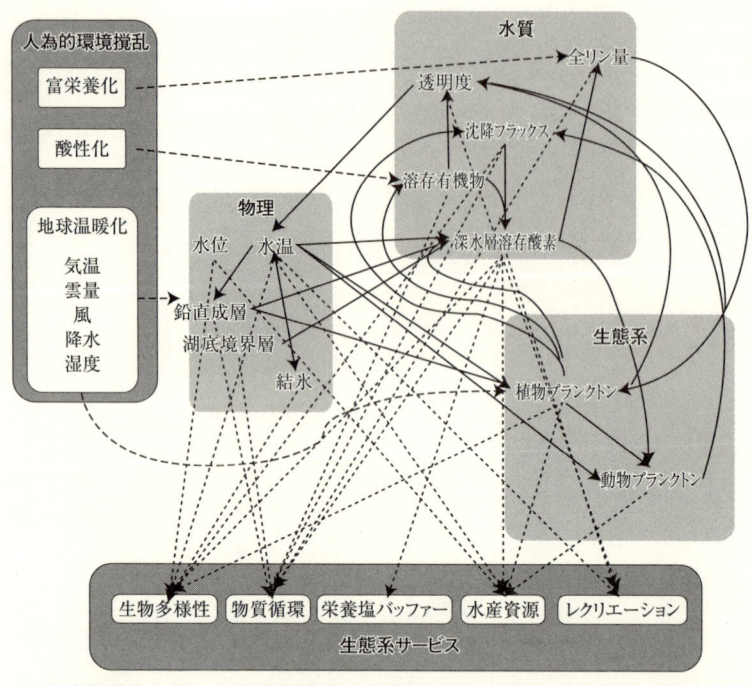

図 4.2.1　地球温暖化と他の人為的環境攪乱が湖沼における物理，水質，生態系に与える影響（破線矢印）と，相互作用（矢印），湖沼における生態系サービスへの影響（点線矢印）
詳細は表 4.2.1 および本文を参照．

た比較的モニタリングの容易な指標は，多くの湖において情報が整備されており，温暖化影響の広域的な把握や監視において有用である（1.2節）．一方，鉛直成層の度合や湖底境界層を含む深水層の状態に関連する指標（深水層水温，溶存酸素濃度）については，観測に特別な機材や技術が必要であり，現状では，一般的な水質・環境監視項目に含まれていない．しかし，本書を通して述べてきたように，これらの指標の変動を的確にとらえることは，温暖化が湖沼の水質や生態系の変化に及ぼす影響を理解するうえできわめて重要であり，これらを適切な時空間解像度でモニタリングするための標準的な手法を確立することは今後の重要な課題の一つであろう．また，湖岸境界層における物理過程には，さまざまな要因が関与し未解明の部分が多い（2.6節）．そのため，モニタリングと同時にその構造とメカニズムの解明を行う必要がある．

2. いずれの指標値も，温暖化以外のさまざまな人為的及び自然的要因を受けて変動するので，その評価にあたっては，各種影響因子の相対的な寄与を分離する必要がある．たとえば，深水層の溶存酸素濃度の低下という現象に着目すると，富栄養化（深水層への有機物負荷量の増大）による効果と，温暖化による効果（全循環の弱化による深水層への酸素供給の低下や深水層水温の上昇にともなう微生物活性の上昇）の双方が相乗的に関与していることが考えられる．複数の効果を分離して評価するためには，指標の変動を，重回帰分析などの統計的な手法を用いて解析することが必要である．

3. 指標間にさまざまな相互作用（特にフィードバック）が存在することに留意する必要がある（図4.2.1）．たとえば，水温上昇と結氷期の短縮の間には正のフィードバックループがあることが報告されている．すなわち，水温上昇は結氷期間を短縮するが，その一方で，結氷期間の短縮は湖に入射する太陽光エネルギーの増加を介して水温上昇を加速させる．このようなフィードバックがあるため，北米の五大湖では，経年的な水温上昇率が，気温の上昇率を上回るという現象が見られるという（Austin and Colman 2007）．また，生態系プロセスと物理プロセスの間にフィードバックが存在する場合もある．たとえば，植物プランクトンの生物量の増大は透明度の低下をもたらすが，これは，水中に透過する放射エネルギーの低減と湖表層の物理構造（熱構造）の改変（Tanentzap et al. 2008）を通して，植物プランクトンの生産に強い影響を及ぼす．水質と生態系の間の相互作用の例としては，「一次生産の増加→深水層への有機物負荷量の増大→深水層溶存酸素量の低下→湖底泥からのリン溶出（内部負荷）による全リン量の増加→一次生産の増加」，という正のフィードバックが考えられる（4.1節 (2) 項及び本節 (1) 項）．深水層溶存酸素量は，温暖化にともなう鉛直成層期間の延長に強く影響を受けるため，温暖化とともにこのフィードバックループが強化され，富栄養化が加速する可能性が指摘されている（Matzinger et al. 2007）．

生態系サービスとの関連

それでは温暖化の作用を直接的，間接的に受けると考えられる物理，水質，生態系項目は，生態系サービス（3.5節 (4) 項）にどのような影響を与えるのだろうか．

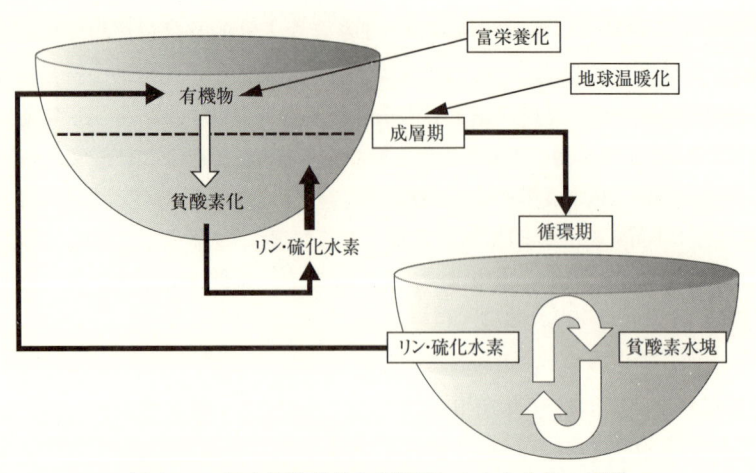

図 4.2.2　深水層貧酸素化が湖沼にもたらす負の連鎖

　水位の変化と水温の変化は，それぞれ沿岸域，表水層，深水層のハビタットを改変し，生物多様性に影響を与えると考えられる．水温の変化が植物プランクトン群集の構造に与える影響に関しては3.4節 (2) 項で述べられている．鉛直成層の強度や水温躍層の深度や表水層生態系の生産性に左右し，水産資源に大きな影響を与える (O'Reilly et al. 2003)．地球温暖化が水産資源を増加させるか，減少させるかは，明確ではない．その効果は湖の栄養状態や気候帯などの条件に依存すると考えられている (3.4節 (1) 項及び3.5節 (4) 項)．冬季に結氷する湖では，結氷期間の短縮とともに結氷下でおこる冬季貧酸素化が軽減されることが予測される．この場合，冬季における魚の大量死が緩和され，魚や底生生物の生息可能なハビタットが拡大すると考えられる．

　水質と生態系に関する項目は，それぞれ密接に相互作用しており，レクリエーション，水産資源，物質循環などの生態系サービスに直接的に，あるいは間接的に影響を与えるが，特に，深水層溶存酸素量は多くの生態系サービスに直接的影響を与えると考えられる．深水層の貧酸素化により底生生物のハビタットは縮小し，その生物多様性と水産資源に大きな影響を与える (3.5節)．また，貧酸素化により底泥が還元的になることにより，リン酸やアンモニウムなどの栄養塩が溶出し，湖底における物質循環を変化させ，底泥の栄養塩バッファー機能に影響を与える (3.3節 (2) 項)．さらに，還元的な底泥からの硫化水素などの有害化学物質などの溶出はレクリエーションの場としての湖沼の価値を大きく低下させる

（図 4.2.2）．

　深水層における貧酸素化は，湖沼や海洋沿岸生態系における環境悪化を引き起こす重要な環境問題として近年注目されている．2.6 節 (1) 項でも解説したように，Diaz and Rosenberg（2008）は貧酸素水塊が発生する沿岸海域を「デッドゾーン」と呼び，20 世紀後半以降の貧酸素水塊の拡大と生態系に及ぼす重大な影響に関する警鐘を鳴らした．同様に欧米や国内の湖でも深刻な貧酸素化の兆候が報告されている（Yoshimizu et al. 2010 など）．鉛直成層の強化と期間の延長は確実に深水層貧酸素化を促進する（Matzinger et al. 2007）．したがって，温暖化を踏まえた湖沼管理のうえでは，深層の貧酸素化・無酸素化に対する対策を講ずることが重要な課題となる．

4.3 今後の課題

　要約すると，温暖化を踏まえた湖沼管理を科学的な根拠に基づいて実施するためには，以下のことが重要な課題となるであろう．

1) 機構論的な流れ場－生態系結合数値モデルによる将来予測や数値実験と，観測・モニタリングをうまく連携させ，湖沼管理のうえで必要な情報が機動的に得られるような研究メカニズムを確立する．また，湖沼管理の対策の効果が定量的に評価できるような手法を開発する．
2) 湖盆形態，生産性，水温などの比較的少数のパラメータから成る汎用モデルの改良を進め，温暖化にともなう境界条件の変化が，温暖化影響指標に与える効果を半定量的に評価できるようにする．いいかえると，ボーレンバイダー・モデルのような富栄養化管理のためのモデルに，温暖化の効果を明示的に組み込む（図 4.2.3）．このようなモデルは，温暖化をふまえた負荷削減対策の立案のうえでの幅広い活用が期待される．
3) 本節で整理をした温暖化評価指標に関する監視体制を強化し，温暖化影響の規模や，影響がもっとも鋭敏に現れるプロセスやサブコンポーネント（脆弱性の高い部分）の特定を進める．現在，自治体などで行われている水質監視との関連でいうと，水温測定の精度向上や湖底・底質環境監視の高度化を図ることは緊急の課題であろう．モニタリングで得られたデータは，1) や 2) で構

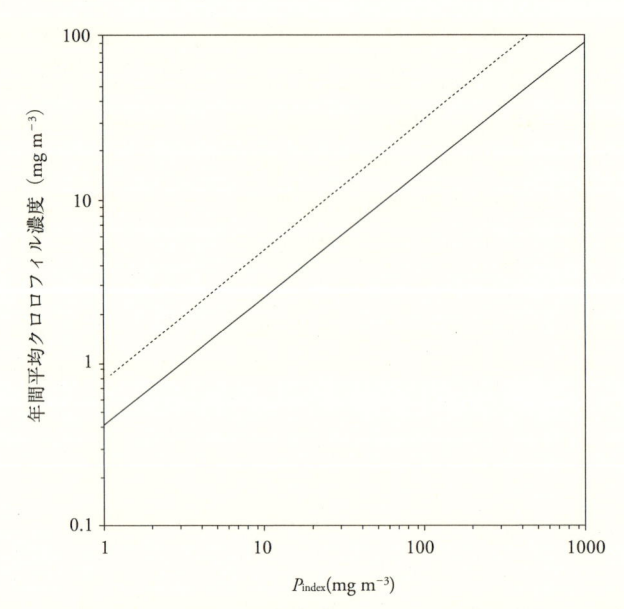

図 4.2.3　ボーレンバイダー・モデルで予測される，リン負荷指標（P_{index}）と年間平均クロロフィル濃度の関係（OECD 1982 を参考にして作製した概念図）

富栄養化対策としてのリン負荷削減の基準の検討において用いられる，P_{index} と年間平均クロロフィルの関係（実線）．ここで，$P_{index} = [L(P)/q] / [1 + \sqrt{z/q}]$ と定義され，$L(P)$ は単位湖面積当たりの年間全リン負荷量（mg m^{-2} year^{-1}），q は年間の単位湖面積当たりの交換水量（m year^{-1}），また，z は平均水深（m）である．温暖化に伴う水温上昇やリン内部負荷の促進によって，仮にこの関係式が点線の方向に移動した場合，現状のクロロフィル濃度のレベルを維持するためには，広範な湖沼において，リン負荷削減対策の強化が必要になると判断される（点線は汎用モデルの概念を説明するための仮想的な例である．温暖化影響をボーレンバイダー・モデルに組み込むためには，モデルの改良が必要であることに注意せよ）．このように，汎用モデルを用いると，温暖化影響の一般的傾向を視覚的に把握できるという点でメリットがある．ただし，汎用モデルの予測はあくまでさまざまな湖沼全体としての大雑把な傾向を表すものであり，個々の湖沼の特性によって，リン負荷とクロロフィル濃度の関係は複雑に変化することに注意しなくてはならない．湖沼水質管理の現場では，可能な限り 4.1 節で紹介した流れ場 – 生態系結合モデルによる温暖化影響評価を進め，生態系の複雑な振る舞いを十分に考慮する必要がある．

築したモデルに速やかにフィードバックし，モデルの改良を継続的に進めていくことも重要である．

4) 最後に，モデルの高度化（モデルに含まれる式の選択やパラメータ設定の改良）を進める上では，温暖化影響のメカニズムに関する理解を深めることが不可欠であるという点を強調しておきたい．そのためには，湖のさまざまな現象を観察・モニタリングするのみでなく，操作実験を行うことで，特定の要因や素過程の解明を進めることも有効であろう．近年，水温を人為的に操作し

た条件下で生態系や水質の変動を調べるメソコスム実験が実施されているが（3.4節），このような実験で得られた情報は，温暖化影響の波及メカニズムの理解のうえで必要な基礎的な知見として活用できるものと期待される．

Appendix
ナヴィエ・ストークス方程式とレイノルズ分解

　湖が成層した状態における運動方程式を導くためには水の密度 ρ と水温 T の関係を知る必要がある．湖水の場合，ρ はほぼ T のみで決定されるので，この関係は以下の状態方程式で表される．

$$\rho = \rho_r [1 - \alpha (T - T_r)] \tag{1}$$

ここで ρ_r 及び T_r は標準となる密度と水温を表わし，α は熱膨張係数である．浮力に関する項以外の密度変化は無視できるものとすれば（ブーシネスク近似），成層下におけるナヴィエ・ストークスの式は以下で表される．

$$\frac{Du}{Dt} = -\frac{1}{\rho_r}\frac{\partial P}{\partial x} + \nu \nabla^2 u \tag{2}$$

$$\frac{Dv}{Dt} = -\frac{1}{\rho_r}\frac{\partial P}{\partial y} + \nu \nabla^2 v \tag{3}$$

$$\frac{Dw}{Dt} = -\frac{1}{\rho_r}\frac{\partial P}{\partial z} - g[1 - \alpha(T - T_r)] + \nu \nabla^2 w \tag{4}$$

ここで u は x 方向の速度，v は y 方向の速度，w は z 方向の速度，ν は動粘性係数を表している．また，∇^2 は $\frac{\partial^2}{\partial x^2} + \frac{\partial^2}{\partial y^2} + \frac{\partial^2}{\partial z^2}$ を，$\frac{D}{Dt}$ は $\frac{\partial}{\partial t} + u\frac{\partial}{\partial x} + v\frac{\partial}{\partial y} + w\frac{\partial}{\partial z}$ を表している．水の密度が非圧縮性であると仮定すれば，連続の式は以下で与えられる．

$$\frac{\partial u}{\partial x} + \frac{\partial v}{\partial y} + \frac{\partial w}{\partial z} = 0 \tag{5}$$

また温度の拡散方程式として以下の式が成立する．

$$\frac{DT}{Dt} = \kappa_T \nabla^2 T \tag{6}$$

ここで κ_T は分子熱拡散係数を表わす．これらの式中には u, v, w, P, T, ρ の6つの変数が含まれているが，6つの独立式が与えられているので，与えられた初期条件及び境界条件に対し，解を求めることができる．

次にレイノルズの分解法をこれらの変数に適用して，平均成分と変動成分に分ける．

$$u = u_0 + u', \ v = v_0 + v', \ w = w_0 + w'$$
$$P = P_0 + P', \ T = T_0 + T'$$

それぞれの変数の平均をとれば平均場の成分のみで表される．

$$\langle u \rangle = u_0, \ \langle v \rangle = v_0, \ \langle w \rangle = w_0, \ \langle P \rangle = P_0, \ \langle T \rangle = T_0$$

ここで $\langle \ \rangle$ は平均の演算子を表わしている．それぞれの変数を式 (2)–(4) 及び (6) に代入し，平均をとれば平均場に関する式が以下の式で与えられる．

$$\frac{Du_0}{D_0 t} = -\frac{1}{\rho_r}\frac{\partial P_0}{\partial x} + \nu \nabla^2 u_0 - \frac{\partial}{\partial x}\langle u' u' \rangle - \frac{\partial}{\partial y}\langle u' v' \rangle - \frac{\partial}{\partial z}\langle u' w' \rangle \tag{7}$$

$$\frac{Dv_0}{D_0 t} = -\frac{1}{\rho_r}\frac{\partial P_0}{\partial y} + \nu \nabla^2 v_0 - \frac{\partial}{\partial x}\langle v' u' \rangle - \frac{\partial}{\partial y}\langle v' v' \rangle - \frac{\partial}{\partial z}\langle v' w' \rangle \tag{8}$$

$$\frac{Dw_0}{D_0 t} = -\frac{1}{\rho_r}\frac{\partial P_0}{\partial z} + \nu \nabla^2 w_0 - \frac{\partial}{\partial x}\langle w' u' \rangle - \frac{\partial}{\partial y}\langle w' v' \rangle - \frac{\partial}{\partial z}\langle w' w' \rangle$$
$$- g[1 - \alpha(T_0 - T_r)] \tag{9}$$

$$\frac{DT_0}{D_0 t} = \kappa_T \nabla^2 T_0 - \frac{\partial}{\partial x}\langle u' T' \rangle - \frac{\partial}{\partial y}\langle v' T' \rangle - \frac{\partial}{\partial z}\langle w' T' \rangle \tag{10}$$

ここで $\frac{D}{D_0 t}$ は $\frac{\partial}{\partial t} + u_0 \frac{\partial}{\partial x} + v_0 \frac{\partial}{\partial y} + w_0 \frac{\partial}{\partial z}$ を表している．また，連続の式は以下で与えられる．

$$\frac{\partial u_0}{\partial x} + \frac{\partial v_0}{\partial y} + \frac{\partial w_0}{\partial z} = 0 \tag{11}$$

変動成分の式はそれぞれの元の式から平均場を引くことにより以下のように得られる.

$$\frac{Du'}{D_0 t} + u'\frac{\partial u_0}{\partial x} + v'\frac{\partial u_0}{\partial y} + w'\frac{\partial u_0}{\partial z} = -\frac{1}{\rho_r}\frac{\partial P'}{\partial x} + \nu\nabla^2 u' + \frac{\partial}{\partial x}(\langle u'u'\rangle - u'u')$$
$$+ \frac{\partial}{\partial y}(\langle u'v'\rangle - u'v') + \frac{\partial}{\partial z}(\langle u'w'\rangle - u'w') \tag{12}$$

$$\frac{Dv'}{D_0 t} + u'\frac{\partial v_0}{\partial x} + v'\frac{\partial v_0}{\partial y} + w'\frac{\partial v_0}{\partial z} = -\frac{1}{\rho_r}\frac{\partial P'}{\partial y} + \nu\nabla^2 v' + \frac{\partial}{\partial x}(\langle v'u'\rangle - v'u')$$
$$+ \frac{\partial}{\partial y}(\langle v'v'\rangle - v'v') + \frac{\partial}{\partial z}(\langle v'w'\rangle - v'w') \tag{13}$$

$$\frac{Dw'}{D_0 t} + u'\frac{\partial w_0}{\partial x} + v'\frac{\partial w_0}{\partial y} + w'\frac{\partial w_0}{\partial z} = -\frac{1}{\rho_r}\frac{\partial P'}{\partial z} + g\alpha T' + \nu\nabla^2 w'$$
$$+ \frac{\partial}{\partial x}(\langle w'u'\rangle - w'u') + \frac{\partial}{\partial z}(\langle w'v'\rangle - w'v') + \frac{\partial}{\partial z}(\langle w'w'\rangle - w'w') \tag{14}$$

$$\frac{DT'}{D_0 t} + u'\frac{\partial T_0}{\partial x} + v'\frac{\partial T_0}{\partial y} + w'\frac{\partial T_0}{\partial z} = \kappa_T \nabla^2 T' + \frac{\partial}{\partial x}(\langle u'T'\rangle - u'T')$$
$$+ \frac{\partial}{\partial y}(\langle v'T'\rangle - v'T') + \frac{\partial}{\partial z}(\langle w'T'\rangle - w'T') \tag{15}$$

また,連続の式は以下で与えられる.

$$\frac{\partial u'}{\partial x} + \frac{\partial v'}{\partial y} + \frac{\partial w'}{\partial z} = 0 \tag{16}$$

文献一覧

Adrian, R., O'Reilly, C.M., Zagarese, H., Baines, S.B., Hessen, D.O., Keller, W., Livingstone, D.M., Sommaruga, R., Straile, D., Van Donk, E., Weyhenmeyer, G.A. and Winder, M. (2009) Lakes as sentinels of climate change. *Limnology and Oceanography*, 54: 2283–2297.

Aigo, J., Cussac, V., Peris, S., Ortubay, S., Gómez, S., López, H., Gross, M., Barriga, J. and Battini, M. (2008) Distribution of introduced and native fish in Patagonia (Argentina): patterns and changes in fish assemblages. *Reviews in Fish Biology and Fisheries*, 18: 387–408.

Akitomo, K., K. Tanaka, M. Kumagai and C. Jiao (2010) Annual cycle of circulations in Lake Biwa, part 1: model validation. *Limnology*, 10(2), 105–118.

Akitomo, K., Kurogi, M. and Kumagai, M. (2004) Numerical study of a thermally induced gyre system in Lake Biwa. *Limnology*, 5: 103–114.

Alberte, R.S., Cheng, L. and Lewin, R.A. (1986) Photosynthetic characteristics of *Prochloron* sp./ ascidian symbioses. I. Light and temperature responses of the algal symbiont of *Lissoclinum patella*. *Marine Biology*, 90: 575–587.

Allen, A.P. and Gillooly, J.F. (2009) Towards an integration of ecological stoichiometry and the metabolic theory of ecology to better understand nutrient cycling. *Ecology Letters*, 12: 369–384.

Allen, A.P., Gillooly, J.F. and Brown, J.H. (2005) Linking the global carbon cycle to individual metabolism. *Functional Ecology*, 19: 202–213.

Al-Mutairi, H. and Landry, M.R. (2001) Active export of carbon and nitrogen at station ALOHA by diel migrant zooplankton. *Deep-Sea Research Part-II*, 48: 2083–2103.

Alonso, C., Rocco, V. Barriga, J.P., Battini, M.A. and Zagarese, H. (2004) Surface avoidance by freshwater zooplankton: Field evidence on the role of ultraviolet radiation. *Limnology and Oceanography*, 49: 225–232.

Anesio, A.M. and Graneli, W. (2003) Increased photoreactivity of DOC by acidification: Implications for the carbon cycle in humic lakes. *Limnology and Oceanography*, 48: 735–744.

Arai, T. and Pu, P. (1986) A preliminary study on the water temperature and freezing of Lake Suwa in Japan and shallow lakes in eastern China. *Japanese Journal of Limnology*, 48: 225–230.

Araújo, M.B., Luoto, M., 2007. The importance of biotic interactions for modelling species distributions under climate change. *Global Ecology and Biogeography*, 16: 743–753.

Arhonditsis, G.B., Brett, M.T., DeGasperi, C.L., Schindler, D.E. (2004) Effects of climatic variability on the thermal properties of Lake Washington. *Limnology and Oceanography*, 49: 256–270.

Attrill, M.J., Power, M., 2002. Climatic influence on a marine fish assemblage. Nature 417: 275–278.

Austin, J.A. and Colman, S.M. (2007) Lake Superior summer water temperatures are increasing more rapidly than regional air temperatures: A positive ice-albedo feedback. *Journal Geophysical Research Letters*, 34 (L06604).

Azam, F., Fenchel T., Field J.G., Gray, J.S., Meyer-Reil, L.A. and Thingstad, F. (1983) The ecological role of water-column microbes in the sea. *Marine Ecology Progress Series*, 10 (3): 257–263.

Baines, S.B. and Pace, M.L. (1994) Relationships between suspended particulate matter and sinking flux along a trophic gradient and implications for the fate of planktonic primary production.

Canadian Journal of Fisheries and Aquatic Sciences, 51: 25–36.

Ban, S. (1994) Effect of temperature and food concentration on post-embryonic development, egg production and adult body size of calanoid copepod *Eurytemora affinis*. *Journal of Plankton Research*, 16: 721–735.

Baulch H.M., Schindler D.W., Turner M.A., Findlay D.L., Paterson M.J., Vinebrooke R.D., 2005. Effects of warming on benthic communities in a boreal lake: Implications of climate change. *Limnology and Oceanography*, 50: 1377–1392.

Beamish, R.J., McFarlane, G.A. and Thomson, R.E. (1999) Recent declines in the recreational catch of coho salmon (*Oncorhynchus kisutch*) in the Strait of Georgia are related to climate. *Canadian Journal of Fisheries and Aquatic Sciences*, 56: 506–515.

Beardall, J. and Quigg, A. (2003) Oxygen consumption: Photorespiration and chlororespiration. In: Larkum, A.W.D., Douglas, S.E. and Raven, J.A. (eds.), *Photosynthesis in Algae*, Kluwer Academic Publishers, Dordrecht, pp. 157–181.

Beaugrand, G., Brander, K.M., Lindley, J.A., Souissi, S. and Reid, P.C. (2003) Plankton effect on cod recruitment in the North Sea. *Nature*, 426: 661–664.

Beaugrand G. and Reid P.C., 2003. Long-term changes in phytoplankton, zooplankton and salmon linked to climate. *Global Change Biology*, 9: 801–817.

Beckerman, A.P., Petchey, O.L. and Warren, P.H. (2006) Foraging biology predicts food web complexity. *Proceedings of the National Academy of Sciences of the United States of America*, 103: 13745–13749.

Behrenfeld, M.J. et al. (2006) Climate-driven trends in contemporary ocean productivity. *Nature*, 444: 752–755.

Bennett (1974) On the Dynamics of Wind-Driven Lake Currents. *Journal of Physical Oceanography*, 4: 400–414.

Blackmann, F.F. (1905) Optima and limiting factors. *Annals Botany*, 19: 281–295.

Blanton (1974) Some characteristics of nearshore currents along the north shore of Lake Ontario. *Journal of Physical Oceanography*, 4: 415–424

Bottrell, H.H., Duncan, A., Gliwigz, Z.M., Grygierek, E., Herzig, A., Hillbright-Ilkowska, A., Kurasawa, H., Larsson, P. and Weglenska, T. (1976) A review of some problems in zooplankton production studies. *Norwegian Journal of Zoology*, 24: 419–456.

Boudreau, B.P. (2001) Solute transport above the sediment-water interface. In: Boudreau, B.P. and Jøgensen, B.B. (eds.), *The Benthic Boundary Layer*, Oxford University Press, pp. 104–126.

Boussinesq, J. (1877) Theorie de l'ecoulement tourbillat, *Mémoires présentés par divers savants à l'Acadèmie de Sciences de l'Insitut de France*, 23: 46.

Bowden, K.F. (1978) Physical problems of the benthic boundary layer. *Geophysical Surveys*, 3: 255–296.

Boyce, D.G., Lewis, M.R. and Worm, B. (2010) Global phytoplankton decline over the past century. *Nature*, 466: 591–596.

Brander, K.M. (2007) Global fish production and climate change. *Proceedings of the National Academy of Sciences of USA*, 104: 19709–19714.

Breitburg, D.L. (2002) Effects of hypoxia, and the balance between hyopoxiaa and enrichiment, on coastal fishes and fishereis. *Estuaries*, 25: 761–781.

Breitburg, D.L., Steinberg, N., DuBeau, S., Cooksey, C. and Houde E.D. (1994) Effects of low dissolved oxygen on predation on estuarine fish larvae. *Marine Ecology Progress Series*, 104: 235–246.

Brett, M.T. and Goldman, C.R. (1997) Consumer versus resource control in freshwater pelagic food webs. *Science*, 275: 384–386.

Britter, R.E. (1974) *An experiment on turbulence in a density-stratified fluid*. Ph. D. thesis, Monash University, Victoria, Australia.

Brown, J.H., Gillooly, J.F., Allen, A.P., Savage, V.M. and West, G.B. (2004) Toward a metabolic theory of ecology. *Ecology*, 85: 1771–1789.

Buisson, L., Thuiller, W., Lek, S., Lim, P. and Grenouillet, G. (2008) Climate change hastens the turnover of stream fish assemblages. *Global Change Biology*, 14: 2232–2248.

Burgmer, T., Hillebrand, H. and Pfenninger, M. (2007) Effects of climate-driven temperature changes on the diversity of freshwater macroinvertebrates. *Oecologia*, 151: 93–103.

Butterwick, C., Heaney, S.I. and Talling, J.F. (2005) Diversity in the influence of temperature on the growth rates of freshwater algae, and its ecological relevance. *Freshwater Biology*, 50: 291–300.

Caraco, N.F., Cole, J.J. and Likens, G.E. (1991) Phosphorus release from anoxic sediments: Lakes that break the rules. *Verhandlungen Internationale Vereinigung für Theoretische und Angewandte Limnologie*, 24: 2985–2988.

Carpenter, S.R. (1998) Ecosystem Ecology: integrated physical, chemical and biological processes. In: Dodson, S.I. (eds) *Ecology*. Oxford University Press, Oxford, pp. 123–161.

Carpenter, S.R., Cole, J.J., Hodgson, J.R., Kitchell, J.F., Pace, M.L., Bade, D., Cottingham, K.L., Essington, T.E., Houser, J.N. and Schindler, D.E. (2001) Trophic cascades, nutrients, and lake productivity: whole-lake experiments. *Ecological Monographs*, 71: 163–186.

Chipps, S.R. (1998) Temperature-dependent consumption and gut-residence time in the opossum shrimp *Mysis relicta*. *Journal of Plankton Research*, 20: 2401–2411.

Chu, Z., Jin, X., Iwam, N. and Inamori, N. (2007) The effect of temperature on growth characteristics and competitions of *Microcystis aeruginosa* and *Oscillatoria mougeotii* in a shallow, eutrophic lake simulator system. *Hydrobiologia*, 581: 217–223.

Coats, R., Perez-Losada, J., Schladow, G., Richards, R. and Goldman, C. (2006) The warming of Lake Tahoe. *Climate Change*, 76: p121–148.

Cole, J.J. and Pace, M.L. (2000) Persistence of net heterotrophy in lakes during nutrient addition and food web manipulations. *Limnology and Oceanography*, 45: 1718–1730.

Coles, J.F. and Jones, R.C. (2000) Effect of temperature on photosynthesis-light response and growth of four phytoplankton species isolated from a tidal freshwater river. *Journal of Phycology*, 36: 7–16.

Coplen, T.B. et al. (2002) Isotope-abundance variations of selected elements. *Pure & Applied Chemistry*, 74: 1987–2017.

Cornett, R.J. and Rigler, F.H. (1979) Hypolimnion oxygen deficits: their prediction and interpretation. *Science*, 205: 580–581.

Costanza, R., d'Arge, R., de Groot, R., Farber, S., Grasso, M., Hannon, B., Limburg, K., Naeem, S., O'Neill, R.V., Paruelo, J., Raskin, R.G., Sutton, P. and van den Belt, M. (1997) The value of the world's ecosystem services and natural capital. *Nature*, 387: 253–260.

Csanady, G.T. (1973): Transverse internal seiches in large, oblong lakes and marginal seas. *Journal of Physical Oceanography*, 3: 439–447.

Csanady, G.T. (1984)「湖水の循環と分散機構」『湖沼の科学』(レルマン編) 古今書院, 29–88 頁.

Csanady, G.T. and Scott, J.T. (1974) Baroclinic coastal jets in Lake Ontario during IFYGL. *Journal of Physical Oceanography*, 2: 524–542.

Cushman-Roisin, B. and Malacic, V. (1997) Bottom Ekman Pumping with Stress-Dependent Eddy Viscosity. *Journal of Physical Oceanography*, 27: 1967–1975.

Cyr, H. and Pace, M.L. (1993) Magnitude and patters of herbivory in aquatic and terrestrial ecosystems. *Nature*, 361: 148–150.

Dade, W.B. (1993) Near-bed turbulence and hydrodynamic control of diffusional mass transfer at the sea floor. *Limnology and Oceanography*, 38: 52–69.

Danis, P.A. et al. (2004) Vulnerability of two European lakes in response to future climatic changes. *Geophysical Research Letters*, 31: L21507.

Daufresne M. and Boet P. (2007) Climate change impacts on structure and diversity of fish communities in rivers. *Global Change Biology*, 13: 2467–2478.

Daufresne M., Roger M.C., Capra H. and Lamouroux N. (2003) Long-term changes within the invertebrate and fish communities of the Upper Rhone River: effects of climatic factors. *Global Change Biology*, 10: 124–140.

Defant, A. (1961) *Physical Ocenography*, Pergamon Press, Oxford, UK. Vol. 2, 598pp.

De Meester, L. (1993) Genotype, fish-mediated chemicals, and phototactic behavior in *Daphnia magna*. *Ecology*, 74: 1467–1474.

De Meester, L. (1996) Evolutionary potential and local genetic differentiation in a phenotypically plastic trait of a cyclical parthenogen, *Daphnia magna*. *Evolution*, 50: 1293–1298.

De Meester, L., Weider, L.J. and Tollrian, R. (1995) Alternative antipredator defences and genetic polymorphism in a pelagic predator-prey system. *Nature*, 378: 483–485.

De Stasio, B.T.J., Hill, D.K., Kleinhans, J.M., Nibbelink, N.P. and Magnuson, J.J. (1996) Potential effects of global climate change on small north-temperate lakes: Physics, fish, and plankton. *Limnology and Oceanography*, 41: 1136–1149.

del Giorgio, P.A. and Cole, J.J. (1998) Bacterial growth efficiency in natural aquatic systems. *Annual Review in Ecology and Systematics*, 29: 503–541.

Dembski, S., Masson, G., Monnier, D., Wagner, P. and Pihan J.C. (2006) Consequences of elevated temperatures on life-history traits of an introduced fish, pumpkinseed *Lepomis gibbosus*. *Journal of Fish Biology*, 69: 331–346.

Demott, W.R. (1986) The role of taste in food selection by freshwater zooplankton. *Oecologia*, 69: 334–340.

DeNicola, D.M. (1996) Periphyton responses to temperature at different ecological levels. In: Stevenson, R.J., Bothwell, M.L. and Lowe, R.L. (eds.), *Algal Ecology, Freshwater Benthic Ecosystem*, Academic Press, California, pp. 149–181.

Diaz, R.J. and Rosenberg, R. (2008) Spreading dead zones and consequences for marine ecosystems. *Science*, 321: 926–929.

Dickman, E.M., Newell, J.M., González, M.J. and Vanni, M.J. (2008) Light, nutrients, and food-chain length constrain planktonic energy transfer efficiency across multiple trophic levels. *Proceedings of the National Academy of Sciences of USA*, 105: 18408–18412.

Doney, S.C. (2006) Plankton in a warmer world. *Nature*, 444: 695–696.

Droop, M.R. (1968) Vitamin B12 and marine ecology. IV. The kinetics of uptake, growth and inhibition in Monochrysis lutheri. *Journal of the Marine Biological Association of the United Kingdom*, 48: 689–733.

Droop, M.R. (1974) The nutrient status of algal cells in continuous culture. *Journal of the Marine Biological Association of the United Kingdom*, 54(3): 825–855

Duck, P.W. and Foster, M.R. (2001) Spin-up of homogeneous and stratified fluid. *Annual Review of Fluid Mechanics*, 33: 231–263.

Dugdale, R.C., Wilkerson, F.P. and Minas, H.G. (1995) The role of a silicate pump in driving new production. *Deep-Sea Research Part I*, 42: 697–719.

Dunson, W.A. and Travis, J. (1991) The role of abiotic factors in community organization. *The American Naturalist*, 138: 1067–1091.

Durant, J.M., Hjermann, D.O., Ottersen, G. and Stenseth, N.C. (2007) Climate and the match or mismatch between predator requirements and resource availability. *Climate Research*, 33: 271–283.

Dybas, C.L. (2005) Dead zones spreading in world oceans. *BioScience*, 55(7): 552–557.

Eby, L.A., Crowder, L.B., McClellan, C.M., Peterson, C.H. and Powers, M.J. (2005) Habitat degradation from intermittent hypoxia: impacts on demersal fishes. *Marine Ecology Progress Series*, 291: 249–261.

Eby, L.A., Roach, W.J., Crowder, L.B. and Stanford, J.A. (2006) Effects of stocking-up freshwater food webs. *Trends in Ecology & Evolution*, 21: 576–584.

Eckert, W., Imberger, J. and Saggio, A. (2002) Biogeochemical response to physical forcing in the water column of a warm monomictic lake. *Biogeochemistry*, 61: 291–307.

Edwards, W.J., Conroy, J.D. and Culver, D.A. (2005) Hypolimnetic oxygen depletion dynamics in the Central Basin of lake Erie. *Journal of Great Lakes Research*, 31(2): 262–271.

Einsele, W. (1936) Über die Beziehungen des Eisenkreislaufs zum Phosphatkreislauf im eutrophen See. *Archiv für Hydrobiologie*, 29: 664–686.

Einsele, W. (1938) Über chemische und kolloidchemische Vorgänge in Eisen-Phosphat-Systemen unter limnochemischen und limnogeologischen Gesichtspunkten. *Archiv für Hydrobiologie*, 33: 361–387.

Ekman, V.W. (1905) On the influence of the earth's rotation on ocean currents. *Arkiv Mat. Astron. Fysik*, 2(11): 3–53.

Elliott, J.M., Hurley, M.A., Maberly, S.C. (2000) The emergence period of sea trout fry in a Lake District stream correlates with the North Atlantic Oscillation. *Journal of Fish Biology*, 56: 208–210.

Ellison, T.H. (1956) Atmospheric turbulence. In: Bachelor, G.K. and Davis, R.M. (eds.), *Surveys in Mechanics*, G.I. Taylor Anniversary Volume, Cambridge University Press, Cambridge, pp. 400–430.

Endoh, S. (1978) Diagnostic analysis of water circulations in Lake Biwa. *Journal of Oceanographical Society of Japan.*, 31: 250–260.

Endoh, S. and Okumura, Y. (1993) Gyre system in Lake Biwa derived from recent current measurements. *Japanese Journal of Limnology.*, 54: 191–197.

Endoh S., M. Watanabe, H. Nagata, F. Maruo, T. Kawae, C. Iguchi and Y. Okumura (1995) Wind fields over Lake Biwa and their effect on water circulation. *Japanese Journal of Limnology.*, 56(4), 269–278.

Evans, C.D. et al. (2005) Long-term increases in surface water dissolved organic carbon: Observations, possible causes and environmental impacts. *Environmental Pollution*, 137: 55–71.

FAO (2008) Report of the FAO expert workshop on climate change implications for fisheries and aquaculture. *FAO Fisheries Report*, No. 870: 32.

Fee, E.J., Hecky, R.E., Kaisan, S.E.M. and Cruikshank, D.R. (1996) Effects of lake size, water clarity and climatic variability on mixing depths in Canadian Shield lakes. *Limnology and Oceanography*, 41: 912–920.

Fer, I., Lemmin, U. and Thorpe, S.A. (2002) Winter cascading of cold water of Lake Geneva. *Journal of Geophysical Research*, 107 (C6), 3060, doi:10. 1029/2001 JC 000828.

Feuchtmayr, H., McKee, D., Harvey, I.F., Atkinson, D. and Moss, B. (2007) Response of macroinvertebrates to warming, nutrient addition and predation in large-scale mesocosm tanks. *Hydrobiologia*, 584: 425–432.

Ficke, A.D., Myrick, C.A. and Hansen, L.J. (2007) Potential impacts of global climate change on freshwater fisheries. *Reviews in Fish Biology and Fisheries*, 17: 581–613.

Finney, B.P., Gregory-Eaves, I., Sweetman, J., Douglas, M.S.V. and Smol, J.P. (2000) Impacts of climatic change and fishing on pacitc salmon abundance over the past 300 years. *Science*, 290: 795–799.

Fotonoff, N.P. and Millard Jr., R.C. (1983) *Algorithms for Computation of Fundamental Properties of Seawater*. UNESCO technical papers in marine science.

Frank, K.T., Petrie, B., Choi, J.S. and Leggett, W.C. (2005) Trophic cascades in a formerly cod-dominated ecosystem. *Science*, 308: 1621–1623.

Franssen, H.J.H. and Scherrer, S.C. (2008) Freezing of lakes on the Swiss plateau in the period 1901–2006. *International Journal of Climatology*, 28: 421–433.

Friberg, N., Dybkjaer, J.B., Olafsson, J.S., Gislason, G.M., Larsen, S.E. and Lauridsen, T.L. (2009) Relationships between structure and function in streams contrasting in temperature. *Freshwater Biology*, 54: 2051–2068.

Friedland, K.D., Reddin, D.G., McMenemy, J.R. and Drinkwater, K.F. (2003) Multidecadal trends in North American Atlantic salmon (*Salmo salar*) stocks and climate trends relevant to juvenile survival. *Canadian Journal of Fisheries and Aquatic Sciences*, 60: 563–583.

Fushimi (1993) Influence of climatic warming on the amount of snow cover and water quality of Lake Biwa, Japan. *Annals of Glaciology*, 18: 257–260.

Gächter, R. and Meyer, J.S. (1993) The role of microorganisms in mobilization and fixation of phosphorus in sediments. *Hydrobiologia*, 253: 103–121.

Gächter, R., Meyer, J.S. and Mares, A. (1988) Contribution of bacteria to release and fixation of phosphorus in lake sediments. *Limnology and Oceanography*, 33: 1542–1558.

Gargett, A.E. (1989) Ocean turbulence. *Annual Review of Fluid Mechanics*, 21: 419–451

Gargett, A.E., T.R. Osborn, and P.W. Nasmyth. (1984) Local isotropy and the decay of turbulence in a

stratified fluid. *Journal of Fluid Mechanics*, 144: 231–280.
Gething, P.W., Smith, D.L., Patil, A.P., Tatem, A.J., Snow, R.W. and Hay S.I. (2010) Climate change and the global malaria recession. *Nature*, 465: 342–345.
Gibson, R.J. (1978) The behavior of juvenile Atlantic salmon (*Salmo salar*) and brook trout (*Salvelinus fontinalis*) with regard to temperature and to water velocity. *Transactions of the American Fisheries Society*, 107: 703–712.
Gloor, M., Wüest, A. and Imboden, D.M. (2000) Dynamics of mixed bottom boundary layers and its implications for diapycnal transport in a stratified, natural water basin. *Journal of Geophysical Research*, 105: 8629–8646.
Goldman, J.C., Caron, D.A. and Dennett, M.R. (1987) Regualtion of gross growth efficiency and ammonium regeneration in bacteria by substrate C: N ratio. *Limnology and Oceanography*, 32: 1239–1252.
Goto, N., Iwata, T., Akatuka, T., Ishikawa, M., Kihira, M., Azumi, H., Anbutu, K. and Mitamura, O. (2007) Environmental factors which influence the sink of silica in the limnetic system of the large monomictic Lake Biwa and its watershed in Japan. *Biogeochemistry*, 84: 285–295.
Goto, N., Terai, H. and Mitamura, O. (2006) Production of extracellular organic carbon in the total primary production by freshwater benthic algae at the littoral zone and inflow river of Lake Biwa. *Verhandlungen Internationale Vereinigung für theoretische und angewandte Limnologie*, 29: 2021–2026.
Grant, H.L., R.W. Stewart and Moilliet (1962) Turbulence spectra from a tidal channel, *Journal of Fluid Mechanics*, 12, 241–263.
Gray, B.M. (1974) Early Japanese winter temperatures. *Weather*, 29: 103–107.
Gunnars, A., Blomqvist, S., Johansson, P. and Andersson, C. (2002) Formation of Fe(III) oxyhydroxide colloids in freshwater and brackish seawater, with incorporation of phosphate and calcium. *Geochimica et Cosmochimica Acta*, 66: 745–758.
Haga, H., Nagata, T. and Sakamoto, M. (1995) Size-fractionated NH_4^+ regeneration in the pelagic environments of two mesotrophic lakes. *Limnology and Oceanography*, 40: 1091–1099.
Hall, C.J. and Burns, C.W. (2001) Effects of salinity and temperature on survival and reproduction of *Boeckella hamata* (Copepoda: Calanoida) from a periodically brackish lake. *Journal of Plankton Research*, 23: 97–103.
Hansson, L.-A., Annadotter, H., Bergman, E., Hamrin, S.F., Jeppesen, E., Kairesalo, T., Luokkanen, E., Nilsson, P. -Å., Søndergaard, M. and Strand, J. (1998) Biomanipulation as an application of food-chain theory: constraints, synthesis, and recommendations for temperate lakes. *Ecosystems*, 1: 558–574.
Harris, G.P. (1980) The measurement of photosynthesis in natural population of phytoplankton. In: Morris, I. (ed.), *The Physiological Ecology of Phytoplankton*, University of California Press, Berkeley and Los Angeles, pp. 129–187.
Harvell, C.D., Mitchell, C.E., Ward, J.R., Altizer, S., Dobson, A.P., Ostfeld, R.S. and Samuel, M.D. (2002) Climate warming and disease risks for terrestrial and marine biota. *Science*, 296: 2158–2162.
Hasler, A.D. and Einsele, W.G. (1948) Fertilization for increasing productivity of natural inland waters.

Trans. 13th N. Am. Wildl. Conf., 527–554.

Hasselmann, K., Barnett T.P., Bouws E., Carlson H., Cartwright D.E., Enke K., Ewing J.A., Gienapp H., Hasselmann D.E., Meerburg A., Muller P., Olbers D.J., Richter K., Swell W. and Walden H. (1973) Measurements of wind wave-growth and swell decay during the Joint North Sea Wave Project (JONSWAP). *Deutsche Hydrographische Zeitschrift, Suppl. A.* 80: 12.

Haury, L.R., Yamazaki H. and Itsweire E.C. (1990) Effects of turbulence shear flow on zooplankton distribution. *Deep-sea Research,* 37: 447–461

Havel, J.E., Lee, C.E. and Vander Zanden, M.J. (2005) Do reservoirs facilitate invasions into landscapes? *BioScience,* 55: 518–525.

Hecky, R.E. and Kilham, P. (1988) Nutrient limitation of phytoplankton in freshwater and marine environments: A review of recent evidence on the effects of enrichment. *Limnology and Oceanography,* 33: 796–822.

Heino, J., Virkkala, R. and Toivonen, H. (2009) Climate change and freshwater biodiversity: detected patterns, future trends and adaptations in northern regions. *Biological Reviews,* 84: 39–54.

Helland, I.P., Freyhof, J., Kasprzak, P. and Mehner, T. (2007) Temperature sensitivity of vertical distributions of zooplankton and planktivorous fish in a stratified lake. *Oecologia,* 151: 322–330.

Hickling, R., Roy, D.B., Hill, J.K., Fox, R. and Thomas, C.D. (2006) The distributions of a wide range of taxonomic groups are expanding polewards. *Global Change Biology,* 12: 450–455.

Hirose, N., Kim, C.H. and Yoon, J.H.(1996) Heat budget in the Japan Sea. *Journal of Oceanography,* 52: 553–574.

Hofbaner, J. and Sigmund, K. (1988) *The Theory of Evolution and Dynamical Systems.* Mathematical Aspects of Selection, Cambridge University Press.

Holling, C.S. (1959) Some characteristics of simple types of predation and parasitism. *Canadian Entomologist,* 91: 385–398.

Holt, R.A., Amandi, A., Rohovec, J.S. and Fryer J.L. (1989) Relation of water temperature to bacterial coldwater disease in coho salmon, chinook salmon, and rainbow trout. *Journal of Aquatic Animal Health,* 1: 94–101.

Horton, P.A., Rowan, M., Webster, K.E. and Peters, R.H. (1979) Browsing and grazing by cladoceran filter feeders. *Canadian Journal of Zoology,* 57: 206–212.

Hsieh C.H., Ishikawa K., Sakai Y., Ishikawa T., Ichise S., Yamamoto Y., Kuo T.-C., Park H.-D., Yamamura N., Kumagai M. (2010) Phytoplankton community reorganization driven by eutrophication and warming in Lake Biwa. *Aquatic Science* 72: 467–483.

Hsieh, C.H., Kim, H.J., Watson, W., Di Lorenzo, E. and Sugihara, G. (2009) Climate-driven changes in abundance and distribution of larvae of oceanic fishes in the southern California region. *Global Change Biology,* 15: 2137–2152.

Huntley, M.E. and Lopez, M.D.G. (1992) Temperature-dependent production of marine copepods: a global synthesis. *American Naturalist,* 140: 201–242.

Hupfer, M., Gloess, S. and Grossart, H.-P. (2007) Polyphosphate-accumulating microorganisms in aquatic sediments. *Aquatic Microbial Ecology,* 47: 299–311.

Hutchinson, G.E. (1957) *A Treatise on Limnology, Vol. 1. Geography, Physics and Chemistry,* Wiley.

Ichimura, S. and Aruga, Y. (1958) Some characteristics of photosynthesis of freshwater phytoplankton.

The Botanical Magazine, 71: 261–269.

Iguchi, N. and Ikeda, T. (2005) Effects of temperature on metabolism, growth and gross growth efficiency of *Thysanoessa longipes* (Crustacea: Euphausiacea) in the Japan Sea. *Journal of Plankton Research*, 27: 1–10.

Ikeda, T., Torres, J.J., Hernandez-Leon, S. and Geiger, S.P. (2000) Metabolism. In: Harris, R.P., Wiebe, P.H., Lenz, J., Skjoldal, H.R. and Huntley, M. (eds.), *Zooplankton Methodology Manual*, Academic Press, London, 455–532.

Imasato, N. (1984): Seiche. In Lake Biwa. (ed) S. Horie. Dr. W. Junk Publishers. 237–256.

Imasato, N., Kanari, S. and Kunishi, H. (1975) Study on the currents in Lake Biwa (I) Barotropic circular currents induced by the uniform wind. *Journal of the Oceanographical Society of Japan*, 31: 15–24.

Imberger, J. (1998) Flux paths in a stratified lake: a review. In: Imberger, J. (ed.), *Physical Processes in Lakes and Oceans*, American Geophysical Union, Washington, pp. 1–18.

Imberger, J. and Patterson, J. (1990) Physical Liminology. *Advances in Applied Mechanics*, 27: 303–475.

Ings, T.C. et al. (2009) Ecological networks: beyond food webs. *Journal of Animal Ecology*, 78: 253–269.

IPCC (2007a) *Climate Change 2007: the Physical Science Basis. Contribution of Working Group I to the Fourth Assessment Report of the Intergovernmental Panel on Climate Change.* Cambridge University Press, Cambridge.

IPCC (2007b) *Climate Change 2007: Impacts, Adaptation and Vulnerability, Contribution of Working Group II to the Fourth Assessment Report of the Intergovernmental Panel on Climate Change.* Cambridge University Press, Cambridge.

Ishikawa, T. and Urabe, J. (2005) Ontogenetic changes in vertical distribution of an endemic amphipod, *Jesogammarus annandalei*, in Lake Biwa, Japan. *Archiv für Hydrobiologie*, 164: 465–478.

Ivey, G. and Imberger, J. (1991) Nature of turbulence in stratified fluids. *Journal of Physical Oceanography*, 21: 650–658.

Jankowski, T. et al. (2006) Consequences of the 2003 European heat wave for lake temperature profiles, thermal stability, and hypolimnetic oxygen depletion: Implications for a warmer world. *Limnology and Oceanography*, 51: 815–819.

Jansen, W. and Hesslein, R.H. (2004) Potential effects of climate warming on fish habitats in temperate zone lakes with special reference to Lake 239 of the experimental lakes area (ELA), north-western Ontario. *Environmental Biology of Fishes*, 70: 1–22.

Jensen, O.P. et al. (2007) Spatial analysis of ice phenology trends across the Laurentian Great Lakes region during a recent warming period. *Limnology and Oceanography*, 52: 2013–2026.

Jøgensen, B.B. and Boudreau, B.P. (2001) Diagenesis and sediment water exchange. In: Boudreau, B.P. and Jøgensen, B.B. (eds.), *The benthic boundary layer*, Oxford University Press, pp. 211–244.

Jøgensen, B.B. and Des Marais, D.J. (1990) The diffusive boundary layer of sediments: oxygen microgradients over a microbial mat. *Limnology and Oceanography*, 35: 1343–1355.

Jørgensen B.B. and Revsbech N.P. (1985) Diffusive boundary layers and the oxygen uptake of sediments and detritus. *Limnology and Ocenography*, 30: 111–122.

Jöhnk, K.D., Huisman, J., Sharples, J., Sommeijer, B., Visser, P.M. and Stroom, J.M. (2008) Summer heatwaves promote blooms of harmful cyanobacteria. *Global Change Biology*, 14: 495–512.

Jones, M.L., Shuter, B.J., Zhao, Y. and Stockwell, J.D. (2006) Forecasting effects of climate change on Great Lakes fisheries: models that link habitat supply to population dynamics can help. *Canadian Journal of Fisheries and Aquatic Sciences*, 63: 457–468.

Kalff, J. (2002) *Limnology*. Benjamin and Cummings.

Kanari, S. (1975) The long-period internal waves in lake Biwa. *Limnology and Oceanography*, 20: 544–553.

Kantha, L.H. and Clayson, C.A. (2000) *Small Processes in Geophysical Fluid Flows*. Academic Press.

Karlsson, J. et al. (2005) Productivity of high-latitude lakes: climate effect inferred from altitude gradient. *Global Change Biology*, 11: 710–715.

Kawabata, K. (1989) Natural development time of *Eodiaptomus japonicus* (Copepoda: Calanoida) in Lake Biwa. *Journal of Plankton Research*, 11: 1261–1272.

Kerfoot, W.C. (1985) Adaptive value of vertical migration: Comments on the predation hypothesis and some alternatives. *Contributions in Marine Science*, 27(Suppl.): 91–113.

Kiørboe, T. (2008) *A Mechanistic Approach to Plankton Ecology*. Princeton University Press, Princeton and Oxford.

Kirchman, D.L. (2000) Uptake and regeneration of inorganic nutrients. In: Kirchman, D.L. (ed.), *Microbial Ecology of the Oceans*, John Wiley & Sons, New York, pp. 121–152.

Kirk, J.T.O. (1994) *Light & Photosynthesis in Aquatic Ecosystem*. Cambridge University Press.

Kishi, M.J., Nakata, K. and Ishikawa, K. (1981) Sensitivity analysis of a coastal marine ecosystem. *Journal of Oceanographical Society of Japan*, 37: 120–134.

Kolmogorov, A.N. (1941) The local structure of turbulence in incompressible viscous fluid for very large Reynolds numbers. *Doklady Akademiia Nauk SSSR*, 30: 301–305.

Kondo, J. (1975) Air-sea bulk transfer coefficients in diabatic conditions. *Boundary-Layer Meteorology*, 9: 91–112.

Kopaček, J., Borovec, J., Hejzlar, J., Ulrich, K.-U., Norton, S.A. and Amirbahman, A. (2005) Aluminum control of phosphorus sorption by lake sediments. *Environmental Science & Technology*, 39: 8784–8789.

Kubokawa, A. (1986) Instability caused by the coalescence of two modes of a one-layer coastal current with a surface front. *Journal of the Oceanographical Society of Japan*, 42: 373–380.

Kumagai and Fushimi (1995) Inflows due to snowmelt. *Physical Processes in a Large Lake*, American Geophysical Union. 48: 129–139.

Kumagai, M. (2008) Lake Biwa in the context of world lake problems. *Verhandlungen Internationale Vereinigung für theoretische und angewandte Limnologie*, 30: 1–15.

Kumagai, M., Asada, Y. and Nakano, S. (1998) Gyres measured by ADCP in Lake Biwa. In: Imberger, J. (ed.), *Physical Processes in Lakes and Oceans, Coastal and Estuarine Studies*, American Geophysical Union, Washington, D.C., pp. 199–208.

Kumagai, M., Shimoda, C., Tsuda, R. and Kodama, T. (1996) Benthic and intermediate nepheloid layers in Lake Biwa. *Japanese Journal of Limnology*, 57: 445–456.

Lampert, W. (1985) Food limitation and the structure of zooplankton communities. In: Elster, H.-J. and Ohle, W. (eds.), *Advances in Limnology*, vol. 21, p. 497. Stuttgart: E.Schweizerbart'sche

Verlagsbuchhandlung (Nagele u. Obermiller).

Lampert, W., Rothhaupt, K.O. and Elert, E. (1994) Chemical induction of colony formation in a green alga (*Scenedesmus acutus*) by grazers (*Daphnia*). *Limnology and Oceanography*, 39: 1543–1550.

Lampert, W. and Sommer, U. (1997) *Limnoecoloty: the Ecology of Lakes and Streams*. Oxford University Press.

Langdon, C. (1993) The significance of respiration in production measurements based on oxygen. *ICES Marine Science Symposia*, 197: 69–78.

Lee, H.-W., Ban, S., Ikeda, T. and Matsuishi, T. (2003) Effect of temperature on development, growth and reproduction in the marine copepod *Pseudocalanus newmani* at satiating food condition. *Journal of Plankton Research*, 25: 261–271.

Lehtonen, H. (1996) Potential effects of global warming on northern European freshwater fish and fisheries. *Fisheries Management and Ecology*, 3: 59–71.

Lemckert, C., Antenucci, J., Saggio, A. and Imberger, J. (2004) Physical properties of turbulent benthic boundary layers generated by internal waves. *Journal of Hydraulic Engineering*, 130: 58–69.

Levin, L.A. (2003) Oxygen minimum zone benthos: adaptation and community response to hypoxia. *Oceanography and Marine Biology*, 41: 1–45.

Li, M. and Garrett, C. (1997) Mixed layer deepening due to Langmuir circulation. *Journal of Physical Oceanography*, 27: 121–132.

Liboriussen, L., Landkildehus, F., Meerhoff, M., Bramm, M.E., Søndergaard, M., Christoffersen, K., Richardson, K., Søndergaard, M., Lauridsen, T.L. and Jeppesen, E. (2005) Global warming: Design of a flow-through shallow lake mesocosm climate experiment, *Limnology and Oceanography, Methods*, 3: 1–9.

Linthicum, K.J., Anyamba, A., Tucker, C.J., Kelley, P.W., Myers, M.F. and Peters, C.J. (1999) Climate and satellite indicators to forecast Rift Valley fever epidemics in Kenya. *Science*, 285: 397–400.

Litchman, E., Klausmeier, C.A. and Yoshiyama, K. (2009) Contrasting size evolution in marine and freshwater diatoms. *Proceedings of the National Academy of Sciences of the United States of America*, 106: 2665–2670.

Livingstone, D.M. (2003) Impact of secular climate change on the thermal structure of a large temperate central European lake. *Climatic Change*, 57: 205–225.

Livingstone, D.M. (2008) A change of climate provokes a change of paradigm: taking leave of two tacit assumptions about physical lake forcing. *International Review of Hydrobiology*, 93: 404–414.

Livingstone and Imboden (1996) The prediction of hypolimnetic oxygen profiles: a plea for a deductive approach. *Canadian Journal of Fisheries and Aquatic Sciences*, 53: 924–932.

Lomas, M.W., Glibert, P.M., Shiah, F-K. and Smith, E. (2002) Microbial processes and temperature in Chesapeak Bay: current relationships and potential impacts of regional warming. *Global Change Biology*, 8: 51–70.

Lopez-Urrutia, A., Martin, E.S., Harris, R.P. and Irigoien, X. (2006) Scaling the metabolic balance of the oceans. *Proceedings of the National Academy of Sciences of the USA*, 103: 8739–8744.

Lorke, A., Müller, B., Maerki, M. and Wüest, A. (2003) Breathing sediments: The control of diffusive transport across the sediment-water interface by periodic boundary-layer turbulence. *Limnology and Oceanography.*, 48: 2077–2085.

Lutterschmidt, W.I., Schaefer, J.F. and Fiorillo, R.A. (2007) The ecological significance of helminth endoparasites on the physiological performance of two sympatric fishes. *Comparative Parasitology*, 74: 194–203.

Mackas, D.L., Sefton, H., Miller, C.B. and Raich, A. (1993) Vertical habitat partitioning by large calanoid copepods in the oceanic sub-arctic Pacific during spring. *Progress in Oceanography.*, 32: 259–294.

MacKay et al. (2009) Modeling lakes and reservoirs in the climate system. *Limnology and Oceanography*, 54: 2315–2329.

Mackenzie-Grieve, J.L. and Post, J.R. (2006) Projected impacts of climate warming on production of lake trout (*Salvelinus namaycush*) in southern Yukon lakes. *Canadian Journal of Fisheries and Aquatic Sciences*, 63: 788–797.

Madsen, O.S. (1977) A realistic model of the wind-induced Ekman boundary layer. *Journal of Physical Oceanography*, 7: 248–255.

Magnuson, J.J. et al. (2000) Historical trends in lake and river ice cover in the Northern Hemisphere. *Science*, 289: 1743–1746.

Magnuson, J.J. et al. (2006) Climate-driven variability and change. In: Magnuson, J.J., Kratz, T.K. and Benson, B.J. (eds.), *Long-term Dynamics of Lakes in the Landscape: Long-term Ecological Research on North Temperate Lakes*, Oxford University Press.

Magnuson, J.J., Crowder, L.B. and Medvick, P.A. (1979) Temperature as an ecological resource. *American Zoologist*, 19: 331–343.

Maki, K., Kim, C., Yoshimizu, C., Tayasu, I., Miyajima, T. and Nagata, T. (2010) Autochthonous origin of semi-labile dissolved organic carbon in a large monomictic lake (Lake Biwa): carbon stable isotopic evidence. *Limnology*, 11: 143–153.

Mandrak, N.E. (1989) Potential invasion of the Great Lakes by fish species associated with climatic warming. *Journal of Great Lakes Research*, 15: 306–316.

Marcogliese, D.J. (2001) Implications of climate change for parasitism of animals in the aquatic environment. *Canadian Journal of Zoology*, 79: 1331–1352.

Marcogliese, D.J. (2008) The impact of climate change on the parasites and infectious diseases of aquatic animals. *Revue Scientifique et Technique, Office International des Epizooties*, 27: 467–484.

Massol, F., David, P., Gerdeaux, D. and Jarne, P. (2007) The influence of trophic status and large-scale climatic change on the structure of fish communities in Perialpine lakes. *Journal of Animal Ecology*, 76: 538–551.

Matzinger, A., Schmid, M., Veljanoska-Sarafiloska, E., Patceva, S., Guseska, D., Wagner, B., Müller, B., Sturm, M. and Wüest, A. (2007) Eutrophication of ancient Lake Ohrid: Global warming amplifies detrimental effects of increased nutrient inputs. *Limnology and Oceanogarphy*, 52: 338–353.

Matzinger, A., Spirkovski, Z., Patceva, S. and Wuest, A. (2006) Sensitivity of ancient Lake Ohrid to local anthropogenic impacts and global warming. *Journal of the Great Lakes Research*, 32: 158–179.

McCormick, M.J. (1990) Potential changes in thermal structure and cycle of lake-michigan due to global warming. *Transactions of the American Fisheries Society*, 119: 183–194.

McGowan, J.A., Cayan, D.R. and Dorman, L.M. (1998) Climate-ocean variability and ecosystem response in the Northeast Pacific. *Science*, 281: 210–217.

McLaren, I.A. (1965) Some relationships between temperature and egg size, body size, development rate, and fecundity, of the copepod *Pseudocalanus*. *Limnology and Oceanography*, 10: 528–538.

McLaren, I.A., Corkett, C.J. and Zillioux, E.J. (1969) Temperature adaptations of copepod eggs from the arctic to the tropics. *Biological Bulletin*, 137: 486–493.

Mellor, G.L. (1996) *Introduction to Physical Oceanography*. Springer-Verlag, New York.

Michelutti, N., Wolfe, A.P., Vinebrooke, R.D., Rivard, B. and Briner, J.P. (2005) Recent primary production increases in arctic lakes. *Geophysical Research Letters*, 32: doi, 10.1029/2005GL023693.

Mills, E.L., Casselman, J.M., Dermott, R., Fitzsimons, J.D., Gal, G., Holeck, K.T., Hoyle, J.A., Johannsson, O.E., Lantry, B.F., Makarewicz, J.C., Millard, E.S., Munawar, I.F., Munawar, M., O'Gorman, R., Owens, R.W., Rudstam, L.G., Schaner, T. and Stewart, T.J. (2003) Lake Ontario: food web dynamics in a changing ecosystem (1970–2000). *Canadian Journal of Fisheries and Aquatic Sciences*, 60: 471–490.

Mills, M.D., Rader, R.B. and Belk, M.C. (2004) Complex interactions between native and invasive fish: the simultaneous effects of multiple negative interactions. *Oecologia*, 141: 713–721.

Mitamura, O. and Saijo, Y. (1986) Urea metabolism and its significance in the nitrogen cycle in the euphotic layer of Lake Biwa. I. In situ measurement of nitrogen assimilation and urea decomposition. *Archiv für Hydrobiologie*, 107: 23–51.

Mohseni, O., Stefan, H.G. and Eaton, J.G. (2003) Global warming and potential changes in fish habitat in U.S. streams. *Climatic Change*, 59: 389–409.

Monod, J. (1949) The growth of bacterial cultures. *Annual Review of Microbiology*, 3: 371–394.

Morán, X.A.G., López-Urrutia, A., Calvo-Díaz, A. and Li, W.K.W. (2010) Increaing importance of small phytoplankton in a warmer ocean. *Global Change Biology*, 16: 1137–1144.

Morán, X.A.G., Sebastián, M., Pedrós-Alió, C. and Estrada, M. (2006) Response of Southern Ocean phytoplankton and bacterioplankton production to short-term experimental warming. *Limnology and Oceanography*, 51: 1791–1800.

Mortimer, C.H. (1941, 1942) The exchange of dissolved substances between mud and water in lakes. *Journal of Ecology*, 29: 280–329, 30: 147–201.

Motegi, C., Nagata, T., Miki, T., Weinbauer, M.G., Legendre, L. and Rassoulzadegan, F. (2009) Viral control of bacterial growth efficiency in marine pelagic environments. *Limnology and Oceanography*, 54: 1901–1910.

Moyle, P.B. and Marchetti M.P. (2006) Predicting invasion success: freshwater fishes in California as a model. *BioScience*, 56: 515–524.

Murthy, C.R. and Dunbar, D.S. (1981) Structure of the flow within the coastal boundary layer of the Great Lakes. *Journal of Physical Oceanography*, 11(11): 1567–1577.

Nagai, T., Yamazaki, H., Nagashima, H. and Kantha, L.H. (2005) Field and numerical study of entrainment laws for surface mixed layer. *Deep Sea Research*, 52: 1109–1132.

Nagata, T. (1990) Contribution of picoplankton to the grazer food chain of Lake Biwa. In: Tilzer, M.M. and Serruya, C. (eds.), *Large Lakes – Ecological Structure and Function*, Springer-Verlag, Berlin, pp. 526–539.

Nagata, T. (2000) Production mechanisms of dissolved organic matter. In: Kirchman, D.L. (ed.), *Microbial Ecology of the Oceans*, John Wiley & Sons, New York, pp. 121–152.

Nagata, T. (2008) Organic Matter -Bacteria Interactions in Seawater. In: Kirchman, D.L. (ed.), *Microbial Ecology of the Oceans (2nd edition)*, John Wiley & Sons, New York, pp. 207–241.

Nakano, S., Kitano, F. and Maekawa, K. (1996) Potential fragmentation and loss of thermal habitats for charrs in the Japanese archipelago due to climatic warming. *Freshwater Biology*, 36: 711–722.

Nishimura, Y., Kim, C. and Nagata, T. (2005) Vertical and seasonal variations of bacterioplankton subgroups with different nucleic acid content: Possible regulation by phosphorus. *Applied and Environmental Microbiology*, 71: 5828–5836.

Nishimura, Y. and Nagata, T. (2007) Alphaproteobacterial dominance in a large mesotrophic lake (Lake Biwa, Japan). *Aquatic Microbial Ecology*, 48: 231–240.

Nishri, A., Imberger, J., Eckert, W., Ostrovsky, I. and Geifman, Y. (2000) The physical regime and the respective biogeochemical processes in the lower water mass of Lake Kinneret. *Limnology and Oceanography.*, 45: 972–981.

Nürnberg, G.K. (1995) Quantifying anoxia in lakes. *Limnology and Oceanography*, 40: 1100–1111.

OECD (1982) *Eutrophication of waters: Monitoring, assessment and control.* OECD Publication Office, Paris.

Okubo, A. (1971) Oceanic diffusion diagrams. *Deep Sea Res.*, 18: 789–802.

Oliver, R.K., Kinnear, A.J. and Ganf, G.G. (1981) Measurements of cell density of three freshwater phytoplankters by density gradient centrifugation. *Limnology and Oceanography*, 26: 285–294.

Ookubo, K., Muramoto, Y., Oonishi, Y. and Kumagai, M. (1984) Laboratory experiments on thermally induced currents in Lake Biwa. *Bulletin of Disaster Prevention Research Institute. Kyoto Univ.*, 34: 19–54.

O'Reilly, C.M., Alln, S.R., Plisnier, P.-D., Cohen, A.S. and McKee, B.A. (2003) Climate change decreases aquatic ecosystem productivity of Lake Tanganyika, Africa. *Nature*, 424: 766–768.

Oonishi, Y. (1975) Development of current induced by topographic heat accumulation (I) The case of the axisymmetric basin. *Journal of Oceanographical Society of Japan*, 31: 243–254.

Osborn, T.R. (1980) Estimation of local rate of vertical diffusion from dissipation measurement. *Journal of Physical Oceanography*, 10: 83–89

Osborn, T.R. and Cox, C.S. (1972) Oceanic fine structure. *Geophysical Fluid Dynamics*, 3: 321–345.

Otsubo, K. and Muraoka, K. (1988) Critical shear stress of cohesive bottom sediments. *Journal of Hydraulic Engineering*, 114: 1241–1256.

Ozmidov, R.V. (1965) On the turbulent exchange in a stably stratified ocean. *Izvestiya, Atmospheric and Oceanic Physics*, 1: 853–860.

Pace, M.L., Carpenter, S.R., Cole, J.J., Coloso, J.J., Kitchell, J.F., Hodgson, J.R. and Middelburg, J.J. (2007) Does terrestrial organic carbon subsidize the planktonic food web in a clear-water lake? *Limnology and Oceanography*, 52: 2177–2189.

Pace, M.L., Cole, J.J., Carpenter, S.R., Kitchell, J.F., Hodgson, J.R., Van de Bogert, M.C., Bade, D.L., Kritzberg, E.S. and Bastviken, D. (2004) Whole-lake carbon-13 additions reveal terrestrial support of aquatic food webs. *Nature*, 427: 240–243.

Pace, M.L. and Prairie, Y.T. (2005) Respiration in lakes. In: del Giorgio, P.A. and Williams, P.J. le B. (eds.), *Respiration in Aquatic Ecosystems*, Oxford University Press.

Paerl, H.W., Richards, R.C., Leonard, R.L. and Goldman, C.R. (1975) Seasonal nitrate cycling as evidence for complete vertical mixing in Lake Tahoe, California-Nevada. *Limnology and Oceanography*, 20: 1–8.

Paine, R.T. (1980) Food webs: linkage, interaction strength and community infrastructure. *Journal of Animal Ecology*, 49: 667–685.

Passow, U. (2002) Transparent exopolymer particles (TEP) in aquatic environments. *Progress in Oceanography*, 55: 287–333.

Pearson, R.G., Dawson, T.P. (2003) Predicting the impacts of climate change on the distribution of species: are bioclimate envelope models useful ? *Global Ecology and Biogeography*, 12: 361–371.

Peeters, F. et al. (2002) Modeling 50 years of historical temperature profiles in a large central European lake. *Limnology and Oceanography*, 47: 186–197.

Perlin, A., Moum, J.N., Klymak, J.M., Levine, M.D., Boyd, T. and Kosro, M. (2005) A modified law-of-the-wall to describe velocity profiles in the oceanic bottom boundary layers. *Journal of Geophysical Research*, 110: 1–9.

Perroud, M., Goyette, S., Martynov, A., Beniston, M. and Anneville, O. (2009) Simulation of multiannual thermal profiles in deep Lake Geneva: A comparison of one-dimensional lake models. *Limnology and Oceanography*, 54(5): 1574–1594

Perry, A.L., Low, P.J., Ellis, J.R. and Reynolds, J.D. (2005) Climate change and distribution shifts in marine fishes. *Science*, 308: 1912–1915.

Petchey, O.L., Beckerman, A.P., Riede, J.O. and Warren, P.H. (2008) Size, foraging, and food web structure. *Proceedings of the National Academy of Science, USA*, 105: 4191–4196.

Petchey, O.L., McPhearson, P.T., Casey, T.M. and Morin, P.J. (1999) Environmental warming alters food-web structure and ecosystem function. *Nature*, 402: 69–72.

Petersen, J.H. and Kitchell, J.F. (2001) Climate regimes and water temperature changes in the Columbia River: bioenergetic implications for predators of juvenile salmon. *Canadian Journal of Fisheries and Aquatic Sciences*, 58: 1831–1841.

Peterson, M.S., Slack, W.T. and Woodley, C.M. (2005) The occurrence of non-indigenous nile tilapia, *Oreochromis niloticus* (Iinnaeus) in coastal Mississippi, USA: ties to aquaculture and thermal effluent. *Wetlands*, 25: 112–121.

Platt, T., Gallegos, C.L. and Harrison, W.G. (1980) Photoinhibition of photosynthesis in natural assemblages of marine phytoplankton. *Journal of Marine Research*, 38: 687–701

Pörtner, H.O. and Knust, R. (2007) Climate change affects marine fishes through the oxygen limitation of thermal tolerance. *Science*, 315: 95–97.

Pollock, M.S., Clarke, L.M.J. and Dubé, M.G. (2007) The effects of hypoxia on fishes: from ecological relevance to physiological effects. *Environmental Reviews*, 15: 1–14.

Post, D.M. (2002) Using stable isotopes to estimate trophic position: models, methods, and assumptions. *Ecology*, 83: 703–718.

Post, D.M., Pace, M.L. and Hairston, N.G.Jr. (2000) Ecosystem size determines food-chain lengh in lakes. *Nature*, 405: 1047–1049.

Poulin, R. (2006) Global warming and temperature-mediated increases in cercarial emergence in trematode parasites. *Parasitology*, 132: 143–151.

Pounds, A.J., Bustamante, M.R., Coloma, L.A., Consuegra, J.A., Fogden, M.P.L., Foster, P.N., Marca,

E.L., Masters, K.L., Merino-Viteri, A., Puschendorf, R., Ron, S.R., Sánchez-Azofeifa, G.A., Still, C.J. and Young, B.E. (2006) Widespread amphibian extinctions from epidemic disease driven by global warming. *Nature*, 439: 161–167.

Pradeep Ram, A.S., Nishimura, Y., Tomaru, Y., Nagasaki, K. and Nagata, T. (2010) Seasonal variation in viral-induced mortality of bacterioplankton in the water column of a large mesotrophic lake (Lake Biwa, Japan). *Aquatic Microbial Ecology*, 58: 249–259.

Prairie, Y.T., de Montigny, C. and del Giorgio, P.A. (2001) Anaerobic phosphorus release from sediments: a paradigm revisited. *Verhandlungen Internationale Vereinigung für Theoretische und Angewandte Limnologie*, 27: 4013–4020.

Prandle, D. (1982) The vertical structure of tidal currents. *Geophysical and Astrophysical Fluid Dynamics*, 22: 29–49.

Prandtl, L. (1925) Bericht uber untersuchungen zur ausgebildeten turbulenz. *Zeitschrift für Angewandte Mathematik und Mechanik*, 5: 136–139.

Prandtl, L. (1933) Neuere Ergebnisse der Turbulenzforschung. *Zeitshrift des Vereines Deutscher Ingenieure*, 77(5): 105.

Rahel, F.J. (2007) Biogeographic barriers, connectivity and homogenization of freshwater faunas: it's a small world after all. *Freshwater Biology*, 52: 696–710.

Rahel, F.J. and Olden, J.D. (2008) Assessing the effects of climate change on aquatic invasive species. *Conservation Biology*, 22: 521–533.

Redfield, A.C. (1934) On the proportions of organic derivatives in seawater and their relation to the composition of plankton. In: *James Johnstone Memorial Volume*, University of Liverpool, pp. 176–192.

Reeves, G.H., Everest, F.H. and Hall, J.D. (1987) Interactions between the redside shiner (*Richardsonius balteatus*) and the steelhead trout (*Salmo gairdneri*) in western Oregon: the influence of water temperature. *Canadian Journal of Fisheries and Aquatic Sciences*, 44: 1603–1613.

Reynolds, C.S. (2006) *Ecology of Phytoplankton*. Cambridge University Press.

Rippey, B. and McSorley, C. (2009) Oxygen depletion in lake hypolimnia. *Limnology and Oceanography*, 54: 905–916.

Root, T.L., Price, J.T., Hall, K.R., Schneider, S.H., Rosenzweig, C. and Pounds, J.A. (2003) Fingerprints of global warming on wild animals and plants. *Nature*, 421: 57–60.

Rothschild, B.J. and Osborn, T.R. (1988) Small-scale turbulence and plankton contact rates. *Journal of Plankton Research*, 10: 465–474.

Saggio, A. and Imberger, J. (2001) Mixing and turbulent fluxes in the metalimnion of stratified lake. *Limnology and Oceanography*, 46: 392–409.

Saiz, E. and Kørboe, T. (1995) Predatory and suspension-feeding of the copepod *Acartia tonsa* in turbulent environments. *Marine Ecology Progress Series*, 122: 147–158.

Sala, O.E., Chapin III, F. S., Armesto, J.J., Berlow, E., Bloomfield, J., Dirzo, R., Huber-Sanwald, E., Huenneke, L.F., Jackson, R.B., Kinzig, A., Leemans, R., Lodge, D.M., Mooney, H.A., Oesterheld, M., Poff, N.L., Sykes, M.T., Walker, B.H., Walker, M. and Wall, D.H. (2000). Global biodiversity scenarios for the year 2100. *Science*, 287: 1770–1774.

Sanford, T.B. and Lien, R.-C. (1999) Turbulent properties in a homogeneous tidal bottom boundary layer. *Journal of Geophysical Research*, 104: 1245−1257.

Sarvala, J. (1979) Effect of temperature on the duration of egg, nauplius and copepodite development of some freshwater benthic Copepoda. *Freshwater Biology*, 9: 515−534.

Schindler, D.E., Carpenter, S.R., Cole, J.J., Kitchell, J.F. and Pace, M.L. (1997) Influence of food web structure on carbon exchange between lakes and the atmosphere. *Science*, 277: 248−251.

Schindler, D.E., Rogers, D.E., Scheuerell, M.D. and Abrey C.A. (2005) Effects of changing climate on zooplankton and juvenile sockeye salmon growth in Southwestern Alaska. *Ecology*, 86: 198−209.

Schindler, D.W. (1974) Eutrophication and recovery in experimental lakes, Implications for lake management. *Science*, 184: 897−899.

Schindler, D.W. (1988) Effects of acid rain on freshwater ecosystems. *Science*, 239: 149−157.

Schindler, D.W. (2006) Recent advances in the understanding and management of eutrophication. *Limnology and Oceanography*, 51: 356−363.

Schindler, D.W. et al. (1990) Effects of climatic warming on lakes of the central boreal forest. *Science*, 250: 967−970.

Schindler, D.W., Curtis, P.J., Parker, B.R. and Stainton, M.P. (1996) Consequences of climate warming and lake acidification for UV-B penetration in North American boreal lakes. *Nature*, 379: 705−708.

Schlichting, H. (1968) *Boundary Layer Theory. 6th ed.* McGraw Hill, New York.

Schmidt-Nielsen, K. (1991) *Animal Physiology: Adaptation and Environment, 4th ed.* Cambridge University Press, Cambridge.

Schwab, D.J., O'Connor, W.P. and Mellor, G.L. (1995) Notes and correspondence on the net cyclonic circulation in large stratified lake. *Journal of Physical Oceanography*, 25: 1516−1520.

Secretariat of the Convention on Biological Diversity (2006) Global Biodiversity Outlook 2. http://www.cbd.int/doc/gbo/gboz

Sharma, S., Jackson, D.A., Minns, C.K. and Shuter B.J. (2007) Will northern fish populations be in hot water because of climate change? *Global Change Biology*, 13: 2052−2064.

Shatwell, T., Köhler, J. and Nicklisch, A. (2008) Warming promotes cold-adapted phytoplankton in temperate lakes and open a loophole for *Oscillatoriales* in spring. *Global Change Biology*, 14: 2194−2200.

Shimizu, K. (2010) An analytical model of capped turbulent oscillatory bottom boundary layers. *Journal of Geophysical Research*, 115: C03011, doi: 10.1029/2009JC005548.

Shimizu, K. and Imberger, J. (2009) Damping mechanisms of internal waves in continuously stratified rotating basins. *Journal of Fluid Mechanics*, 637: 137−172.

Shoji, J., Masuda, R., Yamashita, Y. and Tanaka, M. (2005) Effect of low dissolved oxygen concentrations on behavior and predation rates on red sea bream *Pagrus major* larvae by the jellyfish *Aurelia aurita* and by juvenile Spanish mackerel *Scomberomorus niphonius*. *Marine Biology*, 147: 863−868.

Shurin, J.B., Borer, E.T., Seabloom, E.W., Anderson, K., Blanchette, C.A., Broitman, B., Cooper, S.D. and Halpern, B.S. (2002) A cross-ecosystem comparison of the strength of trophic cascades. *Ecology Letters*, 5: 785−791.

Smith, V.H. (1983) Low Nitrogen to Phosphorus Ratios Favor Dominance by Blue-Green Algae in

Lake Phytoplankton. *Science*, 221: 669–671.

Smol, J.P. et al. (2005) Climate-driven regime shifts in the biological communities of arctic lakes. *Proceedings of the Natural Academy of Science, USA*, 102: 4397–4402.

Sommer, U. (1989) Nutrient status and nutrient competition of phytoplankton in a shallow, hypertrophic lake. *Limnology and Oceanography.*, 34: 1162–1173.

Sommer, U., Gliwicz, Z.M., Lampert, W. and Duncan, A. (1986) The PEG-model of seasonal succession of planktonic events in fresh waters. *Archiv fur Hydrobiologie*, 106: 433–471.

Sommer, U. and Lengfellner, K. (2008) Climate change and the timing, magnitude, and composition of the phytoplankton spring bloom. *Global Change Biology*, 2008: 1199–1208.

Soulsby, R.L. (1983) The bottom boundary layer of shelf seas. In: Johns, B. (ed.), *Physical Oceanography of Coastal and Shelf Seas*, Elsevier, pp. 189–266.

Stabel, H.-H. (1986) Calcite precipitation in Lake Constance: Chemical equilibrium, sedimentation, and nucleation by algae. *Limnology and Oceanography*, 31: 1081–1093.

Steele, J.H. (1962) Environmental control of photosynthesis in the sea, *Limnology and Oceanography*, 7: 137–150.

Stefan, H.G. Honzo, M., Fang, X., Eatou, J.G., and McCormick, J.H. (1996) Simulated long-term temperature and dissolved oxygen characteristics of lakes in the north-central United States and associated fish habitat limits. *Limnology and Oceanography*, 41: 1124–1135.

Stefan, H.G., Fang, X. and Eaton, J.G. (2001) Simulated fish habitat changes in North American lakes in response to projected climate warming. *Transactions of the American Fisheries Society*, 130: 459–477.

Stelmakh, L.V. (2003) Light and dark respiration of phytoplankton of the Black Sea. *Hydrobiological Journal*, 39, 3–10.

Stephens, D.W. and Krebs, J.R. (1986) *Foraging Theory*. Princeton Univ Press.

Sterner, R.W. (1989) The role of grazers in phytoplankton succession. In: Sommer, U. (ed.), *Plankton Ecology, Succession in Plankton Communities*, Springer, Berlin, Heidelberg, New York, pp. 107–170.

Sterner, R.W. and Elser, J.J. (2002) *Ecological Stoichiometry: the Biology of Elements from Molecules to the Biosphere*. Princeton University Press.

Sterner, R.W. and Hessen, D.O. (1994) Algal nutrient limitation and the nutrient of aquatic herbivores. *Annual Review of Ecology and Systematics*, 25: 1–29.

Stewart, R.W. (1969) *Turbulence*. National committee for fluid mechanics films, Encyclopaedia Britannica Educational cooperation (http://web.mit.edu/hml/ncfmf.html).

Stommel, H. (1949) Horizontal diffusion due to oceanic turbulence. *Journal of Marine Research*, 8(3): 199–225.

Straile, D. et al. (2003) Complex effects of winter warming on the physicochemical characteristics of a deep lake. *Limnology and Oceanography*, 48: 1432–1438.

Strom, K.M. (1931) Feforvatn. A physiographic and biological study of a mountain lake. *Archiv für Hydrobiologie*, 22: 491–536.

Suda, K., Seki, K., Ishii, J., Takatani, S. and Mizuuchi, S. (1926) The report of limnological observation in Lake Biwa. *Bulletin of the Kobe Marine Observatory*, 8: 1–103.

Sverdrup, H.U. (1953) On conditions for the vernal blooming of phytoplankton. *ICES Journal of*

Marine Science, 18: 287–295.
Tadonleke, R.D. (2010) Evidence of warming effects on phytoplankton productivity rates and their dependence on eutrophication status. *Limnology and Oceanography*, 55: 973–982.
Taguchi N. and Nakata K. (2009) Evaluation of biological water purification functions of inland lakes using an aquatic ecosystem model. *Ecological Modelling*, 220: 2255–2271.
Tanaka, M. and Yoshino, M.M. (1982) Re-examination of the climatic change in central Japan based on freezing dates of Lake Suwa. *Weather*, 37: 252–259.
Tanaka, N., Nakanishi, M. and Kodate, H. (1974) The excretion of photosynthetic production by natural phytoplankton population in Lake Biwa. *Japanese Journal of Limnology*, 35: 91–98.
Tanentzap, A.J. et al. (2008) Cooling lakes while the world warms: Effects of forest regrowth and increased dissolved organic matter on the thermal regime of a temperate, urban lake. *Limnology and Oceanography*, 53: 404–410.
Taniguchi, Y. and Nakano, S. (2000) Condition-specific competition: implications for the altitudinal distribution of stream fishes. *Ecology*, 81: 2027–2039.
Tezuka, Y. (1984) Seasonal variations of dominant phytoplankton, chlorophyll a and nutrients levels in the pelagic regions of Lake Biwa. *Japanese Journal of Limnology*, 45: 26–37.
Tezuka, Y. (1985) C: N: P ratios of seston in Lake Biwa is as indicators of nutrient deficiency in phytoplankton and decomposition process of hypolimnetic particulate matter. *Japanese Journal of Limnology*, 46: 239–246.
Thomas, C.D., Cameron, A., Green, R.E., Bakkenes, M., Beaumont, L.J., Collingham, Y.C., Erasmus, B.F.N., Ferreira de Siqueira, M., Grainger, A., Hannah, L., Hughes, L., Huntley, B., van Jaarsveld, A.S., Midgley, G.F., Miles, L., Ortega-Huerta, M.A., Peterson, A.T., Phillips, O.L. and Williams, S.E. (2004) Extinction risk from climate change. *Nature*, 427: 145–148.
Thorpe, S.A. (1997) On the interactions of internal waves reflecting from slopes. *Journal of Physical Oceanography*, 27: 2072–2078.
Thorpe, S.A. (1998) The generation of alongshore currents by breaking internal waves. *Journal of Physical Oceanography*, 29: 29–38.
Trolle, D., Skovgaard, H. and Jeppesen, E. (2008) The water framework directive: Setting the phosphorus loading target for a deep lake in Denmark using the 1D lake ecosystem model DYRESM-CAEDYM. *Ecological Modelling*, 219(1–2): 138–152
Tsugeki, N.J., Ishida, S. and Urabe, J. (2009) Sedimentary records of reduction in resting egg production of Daphnia galeata in Lake Biwa during the 20th century: a possible effect of winter warming. *Journal of Paleolimnology*, 42: 155–165.
Urabe, J., Sekino, T., Nozaki, K., Tsuji, A., Yoshimizu, C., Kagami, M., Koitabashi, T., Miyazaki, T. and Nakanishi, M. (1999) Light, nutrients and primary production in Lake Biwa: An evaluation of the current ecosystem situation. *Ecological Research*, 14: 233–242.
Urabe, J., Togari, J. and Elser, J.J. (2003) Stoichiometric impacts of increased carbon dioxide on a planktonic herbivore. *Global Change Biology*, 9: 818–825.
van Zwieten, P.A.M., Roest, F.C., Machiels, M.A.M. and Densen, W.L.T. v. (2002) Effects of inter-annual variability, seasonality and persistence on the perception of long-term trends in catch rates of the industrial pelagic purse-seine fishery of northern Lake Tanganyika (Burundi). *Fisheries*

Reaserch, 54: 329–348.

Vanni, M.J. (2002) Nutrient cycling by animals in freshwater ecosystems. *Annual Review of Ecology and Systematics*, 33: 341–370.

Verburg, P., Hecky, R.E. and Kling, H. (2009) Ecological consequence of a century of warming in Lake Tanganyika. *Science*, 301: 505–507.

Veritya, P.G. (1982) Effects of temperature, irradiance, and daylength on the marine diatom *Leptocylindrus danicus* Cleve. IV. Growth. *Journal of Experimental Marine Biology and Ecology*, 60, 209–222.

Visser, A.W. (2001) Hydromechanical signals in the plankton. *Marine Ecology Progress Series*, 222: 1–24.

Vollmer, M.K. et al. (2005) Deep-water warming trend in Lake Malawi, East Africa. *Limnology and Oceanography*, 50: 727–732.

von Liebig, J.F. (1840) *Organic Chemistry in Its Applications to Agriculture and Physiology*. Taylor and Walton, London, p. 387.

von Wachenfeldt, E., Bastviken, D. and Tranvik, L.J. (2009) Microbially induced flocculation of allochthonous dissolved organic carbon in lakes. *Limnology and Oceanography*, 54: 1811–1818.

von Wachenfeldt, E., Sobek, S., Bastviken, D. and Tranvik, L.J. (2008) Linking allochthonous dissolved organic matter and boreal lake sediment carbon sequestration: The role of light-mediated flocculation. *Limnology and Oceanography*, 53: 2416–2426.

Wagner, C. and Adrian, R. (2009) Cyanobacteria dominance: Quantifying the effects of climate change. *Limnology and Oceanography*, 54: 2460–2468.

Wahl, B. (2009) Long-term changes of Lake Constance with special regard to the climate impact. *Verhandlungen Internationale Vereinigung für theoretische und angewandte Limnologie*, 30: 989–992.

Walsh, J. (1975) A spatial simulation model of the Peru upwelling ecosystem. *Deep Sea Research*, 22: 201–236.

Walther, G.-R., Post, E., Convey, P., Menzel, A., Parmesank, C., Beebee, T.J.C., Fromentin, J.-M., Hoegh-Guldberg, O. and Bairlein, F. (2002) Ecological responses to recent climate change. *Nature*, 416: 389–395.

Ward, J.R. and Lafferty, K.D. (2004) The elusive baseline of marine disease: are diseases in ocean ecosystems increasing? *PLoS Biology*, 2: 0542–0547.

Weatherly, G.L. and Martin, P.J. (1978) On the structure and dynamics of the oceanic bottom boundary layer. *Journal of Physical Oceanography*, 8: 557–570.

Wetzel, R.G. (2001) *Limnology – Lake and River Ecosystems, 3rd edition*. Elsevier Academic Press, San Diego.

Whitfield, j. (2004) Ecology's big, hot idea. *PLoS Biology*, 2(12): 2023–2027.

Wilhelm, S. et al. (2006) Long-term response of daily epilimnetic temperature extrema to climate forcing. *Canadian Journal of Fisheries and Aquatic Sciences*, 63: 2467–2477.

Wilhelm, S. and Adrian, R. (2008) Impact of summer warming on the thermal characteristics of a polymictic lake and consequences for oxygen, nutrients and phytoplankton. *Freshwater Biology*, 53: 226–237.

Williams, E. and Simpson J.H. (2004) Uncertainties in estimates of Reynolds stress and TKE production rate using the ADCP variance method. *Journal of Atmospheric and Oceanic Technology*,

21: 347–357.
Williamson, C.E., Fischer, J.M., Bollens, S.M., Overholt, E.P. and Breckenridge, J.K. (2011) Toward a more comprehensive theory of zooplankton diel vertical migration: Integrating ultraviolet radiation and water transparency into the biotic paradigm. *Limnology and Oceanography*, 56: 1603–1623.
Wiliiamson, C.E. and Butler, N.M. (1986) Predation on rotifers by the suspension-feeding calanoid copepod *Diaptomus pallidus*. *Limnology and Oceanography*, 31: 393–402.
Winder, M. and Schindler, D.E. (2004a) Climate change uncouples trophic interactions in an aquatic ecosystem. *Ecology*, 85: 2100–2106.
Winder, M. and Schindler, D.E. (2004b) Climatic effects on the phenology of lake processes. *Global Change Biology*, 10: 1844–1856.
Winder, M., Reuter, J.E. and Schladow, S.G. (2009) Lake warming favours small-sized planktonic diatom species. *Proceedings of the Royal Society B: Biological Sciences*, 276: 427–435.
Woodward, G., Perkins, D.M. and Brown, L.E. (2010) Climate change and freshwater ecosystems: impacts across multiple levels of organization. *Philosophical Transactions of the Royal Society*, B 2010 365: 2093–2106.
Worm, B., Barbier, E.B., Beaumont, N., Duffy, J.E., Folke, C., Halpern, B.S., Jackson, J.B.C., Lotze, H.K., Micheli, F., Palumbi, S.R., Sala, E., Selkoe, K.A., Stachowicz, J.J. and Watson, R. (2006) Impacts of biodiversity loss on ocean ecosystem services. *Science*, 314: 787–790.
Wroblewski, J.S. (1977) A model of phytoplankton plume formation during variable Oregon upwelling. *Journal of Marine Research*, 35: 357–394
Wu, J. (1994) The sea surface is aerodynamically rough even under light winds. *Bounda-Layer Meteorology*, 69: 149–158.
Wüest, A., and A. Lorke (2003) Small-scale hydrodynamics in lakes. *Annual Review of Fluid Mechanics*, 35: 373–412.
Wuest et al. (2005) Cold intrusion in Lake Baikal: Direct observation evidence for deep-water renewal. *Limnology and Oceanography*, 50: 184–196.
Yamanaka, H., Kohmatsu, Y. and Yuma, M. (2007) Difference in the hypoxia tolerance of the round crucian carp and largemouth bass: implications for physiological refugia in the macrophyte zone. *Ichthyological Research*, 54: 308–312.
Yamazaki, H., Honma, H., Nagai, T., Doubell, M., Amakasu, K. and Kumagai, M. (2010) Multilayer biological structure and mixing in the upper water column of Lake Biwa during summer 2008. *Limnology*, 11(1): doi: 10,1007/S10201-009-0288-2,63-70.
Yamazaki, H., Mackas D. and Denman K. (2002) Coupling small scale physical processes with biology. In: Robinson, A.R., McCarthy, J.J. and Rothschild, B.J. (eds.), *The Sea Volume 12 Biological-Physical interaction in the Ocean*, chapter 3, pp. 51–112.
Yoshimizu, C., Yoshiyama, K., Tayasu, I., Koitabashi, T. and Nagata, T. (2010) Vulnerability of a large monomictic lake (Lake Biwa) to warm winter event. *Limnology*, 11: 233–239.
Yurista, P.M. (1999) Temperature-dependent energy budget of an Arctic Cladoceran, *Daphnia middendorffiana*. *Freshwater Biology*, 42: 21–34.
Yvon-Durocher, G., Jones, J.I., Trimmer, M., Woodward, G. and Montoya, J.M. (2010) Warming alters the metabolic balance of ecosystems. *Philosophical Transactions of the Royal Society*, B, 365:

2117-2126.

新井正(2000)「地球温暖化と陸水水温」『陸水学雑誌』61：25-34.
新井正(2009)「気候変動と陸水の温度および氷況の変化」『陸水学雑誌』70：99-116.
荒川秀俊(1954)「藤原咲平博士遺稿"諏訪湖結氷期日並びに御神渡期日表"」『研究時報』6：138-146.
石黒直子(2001)「諏訪湖の御神渡り記録の気候復元資料としての均質性」『地理学評論』74(7)：415-423.
石坂丞二(1996)「植物プランクトンの時空間変動 ── 40年以上たった臨界深度理論」『月刊海洋(号外)』10：170-174.
一瀬諭・若林徹哉・藤原直樹・水嶋清嗣・野村清(1999)「琵琶湖における植物プランクトン優占種の経年変化と水質」『用水と廃水』41：582-591.
一瀬諭・若林徹哉・吉田世子・吉田美紀・岡本高弘・原良平・青木茂(2007)「琵琶湖北湖における植物プランクトン総細胞容積の長期変遷と近年の特徴について ── 2001年度から2005年度を中心に」『滋賀県琵琶湖・環境科学研究センター試験研究報告』2：97-108.
巌佐庸(1998)『数理生物学入門』共立出版.
宇野木早苗(1993)『沿岸の海洋物理学』東海大学出版会.
江守正多(2008)『温暖化の予測は「正しい」か？── 不確かな未来に科学が挑む』化学同人.
遠藤修一・山下修平・川上委子・奥村康昭(1999)「びわ湖における近年の水温上昇について」『陸水学雑誌』60：223-228.
大久保明(1970)「海洋乱流・拡散」『海洋物理Ⅰ』東海大学出版会，265-380頁.
鹿児島県(2001)『第4期池田湖水質環境管理計画』鹿児島県環境林務部環境保全課，195頁.
木田重雄・柳瀬眞一郎(1999)『乱流力学』朝倉書店.
紀平征希(2009)「サイズ分画した植物プランクトンの増殖に対するリン制限に関する研究 ── 琵琶湖とバイカル湖を比較して」滋賀県立大学大学院環境科学研究科博士論文.
清原拓二・實成隆志・吉留雅仁・末吉恵子・寶來俊一・宮田義彦(2007)「池田湖の水質変動に関する調査研究 ── 透明度，COD及び水温の長期的変動」『鹿児島県環境保健センター所報』8：41-47.
熊谷道夫(1993)「琵琶湖における水塊構造」『琵琶湖研究シンポジウム』150-165頁.
熊谷道夫(2008)「地球温暖化がびわ湖に与える影響」『環境技術』37(6)：31-37.
熊谷道夫・石川加奈子(2006)『世界の湖沼と地球環境』古今書院，222頁.
熊谷道夫・石川俊之・田中リジア L(2009)「自律型潜水ロボット淡探(たんたん)による湖底調査」『日本ロボット学会誌』27：20-23.
熊谷道夫・大久保賢治・焦春萌・宋学良(2006)「地球物理特性と環境動態から見た撫仙湖と琵琶湖の比較」『東アジアモンスーン域の湖沼と流域 ── 水源湖沼の環境保全のために ──』(坂本充・熊谷道夫編集)名古屋大学出版会，184-202頁.
熊谷道夫・前田広人・大西行雄(1986)「鉛直循環と無酸素層の形成 ── 琵琶湖南湖浚渫窪みの例」『陸水学雑誌』47：27-35.
神戸道典・伴修平(2007)「琵琶湖固有種アナンデールヨコエビ(*Jesogammarus annandalei*)の代謝および水平分布に与える水温の影響」『陸水学雑誌』68：375-389.
国立天文台(2008)『理科年表平成21年度版』丸善.
近藤純正(1994)『水環境の気象学 ── 地表面の水収支・熱収支』朝倉書店.

坂本充（1986）「湖沼における植物プランクトンの生産と動態」『藻類の生態』（秋山優・有賀祐勝・坂本充・横浜康継編）内田老鶴圃，123〜176頁．
佐藤芳徳・森和紀・塚田公彦・榧根勇（1984）「トリチウム濃度でみた池田湖の垂直混合の検討」『地理学評論』57：122-129．
滋賀県（2004）『環境白書』．
鈴木啓介（2008）「中部山岳地域の大気・水文環境」『日本生態学会誌』58：175-182．
田中恒夫（2008）「海洋低次生産層の構造と機能 ── 微生物食物網を構成するプランクトンの役割」『海洋プランクトン生態学』（谷口旭監修）成山道書店，141-169頁．
玉井信行（1980）『密度流の水理』（新体系土木工学22）技報堂．
張光玄・花里孝幸（2007）「肉食性枝角類ノロ（Leptodora kindtii）の湖沼生態系食物網中での役割とその意義」『日本プランクトン学会報』54：99-110．
槻木玲美・占部城太郎（2009）「古陸水学的手法による湖沼生態系の近過去復元とモニタリング」『生物の科学遺伝』63：66-72．
寺本英（1997）『数理生態学』朝倉書店．
友田好文・高野健三（1983）『地球科学講座4　海洋』共立出版．
中田喜三郎・日野修次・植田真司（2006）「湖水の流動モデルと生物地球化学的物質循環モデル」『陸水学会誌』67：281-291．
根来健一郎（1981）「琵琶湖の富栄養化に伴うプランクトン・カレンダーの乱れ」『水温の研究』25（1）：15-19．
パーソンズ・高橋・ハーグレーブ（1996）『生物海洋学2　粒状物質の一次生産』（高橋正征・古谷研・石丸隆監訳）東海大学出版会．
花輪公雄（1993）「バルク法による海面フラックス評価の問題点」『気象研究ノート「海の波と海面境界過程」』180：31-49．
速水祐一・藤原建紀（1999）「琵琶湖底層水の温暖化」『海と空』75：103-105．
日野幹雄（1992）『流体力学』朝倉書店．
平江多績（2000）「池田湖の周辺環境と水質」『国立環境研究所研究報告』154：242-249．
伏見碩二（2003）「積雪地域の水資源保全への役割」『琵琶湖流域を読む』（琵琶湖流域研究会編）サンライズ出版，71-74頁．
古谷研・石丸隆・高橋正征（2000）「植物プランクトンの光合成 ── 光曲線の測定」『海洋植物プランクトンⅡ ── その分類・生理・生態』海洋出版，116-122頁．
ホーン・ゴールドマン（1999）『陸水学』（手塚泰彦訳）京都大学学術出版会．
細田尚・細見和彦（2002）「琵琶湖北湖の水質鉛直分布の季節変化に関する簡易モデルと温暖化の影響への適用」『河川技術論文集』48：495-500．
堀江毅（1980）「沿岸海域の水の流れと物質の拡散に関する水理学的研究」（運輸省港湾技術研究所資料）．
三上岳彦・石黒直子（1998）「諏訪湖結氷記録から見た過去550年間の気候変動」『気象研究ノート』191：73-83．
宗宮功（2000）『琵琶湖 ── その環境と水質形成』技報堂出版，258頁．
村本嘉雄・大西行雄・大久保賢治（1979）「琵琶湖南湖の熱収支 ── 琵琶湖大橋断面での湖水交換」『京都大学防災研究所年報』22B：575-589．
柳哲雄（1994）『沿岸海洋学 ── 海の中でものはどう動くか　改訂版』恒星社厚生閣．

山本雅道・戸田任重・林秀剛 (2004)「木崎湖定期観測 (1981-2001) の結果 (1)」『信州大学山地環境教育研究センター研究報告』3：85-121.

ラリー・パーソンズ (2005)「植物プランクトンと一次生産」『生物海洋学入門　第2版』(關文威監訳，長沼毅訳) 講談社サイエンティフィク，29-53頁.

渡辺泰徳 (1990)「特集・新しい生態学への招待 ── 種間関係を見直す　水界食物連鎖の新しいイメージ ── 見えてきた微小プランクトン」『遺伝』44：23-26.

http://www.env.go.jp/earth/ipcc/4th/syr_spm.pdf　IPCC第四次報告書：政策決定者向けの要約の和文（翻訳）.

http://www.ipcc.ch/　IPCC第四次報告書：IPCCが2007年に発表した，気候変動に関する世界の科学者の見解をまとめた評価報告書.

http://www.jma.go.jp/jma/menu/obsmenu.html　気象庁ホームページ.

https://www.myroms.org/ ROMS.

索　引

[A–Z]

Acartia　139
Anabaena　130
Aphanizomenon　130
Atelopus　186
C言語　217
Daphnia　135
DOC　26
DYRESM-CAEDYM　218
Fortran言語　217
IPCC　1
IPCC第四次報告書　1, 17
Livingstone-Imbodenモデル　161
N：P比　45
NPZモデル　221
PAM（Pulse Amplitude Modulation）法　208
PEGモデル　175, 213
Q_{10}値　132
QUICK　232
ROMS　217
TurboMAP　85, 121
Web of Science　1

[ア　行]

藍藻類　45
アオコ　45, 131
亜高山湖沼　192
亜硝酸塩　129
圧力　55
　──傾度力　60
アナンデールヨコエビ　169
亜表層混合層　84
アミノ酸　148
アメダス　235
　──観測所　29
アメマス　184
アルカリホスファターゼ　129
アルベド　51, 52
アレニウス式　167, 170
安定同位元素 ^{13}C　207
安定同位体比　4, 210
アンモニウム塩　129
硫黄　153
異化　142

イカダモ　138
池田湖　17, 21, 23, 29, 35, 216
イサザ　7
一次生産　22, 26, 27, 124
一次反応式　143
移動能力　179
遺存種　169
胃内容物　210
移流　63
　──・拡散方程式　56, 231
イワナ属　184
ヴァリデーション　217
ウィルス　123, 140
　──による溶菌　144
ウィンダーミア湖　21
ヴェリフィケーション　217
渦鞭毛藻類　164
運動方程式　56
雲量係数　54
栄養塩　27, 28, 129
　──濃度　130
　──の再生　146
　──の放出　221
　──負荷　4
栄養カスケード　196
栄養段階　211
栄養物質　129
易分解性の有機物　143
エクマン層　68, 104
エクマン輸送　105
エコツーリズム　198
餌資源　185
餌密度　137
エックマン・バージ型採泥器　181
エネルギー　123
　──スペクトル　74
　──の散逸率　103, 121
　──の流れ　123
エリー湖　194
エルニーニョ　200
演繹モデル　156
沿岸ジェット　90
沿岸生態系　188
沿岸密度流　93

281

沿岸湧昇　92, 229
　　——流　68
エンクロージャー　4
　　——（囲い込み）実験　193
鉛直一次元の流れ場－生態系結合数値モデル
　　218
鉛直一次元モデル　24
鉛直混合　41, 45
鉛直循環　33
鉛直輸送　22
煙突効果　42
塩分　55
オイラー法　232
大型珪藻ブルーム　164
オオクチバス　188, 194
オオミジンコ　138
沖合生態系　132
オショロコマ　184
オズミドフスケール　79
オスモトロフィー　141
汚染物質　198
オフリド湖　26, 218
御神渡り　20, 33
　　——日　33
温室効果ガス　2, 18
温水性魚類　183
オンタリオ湖　90, 91, 194
温暖化影響の一般的な指標　242
温暖化影響評価　1, 238
温暖化影響予測モデル　186
温暖な年一回循環湖　23, 25
温度ギルド　183
温度ニッチ　185

[カ　行]
カイアシ類　135
階層システム　174
回避　179
海洋外洋域　164
外来寄生虫　194, 203
外来生物による生態系の撹乱　193
外来性有機物　26
化学受容器　135
化学量論モデル　148
夏季成層　22, 25
　　——期　25
拡散　63
　　——底層　112
カジカ類　197

過剰とりこみ　129
ガス胞　151
河川水流出量　48
河川水流入量　48
河川密度流　93
活性化エネルギー　171
活動量の低下　179
渦動拡散係数　57, 75
渦動粘性係数　57, 67, 75, 79, 80, 112
カナダ実験湖沼群　20, 26
カブトミジンコ　39
壁法則　82
カムイ・バイカイ・ノカ　33
カリフォルニア沖　92
カルシウム　152
カルデラ湖　35
カルマン定数　102
カワニナ類　197
カワマス　185
干渉型競争　184
慣性境界層　96
慣性周期　71
間接効果　196
感染時期　187
完全循環湖　23
観測データ　217
環流　42, 56
　　——系　64
寒冷な年一回循環湖　23
キーストーン摂餌者　135
気候エンベロープ（包囲線図）　182
気候区分　182
気候モデル　3
機構論的　10
木崎湖　146
気象台　29
奇数ルール　199
寄生虫　194
　　——耐性　186
基礎生産　124
基礎方程式　56
北大西洋振動　192
機能的応答　136
逆成層　23
キャリブレーション　217
急性影響　181
吸虫類　203
境界条件　56, 60, 217
強光域　131

282

索　引

強光阻害　127
凝集　152
　　──物　152
共生　123
競争　123
漁獲量　162
　　──変動　201
漁業生産　200
魚類　123
キリフィッシュ　189
ギンザケ　202
空気の密度　49
食う-食われる関係　123
屈斜路湖　33
クラゲ　188
クリアウォーター期　139
クリアウォーター湖　20, 21, 26
クリプト藻　165
グルコース　148
クロロフィル蛍光　208
群体　138
群集呼吸速度　171
経験的・帰納的なアプローチ　11
経験モデル　4, 11
蛍光現場交雑法　143
経済協力開発機構　163
ケイ酸　152
　　──塩　129
形状抵抗係数　151
珪藻　27, 130
結氷期間　20
結氷頻度　195
限界深度　126
原子力発電所　192
原生生物　123
懸濁態有機物　221
原虫症　203
顕熱　48
　　──輸送量　51, 52
コアユ　135
高緯度海域　164
降雨パターン　196
広温性　192
光化学系Ⅱ　208
光化学反応　131
甲殻類　133, 181
攻撃率　137
光合成　25
　　──光曲線　127

　　──有効放射　125
　　──量　126
格子　62
　　──解像度　217
　　──サイズ　62
高次栄養段階　133
高次生態系モデル　230
降水量　48
高濁度層　99
好適な生息地　190
勾配型リチャードソン数　78
高分子有機物　141
神戸海洋気象台　64
コーディング　217
湖岸境界過程　47, 87
湖岸境界層　87
古環境復元　14
呼吸　125
　　──量　124, 126
コクチバス　194
湖沼　195
　　──学　4
　　──型　23, 24
　　──間比較　4
　　──管理　12, 249
　　──生態系　123
　　──の沖合　132
　　──の面積　49
個体群　5
古代湖　25
湖底堆積物　150
湖底の摩擦係数　61
湖盆面積　157
固有種　197
コリオリ力　22, 56
コリオリパラメータ　58
コルモゴロフスケール　79
混合　47
　　──距離　102
　　──層　83
コンスタンツ湖　21, 23, 41
コンパイル　217

[サ 行]
採餌効率　136
細菌　25, 123
　　──の捕食者　143
　　──捕集速度　143
再現計算　232

283

最大活動余力　180
最大増殖速度　130
最大量子収率　209
最適光強度　127
サイトファーガ　203
細胞外加水分解酵素　129
細胞内貯蔵リン　129
細胞膜　140
在来生物群集　193
魚　179
索餌活動　136
雑食性　135
座標系　56
散逸率　139
酸化還元電位　153
産業革命　2
三次元の流れ場−生態系結合数値モデル　227
三次元モデル　218
三次元流れ場モデル　24
三次消費者　199
三次精度上流差分法　232
酸性化　17
酸性物質　212
酸素　153
　　──消費の機構　221
サンフィッシュ科　187, 195
産卵数　168
散乱日射量　51
シアープローブ　80, 121
シアノバクテリア　130, 165
ジェット流　93
紫外線（UV）　136
シグニー島湖沼群　21
シグモイド曲線　138
シクリッド類　197
指数関数　223
指数増殖モデル　219
自生性有機炭素　212
質量数　210
至適温度　131
至適曲線　131
自転　56
シナリオ　218
弱光域　131
射出率　54
終宿主　187
従属栄養性生物　133
従属栄養性鞭毛虫類　143
住血吸虫症　203

重力加速度　151
宿主−寄生者　186
シュミット数　112
循環型　23, 24
循環期　23
循環湖　23
循環流　66
春季の生態学的イベント　177
純光合成速度　171
純生産量　124
準冷水性魚類　183
準冷水性コイ科魚類　184
消化管　210
硝酸・亜硝酸還元酵素　129
硝酸塩　129
状態変数　221
蒸発量　48
将来予測　217
　　──計算　238
上流種　192
初期勾配　127
除去率　143
植物プランクトン　20, 22, 27, 123
　　──ブルーム　127
食物網（food web）　26, 28, 133, 210
食物連鎖（food chain）　210
　　──の長さ　211
処理時間　136
人為撹乱要因　192
人為的移入　193
人工構造物　193
深水層　21, 22
　　──酸素欠損　156, 157
振動流境界層　107
侵入　193
　　──リスク　203
水位　48
水温依存性　184
水温躍層　22, 25, 70
水温差　64
水温成層　41
水温レフュージア　191
水産学　178
水蒸気　49
　　──圧　49
水生無脊椎動物　167
吹送距離　69, 70
吹送流　66
水体構造　5

水中撮影　181
水中ロボット　181
水量　48
数値計算プログラム　217
数値シミュレーション　19, 24, 216
数理生態学　219
スジエビ　181
ステファン・ボルツマン係数　54
ストイキオメトリー理論　177
ストークスの式　151
スピンダウン　105
スペリオール湖　22, 194
諏訪湖　17, 20, 29, 33
静振　70
生活史　5
正準対応分析　192
生食連鎖　134
静水圧近似　60
成層期　23, 25
成層期間　5, 22
成層強化　162
成層強度　19, 20
生息地ネットワーク　196
生息地破壊　193
生息地ポテンシャル　190
生態学的代謝理論　170
生態系　1
　――応答　174
　――管理施策　204
　――機能　5, 173, 198
　――サービス　198
　――モデル　218
生体内クロロフィル蛍光　209
成長速度　168
正のフィードバック　247
生物エネルギーモデル　186
生物学的ゼロ度　168
生物間(の)相互作用　182
生物態シリカ　130
生物多様性基本法　205
生理コスト　184
セストン　135
瀬田川　64
摂餌選択性　134
摂餌戦略　136
摂餌様式　134
摂餌流　135
摂餌理論　176
絶滅リスク　197

ゼブラ貝　195
セルカリア幼生　187, 203
セルクオタ　221
全循環　42
全体論的　10
潜熱　48
　――バルク輸送係数　49
　――輸送量　51, 52
遭遇率　139
総光合成速度　171
増殖効率　142
増殖収量　→　増殖効率
総生産量　124
創発する性質　174
総有効探索時間　137

[タ　行]
大気圧　49
大気の安定度　49
耐久卵　179
体サイズ　133
代謝活性　5
代謝速度　169
代謝の低下　179
代謝バランス　5, 171
対数境界層　102
大西洋サケ　185
対流　83
多回循環型　23, 162
他生性有機物　212
他生性溶存有機物　140
脱窒　45
タホ湖　21, 41
卵発生　168
球座標系　56
ダム　192
多様性　27
タンガニーカ湖　21, 27, 162
短期影響　181
炭酸カルシウム　152
淡水赤潮　35, 39
淡水資源　198
炭素　129
短波放射量　51, 52
地殻変動　197
地下水流入量　48
地形性循環流　88
地形性貯熱効果　63, 64
地衡流　65

——平衡　89
窒素　129
　　——安定同位体比　202
　　——源　130
地方自治体　205
中間宿主　187
中性子　210
チューニング　217
チューリッヒ湖　21, 22, 23, 26
中栄養湖　26
長期影響　181
潮汐　227
長波放射量　51, 52
直交座標系　56
直達日射量　51
地理的分布　177
沈降終端速度　151
沈降速度　28
沈水植物　28
ツボカビ　186
　　——感染　186
ティーテンスの近似式　49
低緯度海域　164
抵抗係数　67, 70
底生性カイアシ類　168
底生生物　25, 45
底生動物群集　8
底生無脊椎動物　192
底層境界過程　47, 98
底層境界層　98
定着　193
　　——率　193
データ同化技術　218
デカルト座標系　→　直交座標系
適応形質　138
鉄　129, 153
　　——(Ⅲ)　153
　　——の酸化水酸化物　153
デッドゾーン　98
デトリタス　152
電子顕微鏡　144
電子伝達系　208
電子伝達速度　209
転送効率　142
同位体トレーサー　4
同化　142
冬季全循環　7, 23, 25
動物プランクトン　28, 39, 123
透明細胞外重合体粒子　152

透明度　35
ドゥループ式　130
トゲウオ　193
土地利用　212
トレーサー実験　212
トレーサー培養法　207
トレーサー法　125
トロッサ　33

[ナ 行]
内部ケルビン波　42, 71
内部静振　72
内部波　71
内部負荷　153
内部変形半径　96
内部ポアンカレ波　71, 72
ナイルティラピア　194
ナヴィエ・ストークス方程式　56, 75, 253
流れ　47
流れ場　56
流れ場－生態系結合（数値）モデル　10, 227
流れ場（数値）モデル　24, 218
軟体動物　203
南方系　192
南方振動　200
肉食魚　199
ニゴロブナ　188
二酸化炭素　124
日周鉛直移動　135
ニュートンの第二法則　58
尿素　130
ネクトン　230
熱エネルギーの収支　50
熱慣性　22
熱収支　22, 47, 50
熱循環　63
熱波襲来　166
熱フラックス　50, 60
粘性底層　101
粘土鉱物　152
年二回循環湖　23, 24, 25
ノロ　135

[ハ 行]
バイカル湖　21, 33, 42
排泄　125
　　——物　148
暴露実験　180
ハゼ科魚類　195

索 引

発症リスク 203
ハッチンソン 23
波動 47, 68
鼻上げ行動 179
　——をおこす濃度 180
ハマダラカ 204
パラメータ（値） 217, 220
バルク法 48
春のブルーム 20
半数致死濃度 180
反応速度定数 143
半飽和定数 130
非圧縮粘性流体 57
ヒートアイランド効果 32
干渇 179
光エネルギー 125
光呼吸 207
光の減衰係数 54
光飽和 127
ピコ植物プランクトン量 165
比湿 49
微生物群集 4, 123, 221
微生物ループ 140
非線形波動 74
砒素 45
比増殖速度 130
必須微量金属類 222
微分方程式 219
ヒューロン湖 96, 194
表水層 21, 22
表層混合層 80
表面流 89
琵琶湖 5, 17, 21, 23, 24, 29, 38, 50
貧酸素化 25, 150
貧酸素水塊 20, 98, 119
貧循環湖 23
ファゴトロフィー → 粒子食
フィードバック 247
風応力 62
風向 53
ブーシネスク近似 253
風速 49
風波 69
富栄養化 1, 4, 17
　——防止条例 39
富栄養湖 26
フェノロジー 5, 28, 175
フォレル 23
風成循環 63, 66

不完全循環湖 23, 24
腹足類 193
フクロワムシ 134
フサカ幼虫 137
付属肢 135
物質循環 19, 22, 25, 28, 48, 123
物理境界条件 18
負の走光性 136
ブラウントラウト 202
フラックス・リチャードソン数 79
プラナリア類 179
プランクトン 4
　——群集 4
　——食魚 197
ブリテン島 191
プリューム 93
浮力振動数 74, 78
ブルーギル 194
フローサイトメトリー法 143
プログラミング 217
分解過程 221
分散 193
　——率 193
分子拡散項 57
分子状窒素 130
分子動粘性係数 56
分子粘性項 57
分布調査 184
糞粒 152
閉鎖水域 227
β 平面近似 58
べき乗関数 223
べき乗則（アロメトリー） 170
ベニザケ 202
鞭毛藻 27
方解石 152
放射性同位元素 ^{14}C 207
飽和水蒸気圧 49
飽和比湿 49
ボーレンバイダー・モデル 12, 250
北米五大湖 20, 22, 24, 194
補償深度 126
補償点 126
保全策 198
北極振動 201
北方系 192
ボトル効果 208
ポリリン酸顆粒 129
ボルツマン定数 171

287

[マ 行]
マイクロセンサー　115
枕崎気象台　235
摩擦応力　60
摩擦境界層　96
摩擦速度　70, 101
マツモムシ　138
マラウィ湖　21
マラリア　204
マルサスの人口論　219
慢性影響　181
ミカエリス－メンテン式　131
ミシガン湖　194
ミシシッピー流域　194
ミジンコ　28
湖の透明度　136
水資源　193
水収支　47, 48
水の密度　49, 55
密度　58
　――勾配　63
　――成層　22
　――フルード数　93
　――流　41, 43, 64
ミュッゲル湖　162
御渡り　→　御神渡り
無機化効率　142
無酸素化　25, 150
無酸素指標　156, 159
無循環湖　23
無脊椎動物　123
無光層　126
明暗瓶法　125, 207
メーラー反応　207
メソコスム　199
メタンガス　45
モデリング　13
モニタリング　246
モノーの式　130

[ヤ 行]
野外操作実験系　175
野生動植物　177
遊泳能力　230
有害シアノバクテリア (*Microcystis*)　166
有機基質　148
有義波高　69
有限差分法　231
有光層　126

融雪水　43, 95
陽子　210
養殖魚　178
溶存酸素　25, 41
　――濃度　36, 179
溶存態有機物　22, 25, 26, 124, 140, 221
ヨコエビ類　197
吉村　23

[ラ 行]
卵黄　168
ラングミュアー循環　81
藍藻　27, 164
ランバート・ベールの式　125
乱流　47, 74
　――強度　79
　――モデル　57
リアルタイムシミュレーション　217
リービッヒの最小律　224
陸上由来有機物　→　他生性溶存有機物
陸水学　4
陸棚波　94
離散化　231
　――手法　217
リフトバレー熱　203
硫化水素　25, 45
硫化鉄　153
硫化物　153
粒子除去量　150
粒子食（ファゴトロフィー）　136, 141
粒子の沈降　150
粒子の密度　151
流体運動　56
緑藻　27, 164
理論枠組み　174
リン　8, 129
　――吸着能　153
　――欠乏　129
　――酸イオン　153
　――酸塩　129
　――酸態リン　37, 39, 43, 45
　――の排出規制　163
　――の溶出　150
臨界深度　126
臨界濃度　180
励起蛍光法　208
レイクトラウト　201
冷水種　192
冷水性魚類　183

288

冷水性サケ科魚類　184
冷水病　203
レイノルズ応力　76, 100
レイノルズ数　56, 75
レイノルズ分解　253
レクリエーション　198
レッドフィールド比　129
レマン湖　21, 24, 95, 163
連行　113

連続の式　56
ローヌ川　192
ロジスティック増殖モデル　220
ロスビー内部変形半径　72
ロトカ・ヴォルテラモデル　220

[ワ　行]
ワシントン湖　21, 175
ワムシ　133

執筆者一覧 (執筆順)

永田　　俊　　東京大学・大気海洋研究所・教授 [序章*, 3.2(2), 3.2(3)*, 3.4(4), 4.2**, 4.3*, コラム 4]
吉山　浩平　　岐阜大学・流域圏科学研究センター・助教 [序章**, 1.1, 3.3(3), 3.4(5), 4.2*, 4.3**, コラム 5]
北澤　大輔　　東京大学・生産技術研究所・准教授 [1.2*, 2.1, 2.2, 2.3*, 4.1]
長谷川直子　　お茶の水女子大学・人間文化創成科学研究科・准教授 [1.2**, 2.5*]
熊谷　道夫　　滋賀県琵琶湖環境科学研究センター・環境情報統括員 [1.2***, 2.5**, 2.6*]
焦　　春萌　　滋賀県琵琶湖環境科学研究センター・専門研究員 [2.3**]
山崎　秀勝　　東京海洋大学・海洋科学部・教授 [2.3***, 2.4*, コラム 1, Appendix]
長井　健容　　東京海洋大学・海洋科学部・助教 [2.4**]
清水　健司　　北見工業大学・社会環境工学科・客員准教授（現所属　Max Planck Institute for Meteorology, Klaus Hasselmann Postdoctoral Fellow) [2.6**]
後藤　直成　　滋賀県立大学・環境科学部・准教授 [3.1, 3.4(2), コラム 2]
伴　　修平　　滋賀県立大学・環境科学部・教授 [3.2(1), 3.2(2)**, 3.4(1), 3.4(3)]
陀安　一郎　　京都大学・生態学研究センター・准教授 [コラム 3]
由水　千景　　京都大学・生態学研究センター・研究員 [3.3(1), 3.3(2)]
奥田　　昇　　京都大学・生態学研究センター・准教授 [3.5(2), 3.5(3), 3.5(4), 3.5(5)]
石川　俊之　　滋賀大学・教育学部・准教授 [3.5(1)]

注) 担当箇所に星印が付してある場合は，その箇所が共著であることを示す．また，*は第1著者，**は第2著者，***は第3著者というように，星の数で執筆者の順番を表す．

温暖化の湖沼学　　　© T. Nagata, M. Kumagai, K. Yoshiyama 2012

平成 24 (2012) 年 2 月 28 日　初版第一刷発行

編　者　　永　田　　　俊
　　　　　熊　谷　道　夫
　　　　　吉　山　浩　平
発行人　　檜　山　爲次郎
発行所　　京都大学学術出版会
　　　　　京都市左京区吉田近衛町 69 番地
　　　　　京都大学吉田南構内 (〒606-8315)
　　　　　電　話 (075) 761-6182
　　　　　Ｆ Ａ Ｘ (075) 761-6190
　　　　　Ｕ Ｒ Ｌ　http://www.kyoto-up.or.jp
　　　　　振　替　01000-8-64677

ISBN978-4-87698-590-6　　　　印刷・製本　㈱クイックス
Printed in Japan　　　　　　　　定価はカバーに表示してあります

本書のコピー，スキャン，デジタル化等の無断複製は著作権法上での例外を除き禁じられています。本書を代行業者等の第三者に依頼してスキャンやデジタル化することは，たとえ個人や家庭内での利用でも著作権法違反です。